全球环境问题概论

曾永平　主编

科　学　出　版　社

北　京

内 容 简 介

本书主要面向环境及相关学科低年级本科生，简明扼要地阐述了地球系统与人类社会所面临的重要全球环境问题，使学生能正确认识和领悟人类与环境共生的关系，并采用理性的方式面对和解决已存在和未来可能出现的环境问题。本书共5篇：第一篇为大气环境问题（第2～4章）；第二篇为水环境问题（第5～8章）；第三篇为土壤环境问题（第9章和第10章）；第四篇为环境健康问题（第11～13章）；第五篇为新兴环境问题（第14～16章）。内容包括气候变化与环境响应、臭氧层破坏、酸雨、陆地水资源、海洋水资源、土壤污染、土壤沙化与退化、环境生态风险、环境污染与人群健康、电子垃圾、抗性基因，以及典型物理性污染等。

本书可作为高等学校环境类、地理科学类、生态学等专业本科生教材，也可供自学者和科研工作者参考。

图书在版编目（CIP）数据

全球环境问题概论 / 曾永平主编. —北京：科学出版社，2019.12

ISBN 978-7-03-063802-1

Ⅰ. ①全… Ⅱ. ①曾… Ⅲ. ①全球环境－高等学校－教材 Ⅳ. ①X21

中国版本图书馆CIP数据核字（2019）第280509号

责任编辑：赵晓霞 付林林 / 责任校对：樊雅琼

责任印制：张 伟 / 封面设计：迷底书装

科学出版社出版

北京东黄城根北街16号

邮政编码：100717

http://www.sciencep.com

北京中石油彩色印刷有限责任公司印刷

科学出版社发行 各地新华书店经销

*

2019年12月第 一 版 开本：787×1092 1/16

2024年 6 月第四次印刷 印张：12 1/2

字数：300 000

定价：49.00元

（如有印装质量问题，我社负责调换）

前　言

作为一名环境及相关学科的本科生，大家会思考为什么要了解这门学科，它对我们的日常生活有什么影响，而环境科学作为国家近年来重点发展的学科，为什么受到如此关注，人类与环境之间存在着怎样的关系。从学科之间的有机关联来看，环境科学属于一门新兴的交叉学科，涵盖了数学、物理、化学、生物学、地学、工程材料学等多个学科方向；而与这些学科所不同的是，环境科学是一门比较偏向于应用的学科，它的重点在于阐述并试图解决人类在社会经济活动与生活中所面临的各种环境问题。

在历史发展进程中，人类为了自身的生存和发展不断地开发和利用自然资源，导致环境污染事件和危害人体健康的事件时有发生。人们开始意识到，原来人类赖以生存和社会经济发展所需要的环境资源并非取之不尽，人与自然之间的关系也从来不是相互对立的，人定胜天的思想所带来的一切行为，使人类在一定历史条件下获得了相对稳定的生活方式，但从长远来看，也使人类对于自然资源的利用存在错误的观念。实际上，人类对环境的依赖性恰如人类对环境的定义一样：离开了环境，人类无法生存；而在人类出现之前的漫长历史中，地球从来不缺乏精彩。因此，保护环境不是为了拯救环境，而是为了拯救人类自己！

在有效管理措施缺失的情况下，人类社会与经济的快速发展对环境造成的一系列影响最终会反过来作用于人类自身。人类急需用理性的方式来认知我们周围所发生的一切，为什么空气改变了颜色？为什么河水会发黑、发臭？为什么土地所生长的作物会变得有毒？为什么人的身体健康受到威胁？……环境科学这门学科应运而生。作为一门新兴的交叉学科，它应用多学科的理论、思想及方法、手段、技术对环境问题进行综合分析和研究。可以说环境科学这门学科自诞生之日起，就是为了认识并解决现实生活中所发现的环境问题；而学习环境科学这门学科的目的正是正确认识人类与环境的关系，并采用理性的方式应对已发生的和潜在的环境问题。

科学问题的研究都始于对现实生活现象的发掘和提炼，编写这本书的目的是让学生对目前全球的主要环境问题有基本的了解。暨南大学环境学院环境问题教学团队在总结多年科研教学经验的基础上，拟定了本书的逻辑框架、基本要素和关注重点，并在参考了《10000 个科学难题》和国家自然科学基金委员会化学科学部编写的《环境化学学科前沿和展望》等环境科学专业书籍及大量参考文献的基础上完成了本书的撰写。本书从科普的角度介绍了地球系统主要环境介质中的环境问题，旨在为学生建立环境科学体系的基本框架。本书也加入了一些科学研究实例，这些实例展现了科学家在从事环境科学研究过程中解决问题的思路和方法，有助于学生了解环境科学的研究过程和获取结论的步骤，为将来参与科学研究活动打下坚实的基础。

本书按照环境学科的基本特质分别对大气、水、土壤中存在的污染问题进行了阐释，此外还介绍了环境健康问题和具有代表性的新兴环境问题。第 1 章概论，首先阐述了人类自诞生以来干扰和破坏环境所产生的最严重的后果——全球气候变化；举例说明了人类活动对地球生态环境带来的影响；描述了多种与人类健康息息相关的环境污染物，特别是持久性有机污染物（persistent organic pollutants，POPs）；介绍了与保护环境和人类健康相关的国际公约。

第一篇大气环境问题（第 2～4 章），重点论述从过去关注的传统大气环境问题到近年来新产生的大气环境问题，如从几十年前就已经形成并引起广泛关注的臭氧层破坏、酸雨等问题，到由灰霾引起的全国范围大气保卫战等。第二篇水环境问题（第 5～8 章），从距离人类较近和能够良好利用的陆地水资源说到距离人类较远并具有深远生态意义的海洋水资源，从水资源存在的一系列污染说到防治水体污染的一系列措施。第三篇土壤环境问题（第 9 章和第 10 章），重点论述了人类不良活动造成的土壤污染和长期以来各种开发行为造成的土壤退化等。第四篇环境健康问题（第 11～13 章），探讨以上各种环境问题对生态系统与人体健康造成的直接或者间接影响。第五篇新兴环境问题（第 14～16 章），阐述电子垃圾，抗性基因，光、电磁、放射性、噪声等典型物理性污染对人体健康的影响。环境科学注重理论与实践的结合，因此在各章节环境问题论述之后，都会要求学生们结合自己身边的一些环境问题来思考并解决这个问题，形成最后的考核与实践环节。

本书的完成是集体努力的结果，参与编写的人员有（按姓名拼音排序）：鲍恋君、郭英、刘良英、宋琳、孙冰冰、王大力、王儒威、巫承洲、夏琳琳、游静、曾永平。

本书的出版得到“暨南大学本科教材资助项目（重点教材资助项目）”的资助，特此致谢。

曾永平

2019 年 5 月 26 日

目　录

第二篇 水环境问题

第三篇 土壤环境问题

第四篇　环境健康问题

第五篇　新兴环境问题

第1章　概　　论

1.1　全球气候变化

气候是人类赖以生存的自然资源，也是经济社会可持续发展的重要资源和基本条件。大气圈、水圈、冰冻圈、生物圈和岩石圈组成了地球气候系统，各圈层相互作用，与太阳、大气、海陆等一起影响和决定着地球的气候状态。自人类社会工业化以来，人类活动日益加剧，导致全球气候变化，对全球的水资源、生态系统、人类健康等自然系统和人类社会产生了重要影响。[1]

在人类活动造成的所有环境问题中，影响最广泛、危害最严重的恐怕就是全球气候变化，它影响着经济社会和人类日常生活的方方面面。而作为一个全民皆知的话题，全球气候变化实际上是工业革命以来人类对环境不断干扰的结果，也是造成当前环境问题的根源。因此，充分认识全球气候变化的产生机制及对生态环境和人体健康的影响，并采取有效措施减缓其引起的效应，应是人类社会在今后很长一段时间内所面临的重任。

全球气候变化是自然因素与人类活动作用的综合结果，自然因素的影响时间是大尺度的，而人类活动的作用则集中在近一两百年。自地球形成以来，太阳黑子活动、火山爆发、地球构造变化、气候系统内部变率等因素一直主导全球气候的变化，这些变化不仅体现在时间尺度上，同时由于局部的地理差异，还会在不同的区域产生气候变异。地球上很多区域内同时存在着寒冷期和温暖期、干旱期和湿润期的变化，这些气候扰动可能以月、季、年、十年或百年的尺度为周期发生。人为因素包括化石燃料燃烧、排放各种温室气体的工农业生产、土地利用变化（森林砍伐、城市化、植被改变和破坏等）等，在短时间内对地球气候系统产生了强烈的胁迫。例如，大量人为排放的温室气体可带来变暖效应，气溶胶的形成则可能产生变冷效应，在一定条件下则可相互转化，形成复杂的影响机制。在地球气候系统的长期演化过程中，自然和人为起源的干扰具有明显的阶段性，在演化早期，温室气体和气溶胶的变化都是自然因素造成的。除突发性自然活动如台风等外，自然活动导致气候发生变化的周期通常较长，已经形成的季节性或者季风性气候变化会维持较长时间。而人类活动的影响，尤其是自工业革命以来的现代化进程，导致近几十年来气候变化的速率远远超过了过去上万年气候变化的程度。

目前科学界一般认为，与人为因素相关的气候变化主要是因为人为活动造成地球的碳循环失衡，碳库减少，碳排放等温室气体激增。正如《10000 个科学难题》[2]所描述的，气候变化源于地球表面辐射收支变化。通常而言，地球所吸收的太阳辐射能必须等于地球所反射的红外辐射能，如此地球才能保持一定的温度；如果地球表面反射的长波辐射被温室气体和云层吸收，便会导致地球的辐射收支失去平衡，地表温度相比没有温室效应时可高出 33℃。

此外，温室效应实际上是一种长期存在的自然现象。在地球的生命起源之初，温室效应为生物繁衍、演化提供了庇护。但人类社会快速的现代化进程给地球气候系统带来了强烈的扰动，地表温度上升的程度超出了地球生态系统所能调整适应的范围，从而给地球生态系统造成了一系列灾难。其中最直观的后果之一便是北极海洋冰封时间越来越晚，而冰融时间越来越早；海面冰封的时间持续缩短，意味着依赖冰封捕食的生物（如北极熊）的生存空间被不断压缩。2018 年无人机摄影大赛的大奖由一幅《北极熊上空》夺取，北极熊在融化的多块浮冰之间艰难跳跃，寻求生机的画面震撼人心（图 1-1）。

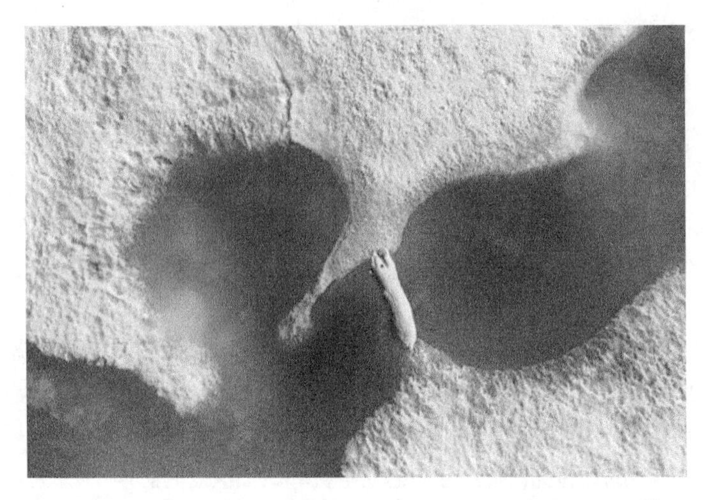

图 1-1* 2018 年无人机摄影大赛获奖作品《北极熊上空》[3]

气候变化同样会给沿海地区带来灾难性的后果：大面积冰川消融导致海平面上升，沿海低洼地被淹没，海岸带被侵蚀。有研究者模拟了海平面上升 65m 后的亚洲版图（图 1-2），其中中国版图中“引颈高歌的雄鸡”将不复存在，黄河和长江中下游的大部分地区将被淹没，中国周围的岛国包括日本、菲律宾等也将大半沉浸于海洋之下。除了沿海地区土地被淹没之外，海岸带被不断冲蚀会引发更为严重的生态灾难，如地下水位不断升高，地表水和地下水盐分增加，淡水资源减少，这些都会严重影响沿海居民的生活质量，甚至威胁人类的生命。

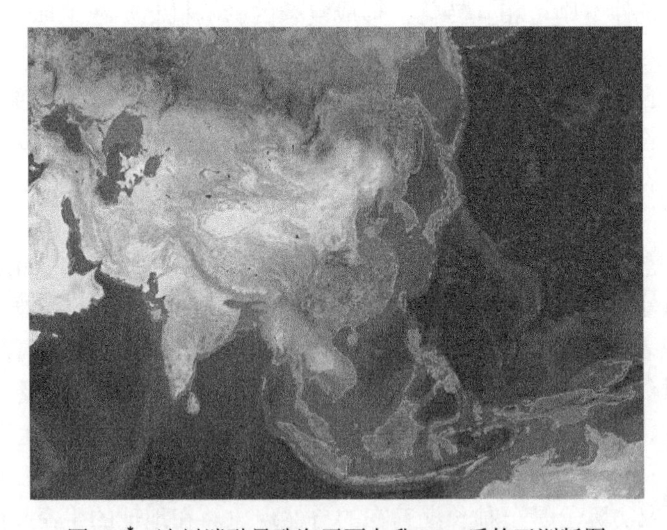

图 1-2* 冰川消融导致海平面上升 65m 后的亚洲版图

* 彩图以封底二维码形式提供，后同。

科学数据还表明，气候是决定生物群落分布的主要因素。因此，全球气候变化还将改变动植物物种群落的空间分布，一个完整的生态系统是由构成食物链的多层级生物及其周围环境共同形成的。如果某一层级的生物不能随环境变化而改变生存方式，将导致迁徙、变异乃至灭绝等，这些都会引起整个生态系统强烈变化，甚至崩溃。气候变化引发的温度及降水的变化，也会对农业造成难以预计的影响，即一些原来适于耕作的农作物在当地将不宜生长，造成农作物产量下降。此外，个别地区的极端气候变化会造成人类无法承受的高温，可能导致居民猝死；蚊虫在高温中肆虐，会大大增加疾病传播的可能性，增加人体免疫系统负担。

总而言之，全球气候变化通常体现出的不仅是全球性的气象灾害，而且还体现在水灾、土地劣化、海洋灾害等各个方面。全球气候变化是时间尺度在几十年至上百年的气候变化问题，这种尺度的变化除了考虑太阳活动、火山活动等自然因素的影响外，更重要的是人类活动对全球气候的影响。而全球气候治理则是一个持续的、动态的发展过程，在当前全球一体化的进程中，它在议题设置、主题构成和治理方式上已经发生重大变化。

1.2 人为活动对地球生态环境的胁迫

人类自出现以来就不断影响着周围所接触到的一切环境要素，这种影响随着现代工农业发展和城市化的加剧而不断加强，给生态环境系统带来强烈胁迫。一个典型的例子是珠江三角洲（以下简称“珠三角”）地区土地概貌在过去40年间的变迁（图1-3）。“珠三角”地区是我国主要城市集群分布区域之一，区内的广州、深圳、东莞、佛山等多个城市一直经历着扩容、扩量的进程，城区人口快速增长，基本设施投入大幅度增加。从1979年起，随着经济的快速发展，“珠三角”地区建设面积不断蔓延，绿色植被的分布范围受到挤压，水域也在一定程度上受到破坏。这意味着“珠三角”地区的经济繁荣在一定程度上是以牺牲生态环境质量为代价的。

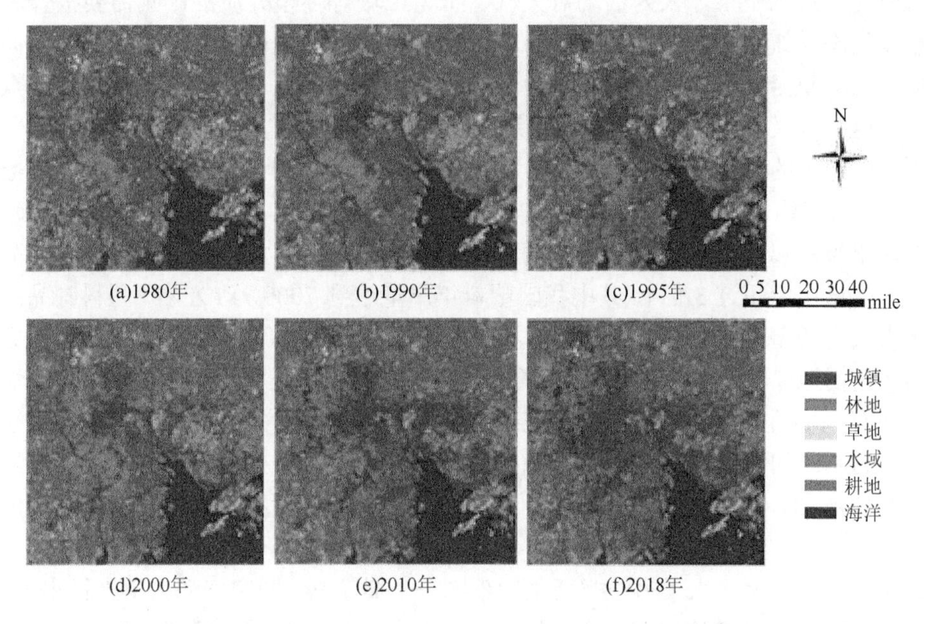

图1-3* 城市化进程中“珠三角”地区土地概貌变迁

1mile = 1.609 344km

与此相对应，我国工业废水和生活污水排放量在过去40年间也呈现快速增长的态势，与国内生产总值和城镇人口比例的增加构成非常好的线性关系（图1-4）。因此，在全国范围内，经济的发展和城市化进程都是以环境压力的增加为代价的，如何在维持经济高速增长的同时保护好环境，这是我们这一代人要担负起的重任。

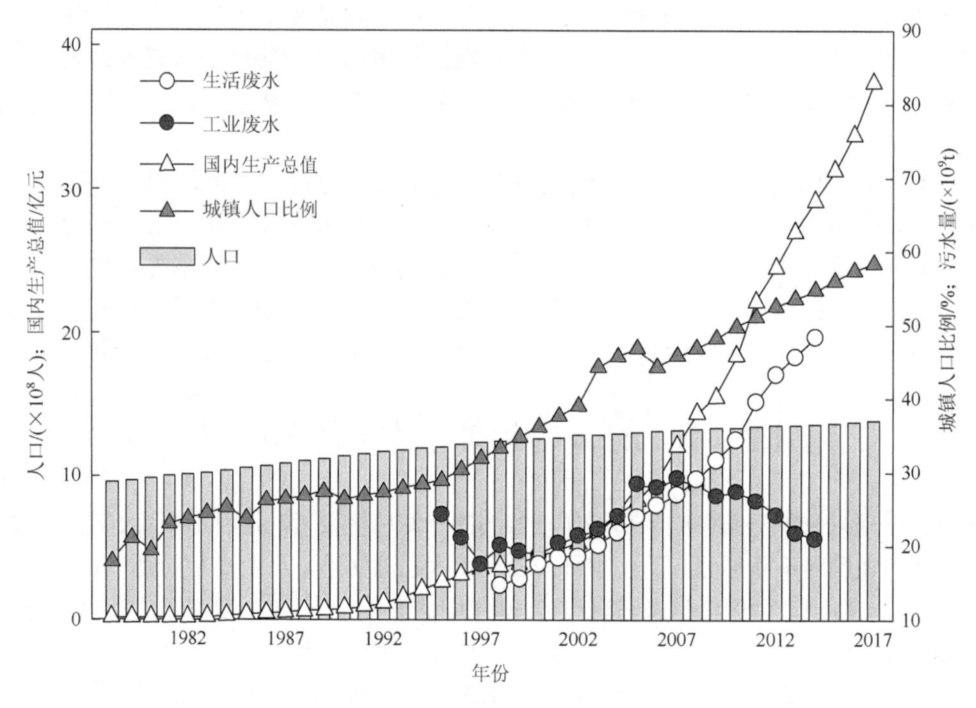

图1-4　中国废水排放量与社会经济指标的关联

在目前的科技水平下，人为活动对大气、水、土壤等环境介质的影响需要很长时间才能消除，很多生态系统可能永远不会恢复原状。有些传统的环境问题尚未解决，新的问题又出现。例如，土壤重金属污染问题一直是食品安全的隐患，困扰着世界各国政府和公众，而现代工业的迅速发展又带来了像卤代阻燃剂这样的新型污染物。

特别值得一提的是，塑料垃圾（也称为“白色垃圾”）这类全球性的污染物正日益困扰着人类社会。自从美籍比利时化学家列奥·亨德里克·贝克兰（Leo Hendrik Baekeland）在1909年首次合成出塑料以来，塑料就因其坚固耐用、价格低廉而被广泛用于生产各种产品，目前全球塑料年产量已经超过3亿t，其中我国塑料年产量达到7000万t左右。塑料制品的生产和使用正带来大量的塑料垃圾，来源分布于多个行业。工业塑料（包括橡胶制品、工业原料等）、农业塑料（包括地膜、灌溉材料等）、电子科技产品的塑料外壳和塑料元件等是塑料垃圾的主要来源。还有人们日常生活所用的产品包装、洗漱用品等，也是塑料垃圾的排放途径。塑料制品作为原材料还可能参与一些产品的整个生命周期过程，一些废旧工业塑料产品经过加工处理后，重新添加各种催化剂，形成新的产品；而另外一些塑料废弃物则留在当地成为环境污染物。

塑料垃圾的产生又带来了另一类新型污染物——微塑料，即空气动力学直径小于5mm的塑料碎片，《欧盟海洋战略框架指令》利用11个指标对海洋环境中微塑料的数量、性质和潜在影响进行了描述，并形成了监测报告。微塑料的来源可分为两类，一是废弃塑料进入环境中经过物理、化学或生物作用转化形成了微塑料颗粒，如农业生产过程中使用过的地膜、废弃闲置的塑料包装，以及电子垃圾回收产生的大量废弃塑料，在环境中都可能被裂解为微塑料。二是在一些消费品中添加的微塑料颗粒，如个人洗漱用品和化妆品中添加的人工磨砂剂等，也是环境中微塑料的重要来源。

微塑料尺寸小、难降解，很容易进入动物和人体内，对机体产生不良影响。另外，微塑料具有强疏水性，能吸收高浓度的疏水性有机物，并将其携带至不同的环境介质中，甚至进入生物体内，从而造成比微塑料本身更大的毒性。正因为如此，微塑料污染在短时间内引起了全球范围的高度重视，如有关微塑料研究的论文数量从 2006 年的 1 篇增至 2018 年的 534 篇（图 1-5）。有关微塑料的报道也屡次出现在新闻中，成为公众重点关注的环境话题。一些新闻报道包括科技文章在担心：到底有多少微塑料进入了人体内？目前的研究结果表明，微塑料颗粒在食用鱼类，甚至牲畜体内已被检出。基于这些研究结果，人们有理由担心食品安全能否得到保障，今后对微塑料的研究应该会更关注公众安全健康，也会更贴近人类的日常生活环境。

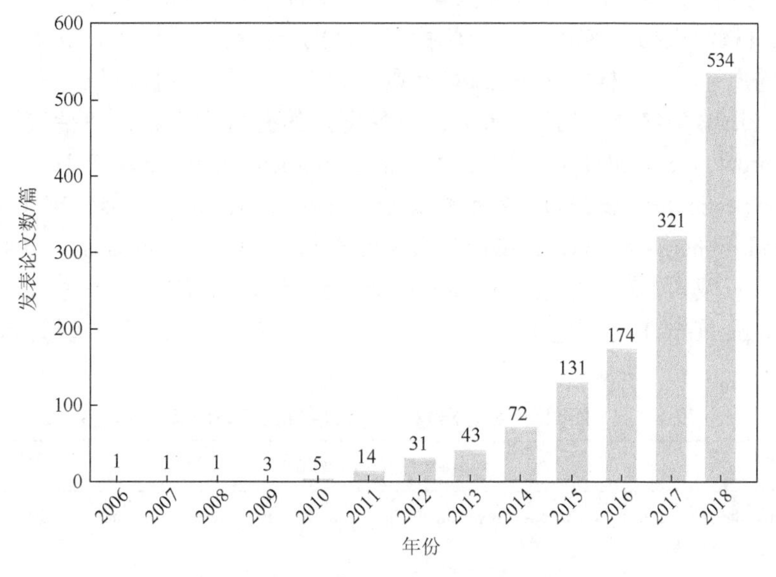

图 1-5 全球微塑料研究论文的增长情况

资料来源：Web of Science

经过 40 年（1978～2018 年）的改革开放，我国的经济状况发生了翻天覆地的变化，国内生产总值（GDP）已跃居世界第二。但不可否认的是，我国经济的快速发展同时也给环境带来了巨大的胁迫，环境污染问题日益严重，已经到了非治不可的地步。例如，我国大气中 $PM_{2.5}$ 浓度已经处于世界最高水平，尤其是华北地区、长江中下游地区。Chen 等在《美国国家科学院院刊》（*Proceedings of the National Academy of Sciences of the United States of America*）上发表的一篇文章中指出，大气总悬浮颗粒物带来的健康效应，使我国北方 5 亿居民失去了总数超过 25 亿年的寿命[4]。我国水环境问题也不容乐观，如水体富营养化仍未得到根本治理。土壤污染情况同样严重，2014 年环境保护部和国土资源部联合公布的《全国土壤污染状况调查公报》指出，全国土壤总体超标率为 16.1%。很显然，要彻底解决我国面临的各种环境问题，仍然任重道远。

1.3 研究对象

环境科学发展到今天已经建立了一个相对完善的研究体系，人们发现的破坏环境和威胁人体健康的污染物种类繁多，平均每一秒就有一种新的化合物诞生并进入环境。总体而言，近年来人们重点关注的污染物主要是重金属和有机污染物。

重金属元素及其化合物是人类长久以来关注的传统污染物。例如，汞（Hg）、铅（Pb）、镉（Cd）、铬（Cr）等会对人体健康造成直接或间接的危害，这些金属形成的络合物也可能是危害健康的污染物。此外，含金属的有机物也同样值得关注。金属有机物是烷基和芳香基等烃基和金属原子形成的化合物，以及碳原子和金属原子直接结合形成物质的总称。可以形成金属有机物的烃基包括甲基、乙基、丙基、丁基和苯基等。金属有机物可以分为烷基金属化合物和芳香基金属化合物两大类，毒性最强的金属有机物包括甲基汞化合物、三丁基锡、四乙基铅等，其次为苯基汞盐、三苯基锡等，还有一些有机锰化合物，如三羰基环戊二烯锰等。

有机污染物的种类繁多，其来源主要是人类合成的各类化学品和自然过程产生的化合物。目前，持久性有机污染物（POPs）是全球特别关注的一类有机污染物。虽然很多有机污染物都具有 POPs 的属性，但严格意义下的 POPs 则是列入《关于持久性有机污染物的斯德哥尔摩公约》（简称《斯德哥尔摩公约》）清单，并受管控的有机污染物，包括滴滴涕（dichloro-diphenyl-trichloroethane，DDT）、六六六（hexachlorocyclohexane，HCH）等有机氯农药（organochlorine pesticides，OCPs），多氯联苯（polychlorinated biphenyls，PCBs）、多溴联苯醚（polybrominated diphenyl ethers，PBDEs）等工业产品，二噁英（dioxins）、呋喃（furans）等非目的性产物，以及六溴环十二烷（hexabromocyclododecane，HBCD）、全氟化合物、氯化石蜡（chlorinated paraffins）等新型污染物（表 1-1）。下面着重介绍几类典型的 POPs。

表 1-1　《斯德哥尔摩公约》中持久性有机污染物清单的演变

年份	持久性有机污染物清单
1997	DDT，aldrin，dieldrin，endrin，chlordane，heptachlor，hexachlorobenzene，mirex，toxaphene（OCPs），PCBs，dioxins，furans（the "dirty dozen"）
2009	alpha hexachlorocyclohexane（α-HCH），beta hexachlorocyclohexane（β-HCH），lindane（gamma hexachlorocyclohexane；γ-HCH），chlordecone，hexabromobiphenyl，tetrabromodiphenyl ether and pentabromodiphenyl ether（tetra- and penta-BDEs），hexabromodiphenyl ether and heptabromodiphenyl ether（hexa- and hepta-BDEs），pentachlorobenzene（PeCB），perfluorooctane sulfonic acid（PFOS），its salts and perfluorooctane sulfonyl fluoride（PFOS-F）
2011	endosulfan（α-，β-endosulfan，endosulfan sulfate）
2013	hexachlorocyclododecane（α-HBCD，β-HBCD，γ-HBCD）
2015	polychlorinated naphthalenes（PCN）；hexachlorobutadiene（HCBD）；pentachlorophenol and its salts and esters（PCP）

有机氯农药是指含有氯原子的苯环类有机物，可以应用于防治植物病虫害，应用较早和较为广泛的有机氯农药为 DDT 和六六六。我国是全球第二大有机氯农药生产国，历年来 DDT 的生产总量约为 40 万 t，占全球总产量的 20%；六六六的总产量则高达 490 万 t，约占全球总产量的 33%[5]。我国也是全球最大的有机氯农药使用国，其使用范围集中分布于东南平原地带，总消耗量约占全国的 37%，主要原因是这些地区气候温润，容易出现病虫害。

PCBs是一种人工合成的含氯芳烃化合物，全球总产量约为130万t[6]，主要用作工业设备和产品的冷却剂和阻燃剂。目前PCBs在全球范围内已被基本禁用，只允许在少数封闭系统里使用，PCBs在美国东、西两岸的海湾区检出浓度较高。特别是位于纽约州的哈得孙河（Hudson River）上游区域，历史上受一家生产电容器工厂的排放影响，沉积物中含有极高浓度的PCBs，已成为环境修复的老大难问题。1965～1974年，我国有记录的PCBs使用总量约为2万t，其中1.9万t主要用作电容器和变电器的冷却剂，另外0.1万t主要作为油漆添加剂。我国东北部地区是传统的重工业基地，PCBs的使用量较大；东部沿海地区PCBs的使用量也相对较高，且水环境中PCBs的浓度也高于其他地区[7]。

PBDEs是一类人工合成的化学品，近二三十年来作为阻燃剂大量用于各种工业产品和消费品中。越来越多的数据表明，PBDEs对生态系统和人体健康具有致毒效应，因此已被逐渐禁用，并被列入POPs清单。随着高科技产业的迅猛发展，电子产品的更新换代周期越来越短，由此产生大量废弃的电子产品（统称为“电子垃圾”）。作为电子产品中的阻燃剂，PBDEs随着电子垃圾的蔓延而受到重视。据统计，全球每年产生的电子垃圾为2000万～5000万t，大部分流向中国、印度等亚洲发展中国家，以及非洲的加纳等国家。我国是电子垃圾堆积的大国，全球约有70%的电子垃圾流入，这意味着每年我国的进口电子垃圾为1400万～3500万t，自身每年也会产生约200万t电子垃圾。由此可见，伴随电子垃圾进口和自身产生而带入我国环境的PBDEs的量是一个非常大的数目[8]，PBDEs污染将会是我国长期面临的环境问题之一。

其他一些新型有机污染物，包括替代有机氯农药的有机磷农药，替代多溴联苯醚的卤代阻燃剂，生活中常用的全氟化合物（如不粘锅），还有用作增塑剂的邻苯二甲酸二丁酯、氯化石蜡等，都是在国际上极受关注，且需要严格管控的有机污染物。此外，还有一些有机物虽然没有成为管控对象，但也因具有较大的环境意义而备受关注，如化石燃料和生物质燃烧产生的多环芳烃（polycyclic aromatic hydrocarbons，PAHs）和正构烷烃（*n*-alkanes），高级动植物产生的甾醇（coprostanols），工业洗涤剂中含有的长链烷基苯（linear alkylbenzenes，LABs）及用作轮胎添加剂的苯并噻唑（benzothiazoles）等，这些物质中有些可能对生态环境和人体健康没有显著的负面作用，但它们都具有特定的来源或产生机制，且不易降解，因此可作为指示污染源或环境过程的示踪物，为探讨环境污染的历史及成因提供额外的信息。

1.4 国际环境公约

上述环境问题及所描述的污染物，只是目前人类所面临的一系列环境问题的缩影。实际上，人类活动对环境的胁迫及潜在危害，远比文字所能记载和表达的更复杂和深远。人类持续破坏地球生态环境，实际上是在毁灭人类自己。幸运的是，面对各种困境，国际社会已经行动起来，通过各种途径和采取各种措施，不断努力保护地球生态环境，提高公众的环境保护意识。特别是在联合国的协调下，世界各国政府签署了一些相关的国际公约，把保护环境的任务提升为各国政府的承诺，这更有利于推进和监督环境保护措施的实施，使地球上每一个人都能生活在清洁、和谐的环境中。下面将分别介绍三个重要的国际公约。

1.4.1 《京都议定书》

为了应对全球气候变化可能带来的一系列严重后果，1997 年 12 月，联合国在日本京都举行了《联合国气候变化框架公约》缔约方第三次会议，通过了《联合国气候变化框架公约》的补充条约——《联合国气候变化框架公约的京都议定书》(简称《京都议定书》，*Kyoto Protocol*)[9]，明确“将大气中的温室气体含量稳定在一个适当的水平，进而防止剧烈的气候改变对人类造成伤害”。《京都议定书》重点限制了发达国家的温室气体排放量，美国和欧盟国家等参与国都承诺在未来减少温室气体排放(表 1-2)。

表 1-2 《京都议定书》中发达国家的减排任务

<table>
<tr><th>温室气体</th><th>基准年</th><th>目标年</th><th>消减目标</th><th>国家</th></tr>
<tr><td rowspan="8">CO_2、CH_4、N_2O、氢氟烃(HFCs)、全氟化合物(PFCs)、SF_6</td><td rowspan="8">1990</td><td rowspan="8">2008～2012</td><td>−8%</td><td>欧盟 15 国、瑞士、爱沙尼亚、斯洛伐克、立陶宛、捷克、拉脱维亚、罗马尼亚、保加利亚、摩纳哥、斯洛文尼亚、列支敦士登</td></tr>
<tr><td>−7%</td><td>美国</td></tr>
<tr><td>−6%</td><td>日本、加拿大、匈牙利、波兰</td></tr>
<tr><td>−6%</td><td>克罗地亚</td></tr>
<tr><td>−6%</td><td>新西兰、俄罗斯、乌克兰</td></tr>
<tr><td>−6%</td><td>挪威</td></tr>
<tr><td>+8%</td><td>澳大利亚</td></tr>
<tr><td>+10%</td><td>冰岛</td></tr>
</table>

1.4.2 《斯德哥尔摩公约》

POPs 是指一类具有毒性、持久性、生物积累性和远距离迁移性的化学物质，它们对生态环境和人体健康均有潜在的危害性，因此备受国际社会关注。2001 年，联合国召集各会员国在斯德哥尔摩签署了《关于持久性有机污染物的斯德哥尔摩公约》(简称《斯德哥尔摩公约》，*Stockholm Convention on Persistent Organic Pollutants*)[10]，又称 POPs 公约。该公约主要关注 POPs 排放的削减、控制 POPs 污染全球化，以及缓解 POPs 对人体健康的影响。2004 年 11 月 11 日，我国加入《斯德哥尔摩公约》，正式成为全球控制 POPs 的参与者。目前，全世界已有 151 个国家成为《斯德哥尔摩公约》的缔约国(图 1-6)。《斯德哥尔摩公约》采取渐进的方式进行污染管控，公约生效初期，POPs 清单只有 12 种物质，因此也称为“肮脏的一打”(dirty dozen)。随着对有机污染物研究的不断加深，POPs 清单的有机污染物数目也在不断增加，到 2016 年，POPs 清单的有机污染物数目已从 12 个增至 26 个(表 1-1)。

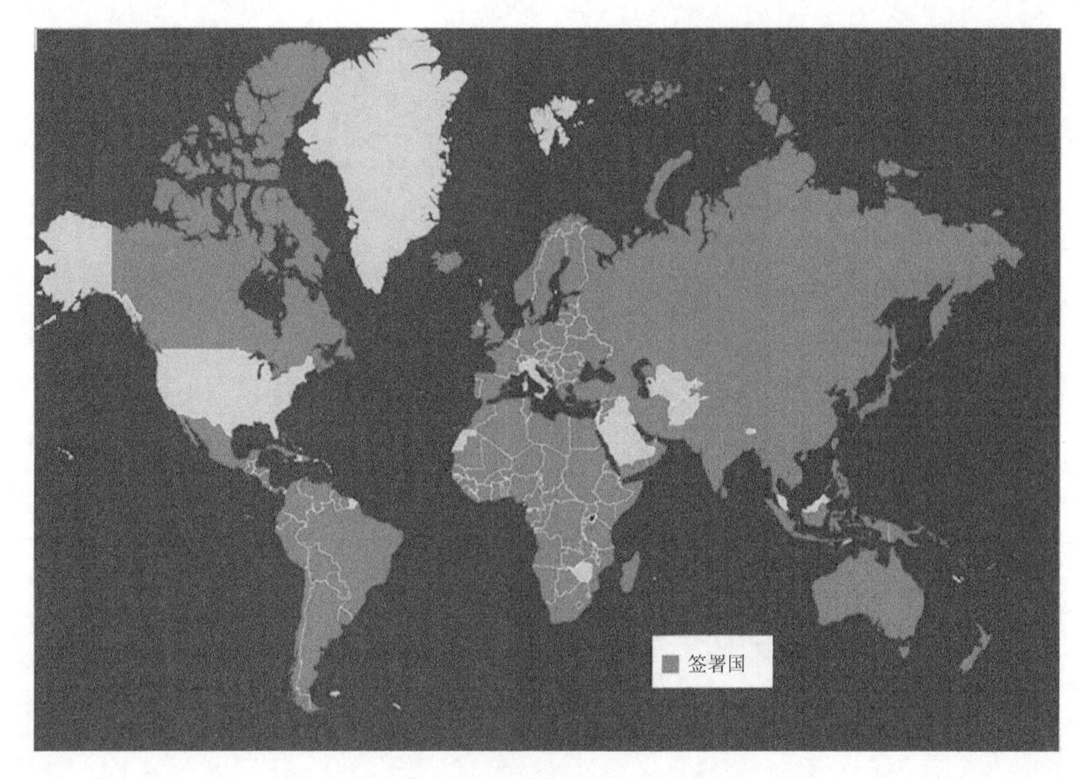

图 1-6* 《斯德哥尔摩公约》的缔约国

1.4.3 《蒙特利尔议定书》

1987 年，联合国 26 个成员国在加拿大蒙特利尔通过了一个旨在保护大气臭氧层的国际公约，全名为《蒙特利尔破坏臭氧层物质管制议定书》（*Montreal Protocol on Substances that Deplete the Ozone Layer*）（图 1-7），简称《蒙特利尔议定书》。该议定书经过不断的补充和完善，加上参与成员国的数量日益增加，已经成为被广泛认可、减少大气臭氧层遭受破坏的利器。《蒙特利尔议定书》的主要内容包括确定臭氧层损耗物质清单，制定这些损耗物质在不同国家禁用的时间表，明确臭氧层损耗物质减排的全球协作和定期考核[11]。在 1991 年 6 月 14 日举行的缔约方第三次会议上，中国政府代表团宣布了中国政府正式加入修正后《蒙特利尔议定书》的决定。

除以上公约外，本着对环境保护积极负责的态度，世界各国之间还缔结了很多国际化公约，如《生物多样性公约》《联合国防治荒漠化公约》《联合国海洋法公约》等，这表明人类社会在保护环境这一长期历史课题中一直在不断地努力。

习题与思考题

（1）选择某一类污染物（课堂上讲过的除外），阐述其来源及环境效应，字数不少于 1000 字。

（2）请列举一项我国环境保护法律或政策，介绍它的背景、内容、目标和范围等，字数不少于 1000 字。

图 1-7　《蒙特利尔议定书》

参 考 文 献

[1] 秦大河. 气候变化科学概论. 北京：科学出版社，2018.

[2] 钟掘. 气候变化与温室气体//“10000 个科学难题”地球科学编委会. 10000 个科学难题：地球科学卷. 北京：科学出版社，2010：743-752.

[3] Florian L. Above The Polar Bear. [2019-02-05]. https://droneawards.photo/gallery/.

[4] Chen Y Y，Ebenstein A，Greenstone M，et al. Evidence on the impact of sustained exposure to air pollution on life expectancy from China's Huai River policy. Proceedings of the National Academy of Sciences of the United States of America，2013，110：12936-12941.

[5] 华小梅，单正军. 我国农药的生产，使用状况及其污染环境因子分析. 环境科学进展，1996，4：33-35.

[6] Breivik K，Sweetman A，Pacyna J M，et al. Towards a global historical emission inventory for selected PCB congeners—a mass balance approach：1. Global production and consumption. Science of the Total Environment，2002，290：181-198.

[7] 刘敏霞，杨玉义，李庆孝，等. 中国近海海洋环境多氯联苯（PCBs）污染现状及影响因素. 环境科学，2013，34：3309-3315.

[8] Guan Y F，Wang J Z，Ni H G，et al. Riverine inputs of polybrominated diphenyl ethers from the Pearl River Delta（China）to the coastal ocean. Environmental Science and Technology，2007，41：6007-6013.

[9] United Nations Climate Change. Kyoto Protocol-Targets for the first commitment period. [2019-02-05]. http://unfccc.int/kyoto_protocol/items/2830.php.

[10] Chapter XXVII Environment. Stockholm convention on persistent organic pollutants. 2001[2019-02-05]. https://treaties.un.org/Pages/ViewDetails.aspx?src = IND&mtdsg_no = XXVII-15&chapter = 27&clang = _en.

[11] UN Documents：Gathering a body of global agreements. Montreal protocol on substances that deplete the ozone layer. [2019-02-05]. http://www.un-documents.net/mpsdol.htm.

第一篇　大气环境问题

第2章　臭氧层破坏和损耗

2.1　臭氧层的环境意义

臭氧层是位于平流层中一层薄薄的臭氧浓度较高的层（距离地球表面 30～50km），其平均厚度大约为 3mm。臭氧层对维持地球生态系统健康具有重要意义，从人类的身体健康到动植物的正常生长发育都离不开臭氧层的保护，因此臭氧层对于地球和人类最重要的环境意义之一是保护作用。臭氧层能够吸收太阳光中波长为 200～300nm 的紫外线，主要是一部分 UV-B（波长 280～300nm）和全部的 UV-C（波长 200～280nm）（图 2-1）。经过臭氧层后，只有长波紫外线 UV-A 和少量的中波紫外线 UV-B 能够辐射到地面。研究显示，长波紫外线要比中波及短波紫外线对生物细胞的伤害低。因此，臭氧层像“保护罩”一样保护地球上的人类及动植物繁衍生息。

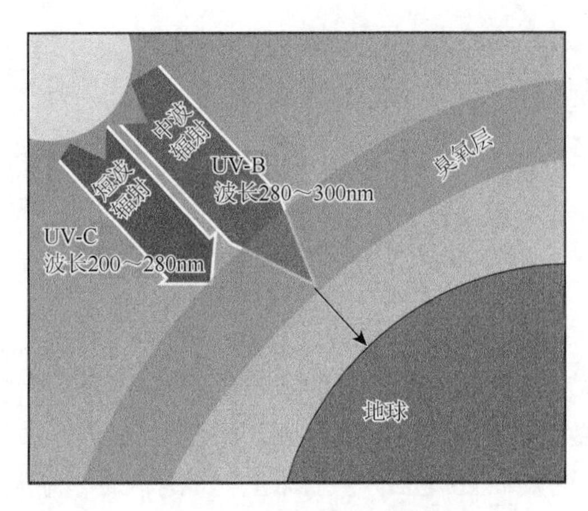

图 2-1　臭氧层阻挡紫外线

臭氧层的另一个重要的环境意义为加热作用。臭氧层既能吸收太阳光中的紫外线，又能吸收地球表面辐射的红外线，并将其光能转换为热能，使得大气温度升高。正是由于此作用，在距离地球表面 15～50km 的大气层存在着一个升温层。这样的温度结构，形成了下部温度低、上部温度高的一个大气层，这个大气层就是平流层，也就是说，只有存在臭氧层才有平流层的产生。目前，天文探索发现地球以外的星球表面大气层因不存在臭氧层，均不存在平流层。此外，位于对流层上部与平流层底部的大气层，臭氧的影响也非常重要。如果这一层的臭氧浓度降低，则会导致地面气温下降；如果臭氧浓度升高，就会产生温室气体效应。因此，臭氧的高度分布及变化对于地球表面大气层温度平衡是极其重要的。

此外，虽然高空中的臭氧层是地球的保护层，但近地面大气中的臭氧却是一种污染物。低空中的臭氧浓度的增加会导致光化学烟雾，损害森林、作物及建筑物等，甚至会对人体健康造成危害。

2.2 臭氧层的形成与消耗

1930 年，英国物理学家 Sidney Chapman 建立了第一个臭氧形成和分解的光化学理论，初步阐释了臭氧层形成的机制，即臭氧的最大浓度集中出现于 15～50km 高空中的原因（图 2-2）。随着观测技术的进步和发展，人们发现臭氧层的实际浓度比 Sidney Chapman 预测的理论值小很多。研究显示，一些未知的化学反应可降低臭氧的浓度。由此，人们开始关注臭氧的大气化学反应机制。

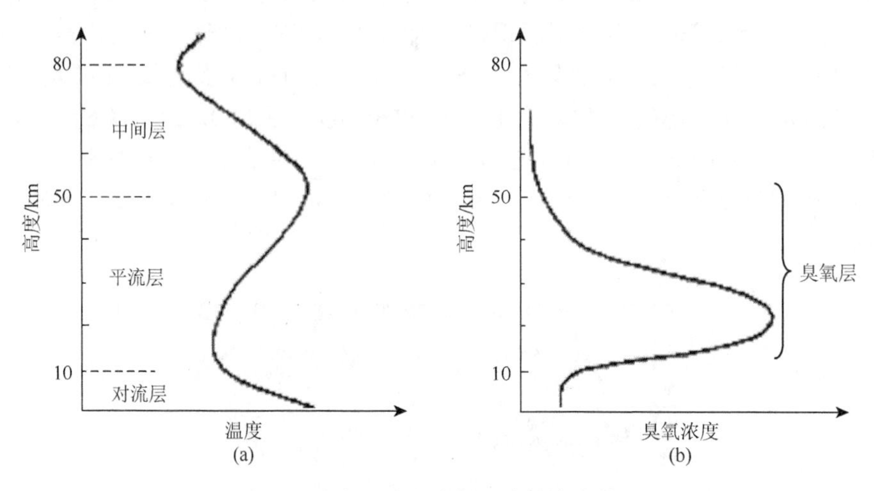

图 2-2　大气温度与臭氧浓度的变化趋势

1970 年，德国科学家 Paul Crutzen 教授证明，NO 和 NO_2 作为催化剂与臭氧反应，降低了大气中的臭氧浓度。参与促进臭氧分解反应的氮氧化物源于化学性能稳定的 N_2O 在大气中的衰变，而 N_2O 则是地表微生物转化的产物，由此初步建立了土壤微生物与臭氧层厚度相关性的研究体系。该理论体系的发展直接推动了全球生物地球化学氮循环研究的快速发展。

在现代发展的臭氧层形成与消耗的理论中，臭氧层中有三种氧的同素异形体参与反应，即氧原子（O）、氧气分子（O_2）和臭氧分子（O_3）。一方面，O_2 在紫外线（<240nm）的作用下分解成两个 O，O 与 O_2 反应生成 O_3，O_3 在紫外线（200～300nm）的作用下分解为 O_2 和 O，最后 O 可与 O_3 结合生成两个 O_2。

$$O_2 + UV \longrightarrow 2O$$

$$O_2 + O \longrightarrow O_3$$

$$O_3 + UV \longrightarrow O_2 + O$$

$$O + O_3 \longrightarrow 2O_2$$

另一方面，O_3 会被一些自由基和离子催化生成氧气而消失，这些自由基和离子主要有羟基自由基（·OH）、一氧化氮自由基（NO·）、氯离子（Cl^-）与溴离子（Br^-）。其中，·OH 和 NO·主要是自然活动产生的，而 Cl^- 和 Br^- 主要来源于人类活动，如氟利昂（freon，主要是氯氟烃）。氟利昂的化学性质稳定，一般被排放到地面大气中，不易分解，但它们扩散到平流层后可在紫外线的作用下分解，即

$$CFCl_3 + h\nu \longrightarrow CFCl_2\cdot + Cl\cdot$$

其中，h 为普朗克常量；v 为电磁波的频率。游离的氯自由基（Cl·）与臭氧分子进行反应，生成次氯酸根自由基与氧气分子，而次氯酸根自由基可再与臭氧分子反应，生成 Cl·及氧气分子。

$$Cl\cdot + O_3 \longrightarrow ClO\cdot + O_2$$

$$ClO\cdot + O_3 \longrightarrow Cl\cdot + 2O_2$$

上述的反应使得臭氧分子不断耗损，直到 Cl·下沉到对流层，与其他化合物反应而被固定。整个过程大约需要两年。溴自由基（Br·）对臭氧的耗损比 Cl·更严重，但 Br·的量相比 Cl·较少。其他卤素原子，如氟（F·）和碘（I·）也可产生类似的效应。然而，F·性质比较不稳定，在大气中能迅速地与水及甲烷作用生成稳定的氢氟酸，另外 I·在近地面层就可被有机分子固化。因此，F·和 I·对臭氧的消耗作用较小。据推算，一个 Cl·大约消耗十万个臭氧分子，如果乘以人为活动产生的氟利昂的年排放量，可以预见其对臭氧层破坏的严重性。

2.3　臭氧层破坏的发现

1971 年，美国科学家 Harold Johnston 指出，超音速飞机在飞行过程中可以向 20km 的臭氧层释放含氮化合物，从而对臭氧层造成威胁。臭氧形成与消耗机制的研究成果在科学家、工程技术人员及决策者中引发了激烈的讨论，并引领了当时的一系列取得巨大进展的大气化学研究。

英国的学者 James Lovelock 通过高精度仪器观测证实人工合成的化学惰性气体氯氟烃（chloro fluoro carbon，CFC）已经广泛分布在全球大气中，随后美国的 Richard Stolarski 和 Ralph Cicerone 两位学者进一步发现了大气中氯原子分解臭氧的机制。在这两项研究的基础上，1974 年，Mario Molina 和 F. Sherwood Rowland 在 *Nature* 上发表了划时代的研究成果，证明用作冰箱冷却剂和用于塑料泡沫等产品的 CFC 气体对臭氧层的危害十分严重。他们的研究工作指出，当化学性质不活泼的 CFC 被慢慢输送入臭氧层后，可以在强紫外线作用下进一步分解成基本组分，并参与臭氧的分解反应。他们预测如果人类保持当下的 CFC 使用量，那么几十年后臭氧层将会被成倍消耗。1995 年 10 月 11 日，Paul Crutzen、Mario Molina 和 F. Sherwood Rowland 教授因发现臭氧层形成和损耗的机制而被瑞典皇家科学院授予诺贝尔化学奖（图 2-3）。

(a) Paul Crutzen

(b) Mario Molina

(c) F. Sherwood Rowland

图 2-3　臭氧形成和损耗机制的探索者暨诺贝尔化学奖获得者

一开始很多人对 Mario Molina 和 F. Sherwood Rowland 的工作持批评态度，人们并没有认识到臭氧损耗的严重程度，氟利昂仍然被当作不可缺少的工业品应用于生产中。氟利昂发明于 20 世纪 20 年代，它是氟氯代甲烷和氟氯代乙烷的总称，包括 CCl_3F（CFC-11）、CCl_2F_2（CFC-12）、$CClF_3$（CFC-13）等。氟利昂主要被用于空调、冰箱的制冷，增强喷雾设施液体（香水、杀虫剂等）的分散程度及精细电器设备的清洁。它是一种完全由人工合成的化合物，从地面释放至到达大气上层需要大约 15 年，然后经过近 100 年才能完全被分解，在整个过程中，一个氟利昂分子可以耗损近十万个臭氧分子。20 世纪 70 年代末至 80 年代初期，Mario Molina 和 F. Sherwood Rowland 的研究成果使氟利昂受到了一些初步排放限制。至 1985 年，英国人 Joseph Farman 和他的同事对南极上空“臭氧空洞”的观测（图 2-4）才让人们意识到，臭氧损耗的严重程度远远超过 Mario Molina 和 F. Sherwood Rowland 的研究结论。

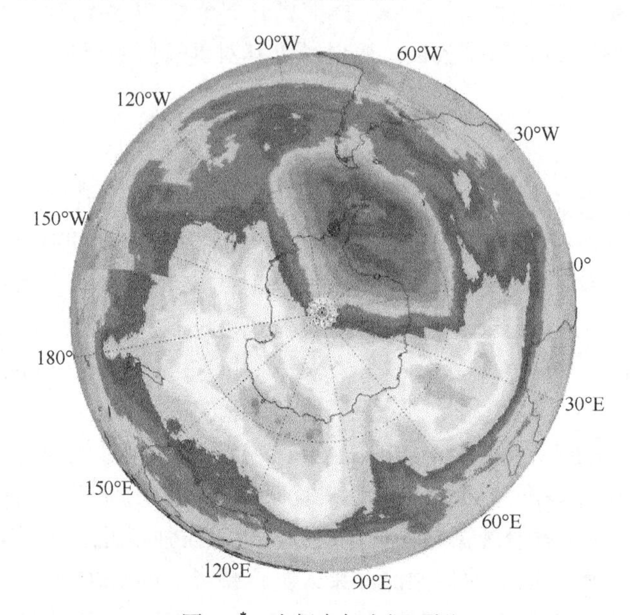

图 2-4* 南极臭氧空洞观测

人类在生产生活中向大气排放的有害气体造成了臭氧层破坏，臭氧总量卫星观测仪器（total ozone mapping spectrophotometer，TOMS）的数据显示臭氧层总量不断减少，如图 2-5 所示，臭氧层受到破坏最严重时仅为 100DU（1DU 等于标准温度和气压下厚度为 0.01mm），通常情况下，臭氧层厚度达到 240～500DU 时，才可以认为臭氧层恢复如初。

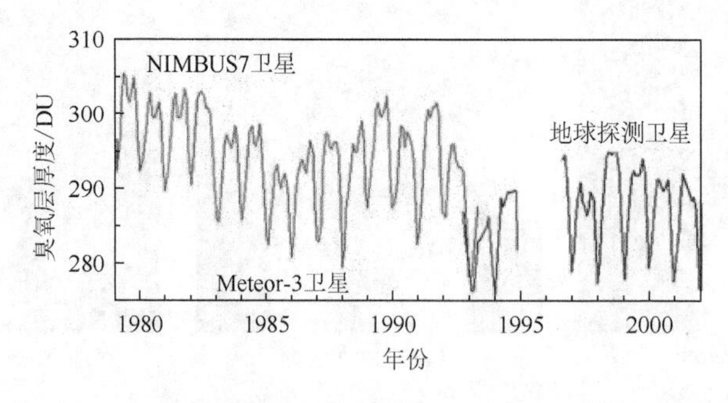

图 2-5* 1980～2000 年全球臭氧层（北纬 65°～南纬 65°）的月平均厚度变迁

自 20 世纪 70 年代，TOMS 的监测结果显示在春季和初夏南极地区的臭氧层的厚度会迅速减少，出现所谓的“臭氧空洞”。在中纬度地区，臭氧层的厚度在减少但没有形成空洞，1980 年前，臭氧层的厚度在北纬 35°～60°地区只减少了 3%，在南纬 35°～60°地区约减少了 6%，但赤道上空的臭氧层没有明显的变化，南北两极成为臭氧损耗的重灾区。1985 年的报道第一次发现南极地区夏季上空的臭氧层减薄达 70%，1990 年的 9～10 月南极上空臭氧层持续减薄 40%～50%。北极上空也同样出现了一定的臭氧层空洞，但与南极空洞最大值出现的时间存在出入，相当于冬季和春季减薄 30%。研究表明，极地上空平流层在寒冷的条件下很容易产生云层，云层活动极大地加快了臭氧的消耗速度。以往的预测模式没有考虑到极地的特殊情况，只是根据全球臭氧的平均消耗速度加以分析预测，南极上空突然出现的臭氧层空洞极大地震惊了科学家。

自 20 世纪 80 年代初期臭氧层空洞问题被首次发现后，人们开始关注臭氧层破坏问题，《蒙特利尔议定书》中规定氯氟烃于 1996 年正式禁止生产，2010 年除特殊用途外，哈龙（Halon，也称海龙）被全面禁止生产和使用。自 1995 年起，每年的 9 月 16 日规定为“国际保护臭氧层日”。在多年全球各国的不懈努力下，臭氧耗损物质浓度逐渐降低，最新的观测结果显示臭氧层空洞正在好转，南极上方的空洞正在缩小（图 2-6）。人类所观测的臭氧层空洞的最大值发生于 2000 年 9 月，面积高达 2990km^2，而 2012 年所观测到的臭氧层空洞的平均面积达到了 1790km^2。由于氯氟烃和哈龙等物质在大气中的滞留时间较长，臭氧层的恢复也将十分漫长。美国国家航空航天局（NASA）戈达德航天中心的大气学家 Paul Newman 认为直至 2065 年，南极上空臭氧层才可能恢复到正常水平。

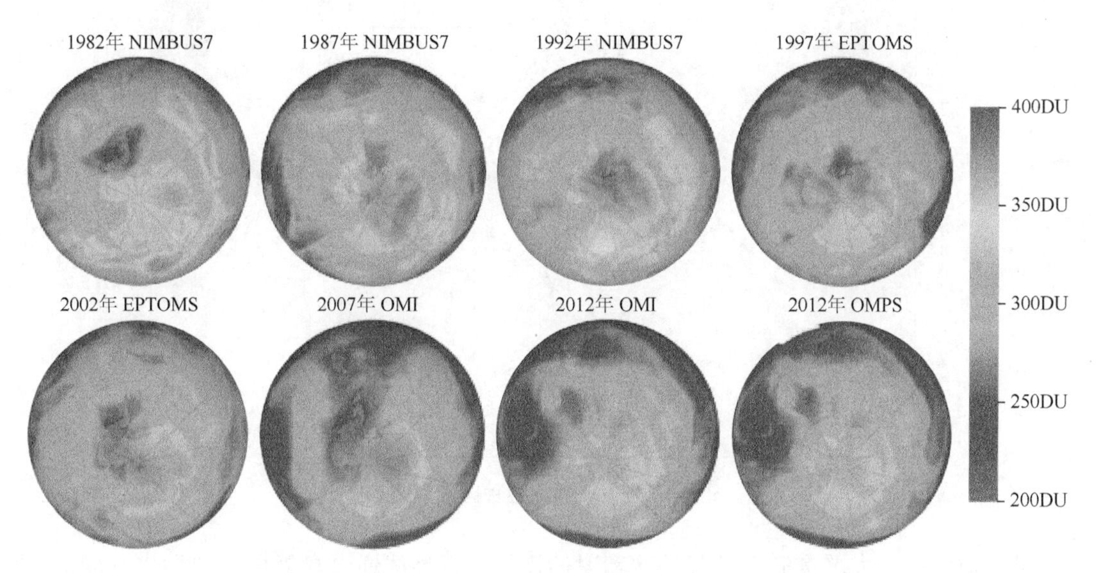

图 2-6* 1982～2012 年不同卫星及仪器的南极臭氧层空洞探测结果

资料来源：NASA. 2012 Antarctic Ozone Hole Second Smallest in 20 Years

2.4 臭氧层损耗的后果

作为地球的保护层，臭氧层和地球表面温度息息相关，大气中臭氧含量越多，地表温度越低，反之臭氧减少，地表温度会上升。臭氧层损耗与气候变暖之间的联系也是千丝万缕的，虽然并没有直接证据显示二者相关，但它们的发生机制十分相近。臭氧层损耗的罪魁祸首

——氟利昂及含溴卤化烷烃等化学气体完全来自人类的生产生活。随着城市化进程的加快和经济的增长，不仅产生了这些物质，也伴随着大量化石能源的燃烧，前者不断消耗着平流层中的臭氧，后者则产生源源不断的温室气体。

气候系统内部变化引起的辐射强迫变化也会影响臭氧浓度。辐射强迫是指气候变化中，CO_2等温室气体浓度或太阳辐射的变化等外部强迫因素所引起的对流层顶垂直方向上的净辐射变化，即平流层和对流层之间的辐射度。辐射强迫可以反映特定因素在气候变化机制中的重要性，正强迫辐射可使大气变暖，反之亦然。由图 2-7 可知，近年来的大气臭氧浓度确实对大气变暖起到正向促进作用。一方面，CO_2 的辐射压力在使全球变暖的同时降低了平流层温度，增加了平流层内臭氧层耗损速度和产生破洞的次数。同时，臭氧浓度减小可降低平流层吸收太阳辐射的能力，从而导致平流层温度降低和对流层温度升高，但平流层变冷释放的长波射线较少，因此臭氧浓度减小对于对流层的综合效应表现为温度降低。在过去的 20 年中，这种效应累积的辐射强迫为（-0.15 ± 0.10）$W\cdot m^2$。另一方面，耗损臭氧层的物质也属于温室气体，生成的辐射强迫为（0.34 ± 0.03）$W\cdot m^2$，约占人类活动主导的全部温室气体增加的辐射强迫的 14%。

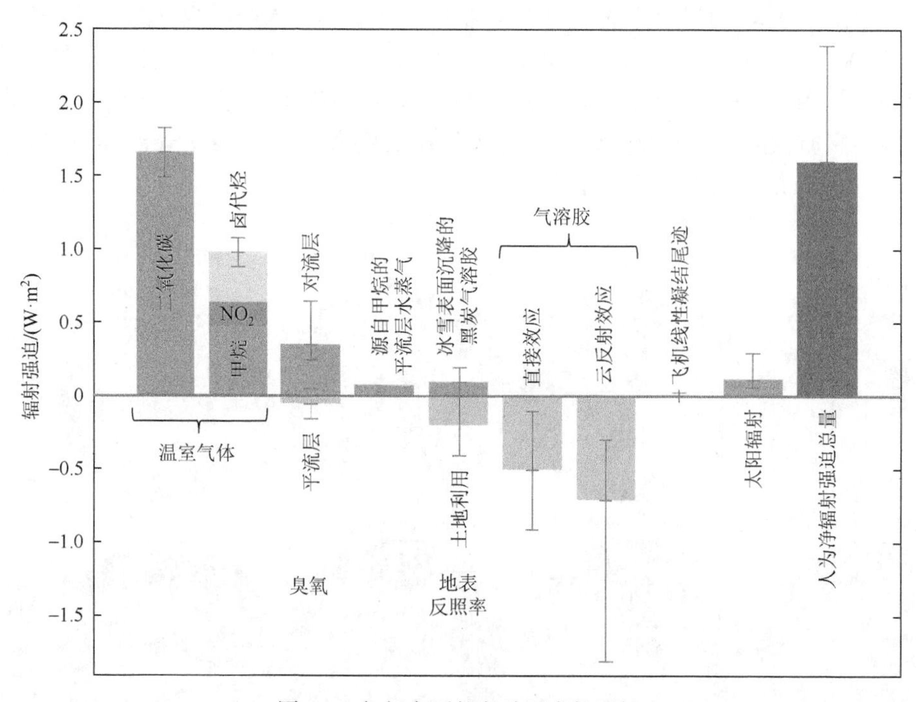

图 2-7　气候变暖的各种因素的贡献

臭氧损耗的一大严重后果是紫外线辐射的增加。紫外线通过臭氧层时会发生衰减，衰减程度与臭氧浓度和厚度呈指数关系。臭氧损耗导致地面的紫外线增加，影响着地球表面的一切生物，首当其冲的受害者就是人类。

2.4.1　对人类的影响

紫外线增加对人类最显著的影响在于各种皮肤科疾病，尤其是鳞状细胞癌和基底细胞癌等最为常见的皮肤癌，这类皮肤癌与高能量的紫外线辐射相关。虽然这类疾病的死亡率不高，但仍需要进行外科手术治疗。统计数据表明，平流层中的臭氧浓度每减少 1%，皮肤癌的发病率会增加 2%。除了常见的皮肤癌以外，还有恶性黑色素瘤这种较为少见但更致命的皮肤癌。恶性黑色素瘤的死亡率能够达到 15%～20%，有研究证明高能量的紫外线辐射每增加 10%，可导致该疾病患病率增加，男性和女性发病率分别增加 19%和 16%。除了皮肤癌外，紫外线对眼睛的伤害也很大，研究表明紫外线和白内障的发病率有关。除了臭氧损耗带来的紫外线增加对人类有危害外，臭氧本身的强氧化性也会对人类产生毒害作用，紫外线增加会促进汽车尾气产生臭氧，这些臭氧很难补充到高空大气中，往往在近地表面危害人类健康。

2.4.2　对动物的影响

2010 年 11 月，伦敦动物协会的报告指出美国加利福尼亚州沿海的鲸受阳光伤害的事件显著增加。伦敦动物协会的相关研究对 150 头鲸表皮的活组织进行检查，发现“普遍存在被强烈阳光造成的表皮损伤”。该项研究推断以上现象可能是“臭氧层空洞使得紫外线辐射增强引起的表皮损伤，这和人类皮肤癌患者增加的情况相类似”。

2.4.3　对农作物的影响

植物的生理和进化过程都在一定程度上受到 UV-B 辐射的影响，如造成植物形态的改变，影响各发育阶段的时间及二级新陈代谢等，反过来，植物自身也可以通过一些缓解和修补措施来适应 UV-B 辐射的变化。这些生理和进化过程及缓解、修补机制的变化都对食物链的生态关系和生物地球化学循环等具有潜在影响。目前，臭氧层损耗对植物的具体影响机制尚不明晰，但在已研究过的植物品类中，超过一半的植物受到 UV-B 的负面影响，如豆类、瓜类等。另外，一些农作物如土豆、番茄、甜菜等，在过度紫外线暴露下，出产的农产品质量会下降。包括水稻在内的经济作物，根部由共生的蓝藻进行固氮，而蓝藻对紫外线非常敏感，这些经济作物也会受到影响。

2.4.4　对海洋生态环境的影响

全球 30%以上的动物蛋白质都来自海洋，这一比例在发展中国家还要更高。紫外线辐射剂量的变化可以影响海洋浮游植物的分布及移动方式。海洋中的浮游植物并非均匀分布，而是受到营养物、温度、盐度和光照等因素的影响。通常而言，高纬度地区的浮游植物密度较大，相对而言，热带和亚热带地区的浮游植物密度要低得多，紫外线辐射剂量的变化会影响浮游植物的分布趋势。而就垂直方向而言，浮游植物通常生长在水体表层拥有足够光照的区域，这些区域浮游植物的生长也会受到风力和波浪等因素的影响，可以自由运动来提高生产力以保证生存，而紫外线过度暴露会影响浮游植物的移动，从而影响浮游植物生存。

2.5　应对臭氧层破坏的法规

2.5.1　《蒙特利尔议定书》的签订

为了限制氟利昂等工业产品的生产和使用，1987 年 9 月 16 日，联合国 26 个成员国在加拿大蒙特利尔签署了《蒙特利尔议定书》，旨在保护地球臭氧层，该议定书于 1989 年 1 月 1 日起正式生效。此后，该议定书经过不断的补充和完善，已经成为防止臭氧层损耗的最有力的武器。

1987 年，《蒙特利尔议定书》将氯氟烃的生产量限制在 1986 年的规模，各国承诺在 1988 年以前完成减少 50%氯氟烃产品生产及冻结哈龙生产的目标。然而 1988 年春天，美国国家航空航天局发布的《全球臭氧趋势报告》又一次迫使全球保护臭氧层的行动进一步加快。该报告指出不仅仅是在南北极上空，臭氧层损耗的现象在其他地区也陆续被发现，《蒙特利尔议定书》所规定的氯氟烃的限制政策不足以挽救逐渐耗损的臭氧层。1989 年 5 月，80 个国家代表齐聚赫尔辛基，联合发起了一项正式宣言，宣言中同意将《蒙特利尔议定书》中的化学物质逐步汰换，且禁用时间绝不晚于 2000 年。

瑞典是全球第一个加速废除氯氟烃使用的国家。1988 年 6 月，瑞典国会通过立法，计划在 1995 年全面禁用氯氟烃。政府通过了工业界广泛认可的氯氟烃使用时间表，相关化合物作为喷剂可在 1988 年以前继续使用，1989 年以前可以继续用于产品包装，1991 年以前可以用作溶剂，1994 年以前可以用于硬泡棉、干洗及冷却剂。虽然瑞典所使用氯氟烃的量仅占全世界的 1%，但其身先士卒的行动使瑞典成为执行《蒙特利尔议定书》的典范。《蒙特利尔议定书》签订的意义十分重大，它为各国在保护臭氧层的行动上提供了相对公平和广泛认可的标准，氯氟烃在不受到任何控制的情况下，将随着经济的发展呈现线性增长，届时对臭氧层的危害是无可估计的，所造成的严重后果也是人类无法承担的，而在《蒙特利尔议定书》的规制下，氯氟烃预计被控制在一个稳定降低的状态（图 2-8）。

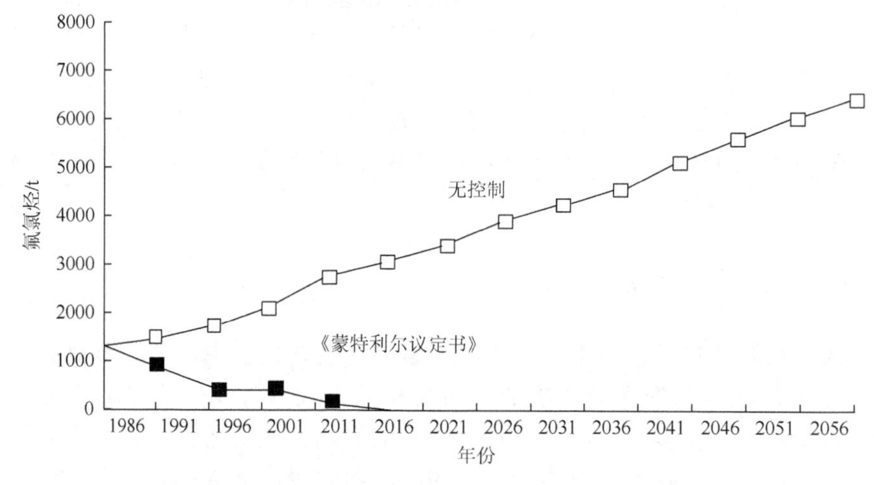

图 2-8　《蒙特利尔议定书》控制氯氟烃排放效果

2.5.2　《蒙特利尔议定书》的修订

《蒙特利尔议定书》涵盖的保护臭氧层行动的基本准则如下。

（1）确定了受控物质名单，并不断更新和补充受控物质。

（2）规定了受控物质的控制基准，包括生产量和消费量的起始控制限额。

（3）规定了控制时间，并按照发达国家和发展中国家来确定各类物质的禁止时间，发展中国家一般比发达国家相应延迟 10 年。

（4）确定了评估机制，自 1990 年起至少每 4 年，各缔约方对《蒙特利尔议定书》的实施情况进行评估。

《蒙特利尔议定书》的制定和执行，对工业生产和个人消费都造成了一定的影响，前者表现在促进了工业产品的更新换代，后者则表现在改变了居民的日常消费足迹。

工业界在保护臭氧层的行动中迎来了多次产品的更新换代：作为臭氧层的主要破坏者之一的 CFC-12，也是传统的重要冷媒，工业界初次尝试采用 1, 1, 1, 2-四氟乙烷（HFC-134a）作为替代产品；臭氧层的另一破坏者 CFC-11，主要用作塑胶发泡剂，可以采用二氟一氯乙烷（HCFC-22）替代；此外还有一种由天然植物（柑橘类果皮或树干）的萃取物制备的名为 BIOACT 的产品，可以代替三氟三氯乙烷（CFC-13）使用。但这些替代品仍然存在一些问题，它们的性质会逊于氯氟烃，且不耐用，甚至一些物质还需要设计额外的设备才能进入生产环节。例如，HFC-134a 的生产较为困难，价格相对昂贵，且须较频繁更换；而 HCFC-22 不具备良好的热绝缘性质，未来的应用前景有限；BIOACT 则需要设计新的程序与清洗电路板的装置。尽管这些替代品存在价格高、低压易分解、生产工艺复杂等缺点，它们被排放到自然环境中时对臭氧层不构成威胁，但是不能排除这些替代品对人体和环境的潜在威胁，如酸雨。因此，氯氟烃产品的研发仍需很长时间，完全安全的替代物的开发和研究迫在眉睫。

随着工业产品的不断更新，个人生活中所使用的产品也迎来了更新换代，且随着产品的使用，一些衍生的相关过程也发生了变化。例如，保丽龙［是由聚苯乙烯（polystyrene，PS）加发泡剂后高温发泡形成的一种材料］餐具及其他制品已经停止使用，这样就杜绝了由保丽龙制作所使用的发泡剂（氯氟烃）的排放，同时，可能产生氯氟烃排放的其他产品也尽量避免购买和使用。从政策角度而言，任何可能造成氯氟烃或哈龙排放的产品必须添加标识，以让消费者认知该产品对臭氧层存在危害；对氯氟烃的制造商征收特别税，由于氯氟烃产品的禁用，一些制造商可能会在商品稀缺的同时因此获得暴利。因此，每个人都应该从个人做起保护臭氧层，预防臭氧层破坏物质排放，包括定期检查冰箱或者空调等含有氯氟烃的家电是否存在泄漏情况，重新添加冷媒应找具有冷媒回收设备的制造商等。

在加入《蒙特利尔议定书》的各国共同努力下，《蒙特利尔议定书》经过不断的补充和完善，在保护臭氧层的行动中取得了良好的进展。如图 2-9 所示，经过 20 年的不懈努力，至 2006 年，

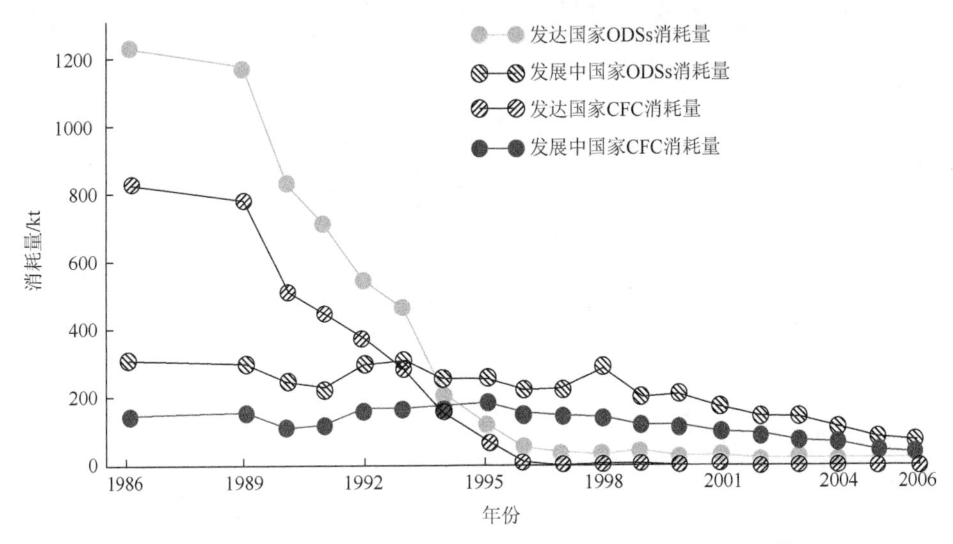

图 2-9　20 年间臭氧消耗物质和氯氟烃的消耗量的变化趋势[1]

全球臭氧层消耗物质和氯氟烃的消耗量已经极大地降低了，虽然发展中国家的这些物质降低的速度较发达国家慢，但发展中国家的起步较低，发达国家臭氧层损耗物质和氯氟烃的消耗量降低了 1000 多倍，而发展中国家在寻求发展的同时也将这些物质的消耗降低到发达国家的水平。

习题与思考题

（1）请定量阐述紫外线分解臭氧的反应机制。

（2）为什么 1995 年的诺贝尔化学奖同时授予 Paul Crutzen，Mario Molina 和 F. Sherwood Rowland 三人？请从他们研究成果的内在联系阐述你的观点。

参 考 文 献

[1] 2008 年千年发展目标报告：确保环境的可持续能力——限制臭氧耗减物质的成功行动正在帮助缓解气候变化. 2008[2019-02-09]. https://www.un.org/ chinese/millenniumgoals/report08/7_2.html.

第 3 章　从 $PM_{2.5}$ 说起：大气细颗粒物污染与灰霾的形成

3.1　大气细颗粒物的定义

雾霾是近年来中国关注度最高的大气环境问题之一。作为雾霾的罪魁祸首，中国大气中的颗粒污染物，尤其是细颗粒物浓度极高。北京西城区车公庄站 2012 年 10 月和 12 月的实时拍摄影像如图 3-1 所示，冬季供暖条件下，空气可见度极低。2013 年 1 月，全国 30 多个省（自治区、直辖市）均出现 4 次以上雾霾天气，北京尤为严重。中国 500 个大城市中，仅有不到 5 个城市的空气质量可以达到世界卫生组织推荐的标准。这使雾霾成为 2013 年度的热点关键词。2014 年，雾霾被国家减灾委员会和民政部纳入自然灾害范畴。2016 年 12 月，中国经历了当年最持久的雾霾天气，华北平原 7 个省（直辖市）达到了严重污染。2017 年，李克强总理提出“坚决打好蓝天保卫战”。“消除雾霾，重塑蓝天”已成为中国民生改善的当务之急。自 2013 年《大气污染防治行动计划》发布以来，中国开展了针对细颗粒物（$PM_{2.5}$）污染治理的一系列举措，在燃煤和移动源污染控制等领域取得了举世瞩目的成绩。相对于 2013 年，2017 年京津冀、长江三角洲（以下简称“长三角”）、“珠三角”三大城市群 $PM_{2.5}$ 年均值分别下降了 40%、34%和 28%。

(a) 2012年10月6日

(b) 2012年12月28日

图 3-1*　北京车公庄站[1]

大气中的颗粒物是分散在空气中的微小液滴或固体颗粒，粒径为 0.01～100μm，是一个复杂的非均相体系。颗粒污染物包括粉尘、烟尘、雾尘、黑烟和总悬浮颗粒物，在这些污染物中，细颗粒物无疑是对环境和人体而言最具杀伤力的。2013 年 2 月 28 日，全国科学技术名词审定委员会正式将 $PM_{2.5}$ 命名为细颗粒物，定义为环境空气中空气动力学直径等于或小于 2.5μm 的颗粒物，又称为可入肺颗粒物。$PM_{2.5}$ 在地球大气中的含量很少，但它显著影响空气质量和能见度。$PM_{2.5}$ 的粒径小，易吸附大量的有毒物质，具有在大气中停留时间长、可进行长距离迁移等特性，可对人体健康造成重大的危害。$PM_{2.5}$ 经人体吸入后可以直接进入支气管，甚至沉降到肺部，引发哮喘、支气管炎及心血管疾病等。2012 年 2 月，国务院公布了新修订的《环境空气质量标准》，在此标准中增加了 $PM_{2.5}$ 监测指标。2013 年 1 月中国的 74 个城市开始发布 $PM_{2.5}$ 的实时监测数据，2015 年开始监测空气中 $PM_{2.5}$ 的城市发展至 338 个。《2016 中国环境状况公报》的调查数据显示，$PM_{2.5}$ 连续三年均是城市空气环境的首要污染物。

3.2　大气细颗粒物的形成机制

大气中 $PM_{2.5}$ 的来源可以分为一次和二次来源，一次来源通常指通过机械作用或燃烧作用而直接产生的 $PM_{2.5}$，如扬尘、交通源、燃烧源、建筑尘、生物质燃烧及工业排放；二次来源则指通过化学作用产生的 $PM_{2.5}$，如排入大气中的 SO_2、NO_x 及有机物等通过某些化学反应转化形成 $PM_{2.5}$。就排入大气的颗粒物总量而言，一次和二次颗粒物约各占一半。在大部分区域，颗粒物源于自然活动，而在人口和工业活动密集的区域，人为活动成为颗粒物的主要来源。一次颗粒物在大气中经过积聚、生长、化学反应等过程形成二次颗粒物，是 $PM_{2.5}$ 的主要来源，如图 3-2 所示。光化学反应是大气二次颗粒物的重要生成机制之一，烷烃在对流层不能被臭氧氧化或直接发生光氧化反应，但它在·OH、NO_3^- 和 O_3 的作用下脱氢形成烷基自由基并进一步形成烷基过氧化自由基（ROO·）。与 NO 发生反应是大气 ROO·的主要转化途径。烯烃和·OH、NO_3^- 和 O_3 的反应也十分重要。此外，海盐、矿尘和大气污染物之间的多相反应也是形成二次颗粒物的主要过程。

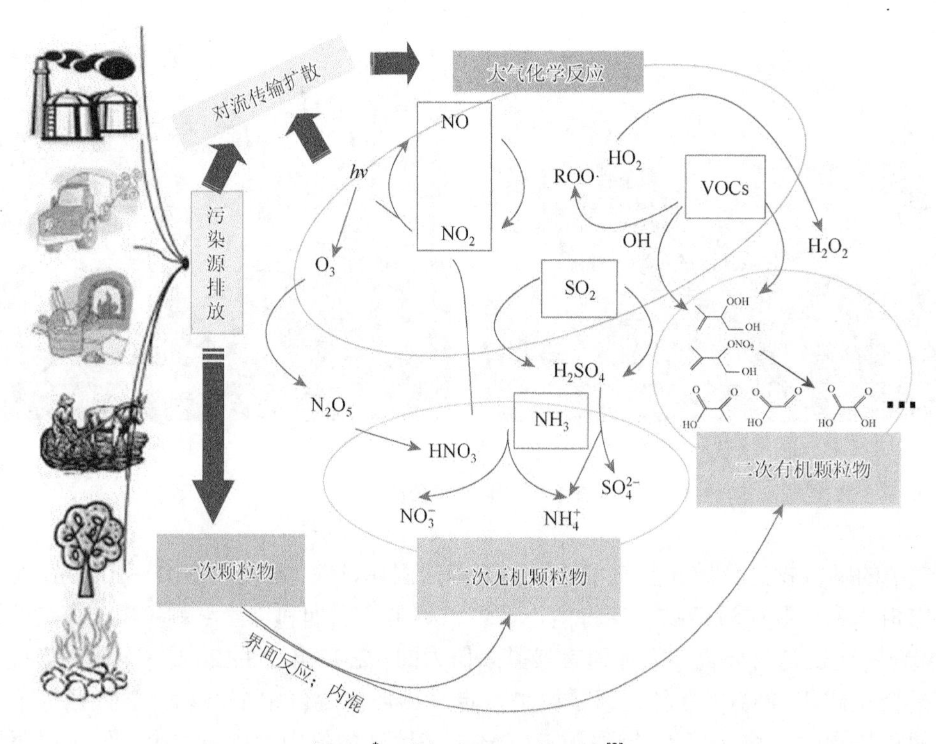

图 3-2* 大气中 $PM_{2.5}$ 的形成[2]

研究者针对北京市大气中的颗粒物进行详细研究，并建立了北京市 $PM_{2.5}$ 的源清单，见表 3-1。结果表明，北京市大气中 $PM_{2.5}$ 的主要排放源包括扬尘、交通源、燃烧源、建筑尘、生物质燃烧、工业无组织排放及二次颗粒物。这些污染物示踪物及源化学成分谱包括 11 种 PAHs、有机碳（organic carbon，OC）、元素碳（elemental carbon，EC），还包括部分无机元素和离子组分等。研究模拟结果显示以上 7 种污染源贡献了北京市 $PM_{2.5}$ 的 72.5%。所有污染源中扬尘和燃煤尘的平均贡献最大，分别为 18.1%和 16.4%，二次硫酸盐及二次硝酸盐所占比例仅为 9.6%，这表明北京市煤烟燃烧和扬尘是 $PM_{2.5}$ 形成的主要原因[3]。同样，北京市官方调查数据显示机动车、燃煤、工业生产和扬尘为 $PM_{2.5}$ 的主要来源，占比分别为 31.1%、22.4%、18.1%和 14.3%，另外，其他排放如餐饮、汽车修理、建筑涂装等约占 14.1%。这其中，机动车对 $PM_{2.5}$ 的贡献既包括直接产生的 $PM_{2.5}$ 及形成二次气溶胶的气态前体物，又包括间接产生的道路扬尘等。

表 3-1　$PM_{2.5}$ 污染源成分谱[3]　（单位：$\mu g \cdot g^{-1}$）

物质	燃煤尘	机动车排放	建筑尘	扬尘	生物质燃烧	二次硫酸盐	二次硝酸盐
荧蒽	1186	2828.4	157.33	44.66	0.0	0.0	0.0
芘	490	6512.3	93.20	29.58	0.0	0.0	0.0
苯并[*a*]蒽	1083	645.31	27.02	9.81	0.0	0.0	0.0
䓛	1794	1053.1	66.15	26.78	0.0	0.0	0.0
苯并[*b*]荧蒽	3755	456.66	93.00	34.22	0.0	0.0	0.0
苯并[*e*]芘	627	504.17	84.13	30.44	0.0	0.0	0.0
苯并[*a*]芘	1048	617.05	31.68	8.34	0.0	0.0	0.0
苝	365	85.03	3.38	2.36	0.0	0.0	0.0
茚并[1, 2, 3-*cd*]芘	1061	223.01	28.07	8.84	0.0	0.0	0.0
苯并[*ghi*]苝	836	232.61	30.45	9.4	0.0	0.0	0.0
二苯并[*a*, *h*]蒽	240	39.96	1.12	0.27	0.0	0.0	0.0
OC	24800	390000	0.0	186800	484000	0.0	0.0
EC	10700	365000	0.0	15700	28600	0.0	0.0
Al	47800	2160	42600	73100	110	0.0	0.0
Ca	4400	3373	300000	46500	100	0.0	0.0
K	11000	2111	16100	12100	16700	0.0	0.0
NO_3^-	3147	64400	0.0	1100	2500	0.0	775000
SO_4^{2-}	263600	28000	0.0	11000	2500	727000	0.0
NH_4^+	200	15500	0.0	100	1500	273000	226000

从 $PM_{2.5}$ 主要成分来看，北京市空气中 $PM_{2.5}$ 主要包括有机物、硝酸盐、硫酸盐、地壳元素和铵盐等，其含量分别占 $PM_{2.5}$ 质量浓度的 26%、17%、16%、12%和 11%。研究表明，北京市大气中 70%的 $PM_{2.5}$ 是二次颗粒物，即由一次排放的气态污染物在大气化学反应过程中生成的细颗粒物。例如，机动车排放的尾气中氮氧化物和碳氢化合物经过一系列化学反应后生成 $PM_{2.5}$。因此，科学研究 $PM_{2.5}$ 应遵循“先测成分溯清产生原因，再去推导颗粒物的来源”的原则。

2014 年，*Nature* 上刊登了一篇 2013 年 1 月发生在全中国范围内雾霾污染的观测结果[4]，该研究发现中国北京、上海、广州和西安等城市的 $PM_{2.5}$ 主要成分均为有机物。在北京、上海和广州三个城市中，二次有机气溶胶和二次无机气溶胶为 $PM_{2.5}$ 来源的主要贡献者；而在西安，尘埃为主要贡献者（图 3-3）。对于当今中国城市而言，减少化石能源和生物质燃烧产生的二次气溶胶是控制 $PM_{2.5}$ 浓度的重要环节。

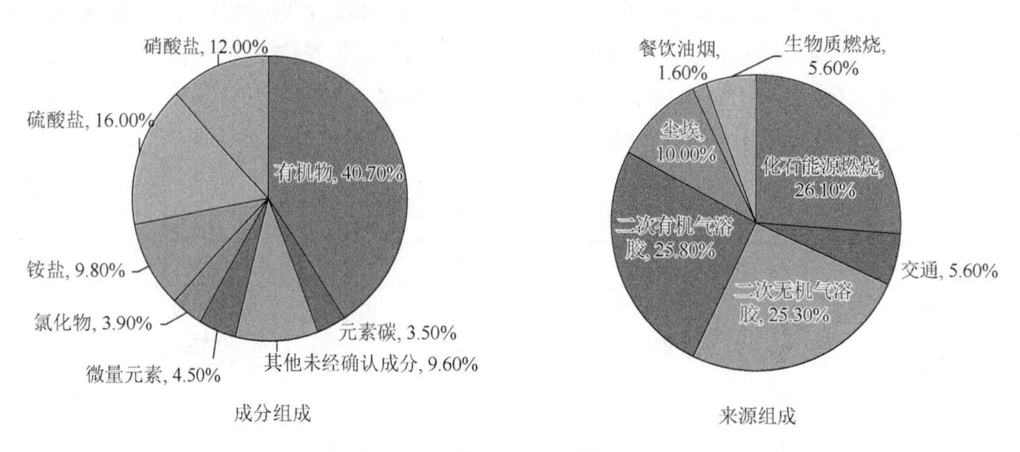

(a) 北京($158.5\mu g \cdot m^{-3}$)

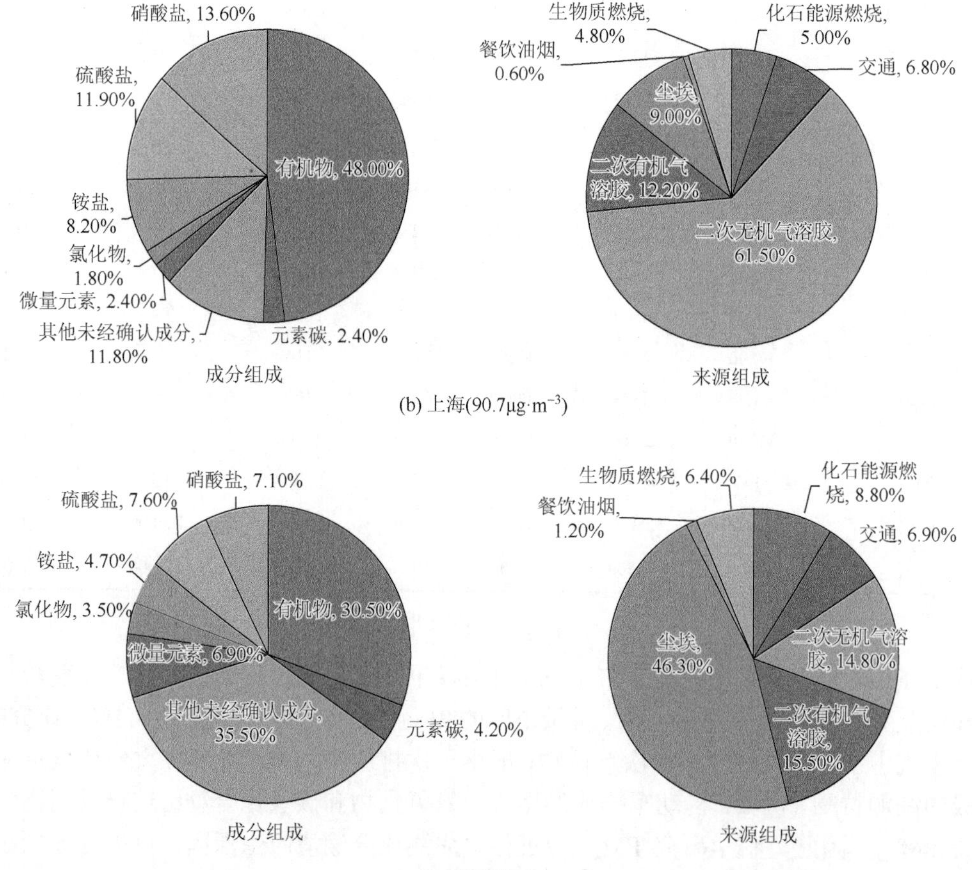

(b) 上海($90.7\mu g \cdot m^{-3}$)

(c) 西安($345.1\mu g \cdot m^{-3}$)

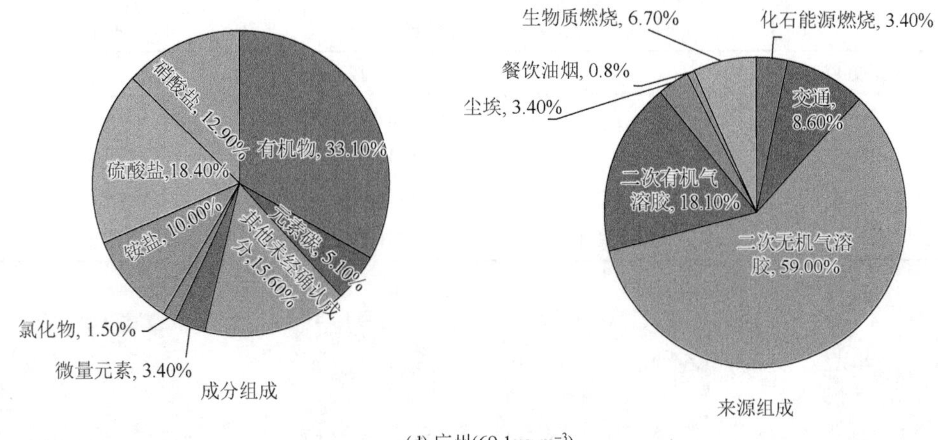

(d) 广州(69.1μg·m^{-3})

图 3-3* 中国四个城市中 $PM_{2.5}$ 的主要成分和来源[4]

图中数据因四舍五入造成相加之和不等于 100%

3.3 大气细颗粒物的环境意义

3.3.1 灰霾与极端天气

我国环境保护标准《空气质量　词汇》（HJ 492—2009）将“霾”（haze）定义为“大量极细微的、单体肉眼不可见的微粒悬浮在空中，而使大气呈现出乳白色、能见度降低的现象”。霾的本质是细颗粒气溶胶污染，属于大气气溶胶的范畴[5]。悬浮在空气中的尘埃、硫酸颗粒、硝酸颗粒、碳氢化合物等粒子使大气变得浑浊，这些极细微的干尘粒等均匀地飘浮在空中，且肉眼无法分辨，由此造成人们视野模糊，能见度偏差，当水平能见度小于 10000m 时，即形成霾。构成霾的细颗粒主要来源可以概括为以下 5 个途径。

（1）工业排放。工业过程可以排放大量的 SO_2、NO_x、VOCs、有机碳、元素碳和悬浮颗粒物等霾的主要成分。

（2）机动车排放。汽车尾气中大量的一氧化碳和碳氢化合物是元素碳和有机碳等细颗粒的主要来源。

（3）生物质燃烧。农作物秸秆焚烧、森林火灾、农村生活燃料使用等可以产生碳质颗粒和水溶性钾（K^+）。

（4）矿尘的长距离传输。矿尘和扬尘不仅是霾的重要组分，还可以形成硫酸盐和硝酸盐的反应界面。

（5）海盐。碱性海盐颗粒可以增强海盐表面溶液中 SO_2 的吸收，促进 SO_4^{2-} 颗粒物的形成，同时海盐还可以与 NO_2 和 HNO_3 发生反应形成 $NaNO_3$，间接促进蒎酸等物质在颗粒物表面的生长。

霾可以使远处光亮物体微带黄、红色，黑暗物体微带蓝色。我国一些区域将人类活动导致的霾称为灰霾，而在港澳地区霾也称为烟霾。国家气象行业标准《霾的观测和预报等级》（QX/T 113—2010）中将能见度划分为 4 个等级，如表 3-2 所示，图 3-4 对比了不同霾等级能见度与正常天气的差异。

表 3-2　霾预报等级[6]

等级	能见度 V/km	描述
轻微	5～10	无需特别防护
轻度	3～5	适当减少室外活动
中度	2～3	减少室外活动，小心驾驶，适当防护，呼吸道疾病患者减少外出
重度	＜2	避免室外活动，加强交通管理，呼吸道疾病患者尽量避免外出

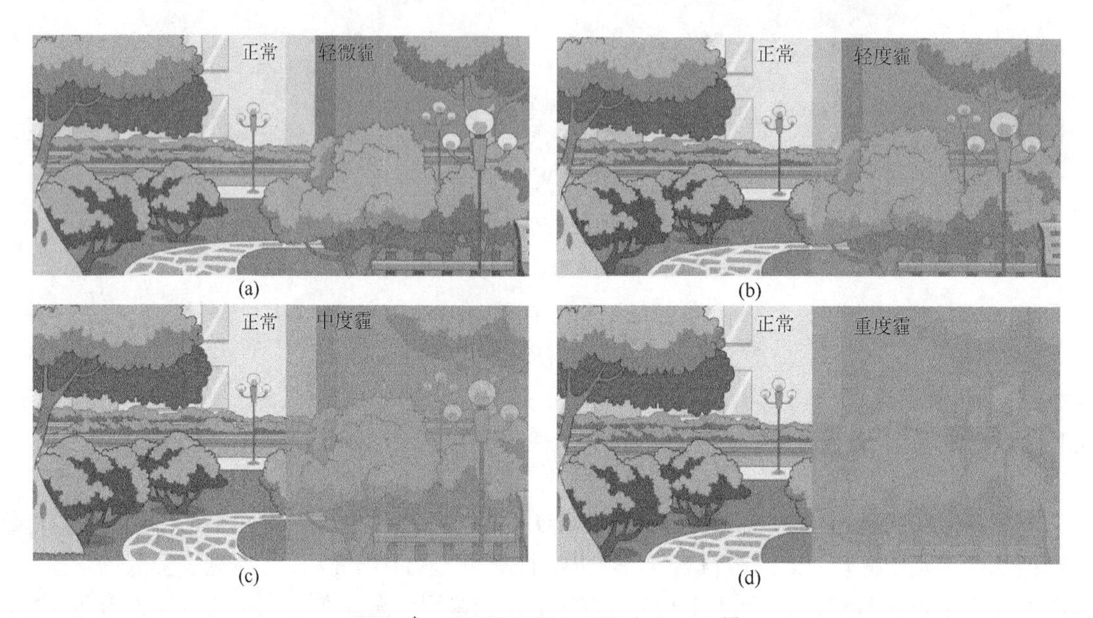

图 3-4*　不同等级霾与正常天气对比[7]

中国不少区域将雾和霾并在一起，统称为雾霾，并作为灾害性天气现象进行预警预报。实际上雾和霾是两种不同的天气现象，雾是近地面层空气中水汽凝结（或凝华）的产物，是悬浮的微小水滴或冰晶组成的气溶胶系统。雾同样可以降低能见度，当能见度低于 1000m 时，即为雾。从组成成分到形成机制，雾和霾都存在本质的不同。雾的颜色多呈现乳白色或者青白色，而霾则为黄色或者橙灰色；雾的多发时间为午夜到清晨，而霾则不具备明显的日变化特征，与空气团的稳定程度相关；雾具备清晰的边界，而霾区与晴空之间没有明显的边界。通常而言，雾的相对湿度高于 90%，霾的相对湿度低于 80%，相对湿度处于 80%～90%是霾和雾的混合物，并以霾为主。雾多出现于秋冬季节，而该季节也通常是燃煤消耗极大的季节，在静稳天气的影响下，秋冬季节成为雾霾的多发季节，这也是造成 2013 年 1 月全国大面积雾霾天气的原因之一。

细颗粒除了造成空气污染外，还可能通过影响成云和降雨的过程，进一步影响整体气候。一方面，细颗粒可以成为雨水的凝结核，从而增加雨量，使得极端暴雨天气的发生概率增加；另一方面，在特定条件下，聚集的细颗粒可能分食大气中的水汽，使水汽分子难以化零为整形成云。

3.3.2　人体健康效应

大气颗粒物及其化学成分都会对人体健康造成危害。图 3-5 展示了颗粒物粒径变化及其所能到达人体内的位置。一般而言，粒径大于 10μm 的颗粒物可被鼻腔和咽喉截住，大部分不会进入肺部；5～10μm 的颗粒物在咽喉处可通过物理机制去除；小于 5μm 的颗粒物会沉降在支气管；小于 2.5μm 的细颗粒物有很大概率通过呼吸到达肺部最深处，很难被去除。细颗粒物粒径小（比表面积较大），易吸附有毒有害物质，在大气中的停留时间更长，能较长距离迁移，因此能显著影响人体健康和空气质量。此外，进入肺泡的细颗粒物可迅速被吸收，不经过肝脏解毒而直接进入血液循环，并分布到全身，进一步损害血红蛋白的输送氧能力。呼吸摄入颗粒物通量 F 可以由以下公式进行计算：

$$F=\sum[\mathrm{DF}(r_i)\times C(r_i)]\times V$$

其中，$\mathrm{DF}(r_i)$为呼吸道内粒径为 r_i 的颗粒物的沉降效率；$C(r_i)$为粒径是 r_i 的颗粒物的含量（分级采样）；V 为单位时间的换气体积。

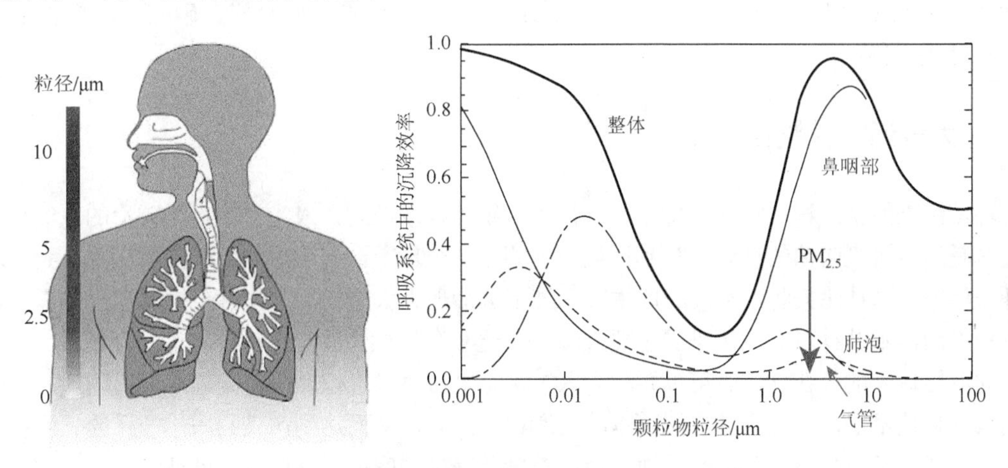

图 3-5　人体呼吸摄入效率与颗粒物粒径分布[8]

近年来已有研究表明，颗粒物的浓度与呼吸系统和心肺系统的疾病的发病率或死亡率存在一定的相关性，尤其是敏感人群。无论是短期还是长期暴露在颗粒物中，都会对人体健康产生不良影响，包括肺功能和免疫功能下降，重病和慢性病患者病情恶化乃至死亡率升高，呼吸系统和心脑血管系统疾病，以及恶性肿瘤的患病率增加[9]。

颗粒物的化学成分会进一步加重其对人体健康的损害。目前研究中已经证明的、具备人体健康效应的化学成分包括金属、含碳成分以及硫酸盐、硝酸盐等二次无机气溶胶[10]。

（1）金属成分。75%～90%的重金属富集在粒径小于 10μm 的大气颗粒物上，金属成分在细颗粒物中浓度高，而在粗颗粒物中浓度低，因此颗粒物的粒径越小，对人类健康的损害越大。流行病学的研究已经表明心血管疾病和呼吸系统疾病与颗粒物中金属成分具备相关性，且多金属的复合效应明显大于单个金属的效应。颗粒物中金属成分对人体健康产生影响的机制仍存在争议。一些研究证明高浓度金属可以诱导单核细胞在气道聚集，并产生氧自由基，Ni 和 As 等金属可以诱导增加血液白细胞中特定组蛋白的二甲基化或乙酰化，从而影响基因的表达，并表现出致癌性[11]。

（2）含碳成分。颗粒物中的碳主要包括有机碳、元素碳和碳酸盐碳（carbonate carbon），并以有机碳和元素碳为主，碳酸盐碳仅占不到 5%。有机碳对人体产生毒害作用的物质包括多环芳烃、正烷烃、酞酸酯等，其中多环芳烃、苯等成分具有较高的致癌和致突变效应。病理学研究也表明细颗粒物中的有机碳对心肺疾病、缺血性心脏病和肺部疾病具有显著影响[12]，并使易感人群的心源性死亡和猝死风险增加[13]。元素碳即黑炭（black carbon），源于化石或生物质燃料的不充分燃烧，其浓度高低与缺血性心脏病等心脏疾病相关性显著，在燃料燃烧导致的颗粒物污染严重的区域，元素碳可以作为空气质量和人体健康风险的有效指标。元素碳可以降低肺功能，增加哮喘和儿童急性呼吸道炎症的患病风险，损害肾功能和心脏的复交感神经调节能力；元素碳进入人体后通过复杂反应可以恶化心肺疾病，是颗粒物诱导肺癌的关键成因。

（3）二次无机气溶胶。硫酸盐和硝酸盐都是细颗粒物的重要组成成分，美国加利福尼亚州2000～2003年的研究数据表明，NO_3^-和SO_4^{2-}的浓度分别上升$5.7\mu g \cdot m^{-3}$和$1.5\mu g \cdot m^{-3}$，那么19岁以下儿童因患呼吸系统疾病的入院率相应增加3.3%和3.0%[14]。流行病学研究显示，硫酸盐颗粒和硝酸盐颗粒与多种人体健康效应相关，但影响机制尚不明晰。在实验室条件下二次无机气溶胶表现出较小的毒性，一些研究认为强酸性物质，如硫酸、硝酸等，损害了肺泡巨噬细胞的功能。

3.3.3　大气污染控制技术简介

环境污染的全过程控制的理念已经取代了传统的末端控制，成为目前污染防治的主流。全过程控制是指将污染防治的理念贯穿到污染产生的每一个环节，利用清洁生产技术从源头到末端把控环境污染。这种污染防治手段的成本较单纯末端治理大大降低。大气污染控制也同样需要进行全过程控制，本节针对大气污染的重要来源——化石燃料燃烧的全过程控制进行介绍。

化石燃料中的硫在燃烧时可以转化为SO_2，对化石燃料进行燃烧前处理，采用物理、化学和生物等多种技术手段相结合的方法可以除去燃料中的硫，从而达到污染物减排的目的。这种炉前脱硫的方式还可以去除灰分，有效地减轻运输量及锅炉的磨损，降低灰渣处理量，并可以回收一部分硫资源。燃烧前的脱硫过程主要包括煤炭洗选、煤炭转化及重油脱硫等方法。煤炭洗选是利用煤和硫铁矿的理化性质的差异，采用物理、化学和生物分选的方式有效分离煤和硫；煤炭转化可以采用煤炭液化、煤炭气化、燃料电池等多种方式来达到减少煤炭直接燃烧量及其所产生的环境污染；重油脱硫是在催化剂作用下通过高压加氢反应，将硫转化成H_2S从重油中分离。化石燃料燃烧过程中也同样可以进行脱硫，又称炉内脱硫，通过向炉内加入固硫剂（如$CaCO_3$），将硫转化为硫酸盐随炉渣排出。常见的燃烧过程脱硫技术为流化床燃烧技术。

燃料燃烧后产生的烟气的处理也同样重要，烟气脱硫主要包括三种方法：湿法脱硫、半干法脱硫和干法脱硫。湿法脱硫是应用最广泛的方法，超过80%的烟气处理工程采用这种工艺，它利用碱性液体或液浆吸收和净化烟气中的SO_2，但脱硫后产物处理困难，容易造成二次污染。干法脱硫则采用干态脱硫剂进行脱硫，脱硫产物也是干态，这种工艺具备无废水废酸排出、设备腐蚀小等优点，但脱硫效率低、反应速率慢、所需设备庞大。半干法脱硫整合了这两种工艺，它可以在干燥状态下脱硫，在湿状态下再生，或者在湿状态下脱硫，在干燥状态下处理脱硫产物，尤其是后一种脱硫方式具备速度快、效率高、投资少、无污水和废酸排放的优良特性，具有较好的发展前景。

除脱硫技术外，固定源烟气中氮氧化物控制的脱硝技术也同样重要。脱硝技术可以大致分为干法和湿法两种，与湿法相比，干法脱硝技术具备投资低、设备工艺过程简单、效率高、无废水和废弃物处理、不易造成二次污染的优点。这里主要对干法的选择性非催化还原脱硝和选择性催化还原脱硝两种方法进行介绍。

（1）选择性非催化还原脱硝方法发展相对成熟，且运营成本较低。这种方法通过将含有氨基的还原剂喷入炉膛，使已生成的 NO_x 发生化学反应，达到降低烟气中 NO_x 浓度的目的，其基本过程的化学方程式如下：

$$4NH_3 + 4NO + O_2 \longrightarrow 4N_2 + 6H_2O$$

$$4NH_3 + 2NO_2 + O_2 \longrightarrow 3N_2 + 6H_2O$$

$$4NH_3 + 6NO \longrightarrow 5N_2 + 6H_2O$$

$$8NH_3 + 6NO_2 \longrightarrow 7N_2 + 12H_2O$$

这种化学反应过程需要较高的温度，尿素或氨基化合物在 950～1090℃注入烟气中最为合适。温度过高或过低都会导致还原剂损失和影响去除效率，通常该工艺的去除效率可以达到 30%～50%。

（2）选择性催化还原脱硝法是在催化剂的作用下，采用氨、一氧化碳或碳氢化合物等还原剂，在 200～450℃下，将烟气中的 NO_x 还原为 N_2。在还原剂中，氨可以达到较高的脱除效率，其反应方程式如下：

$$4NH_3 + 4NO + O_2 \longrightarrow 4N_2 + 6H_2O$$

$$8NH_3 + 6NO_2 \longrightarrow 7N_2 + 12H_2O$$

$$2NH_3 + NO + NO_2 \longrightarrow 2N_2 + 3H_2O$$

习题与思考题

请阐述大气细颗粒物的主要来源、形成机制和化学组成，并谈谈在严重灰霾天气出现的时候，你会采取什么措施。字数不少于 2000 字，可用图表说明问题。

参考文献

[1] 雾霾中国.（2013-01-15）[2019-02-09]. http://www.infzm.com/content/85163.

[2] 贺克斌，等. 中国大气细颗粒物的污染特征. 第 18 届大气环境科学与技术大会，2011，杭州.

[3] 朱先磊，张远航，曾立民，等. 北京市大气细颗粒物 $PM_{2.5}$ 的来源研究. 环境科学研究，2005，18：1-5.

[4] Huang R J，Zhang Y，Bozzetti C，et al. High secondary aerosol contribution to particulate pollution during haze events in China. Nature，2014，514：218-222.

[5] “10000 个科学难题”化学编委会. 10000 个科学难题：化学卷. 北京：科学出版社，2009.

[6] 中国气象局. 霾的观测和预报等级：QX/T 113—2010. 北京：气象出版社.

[7] 中国数字科技馆. 怎样通过能见度区分雾霾的严重程度. [2019-02-09]. http://v.cdstm.cn/video.php？vid = 12869.

[8] Respiratory Deposition. [2019-02-09]. http://aerosol.ees.ufl.edu/respiratory/section01.html.

[9] 游燕，白志鹏. 大气颗粒物暴露与健康效应研究进展. 生态毒理学报，2012，7：123-132.

[10] 黄雯，王旗. 大气颗粒物化学成分与健康效应的关系及其机制的研究进展. 卫生研究，2012，41：323-327.

[11] Schaumann F，Borm P J，Herbrich A，et al. Metal-rich ambient particles（particulate matter 2.5）cause airway inflammation in healthy subjects. American Journal of Respiratory & Critical Care Medicine，2012，170：898-903.

[12] Ostro B，Lipsett M，Reynolds P，et al. Long-term exposure to constituents of fine particulate air pollution and mortality: Results from the California teachers study. Environmental Health Perspectives，2010，118：363-369.

[13] Schneider A，Hampel R，Ibald-Mulli A，et al. Changes in deceleration capacity of heart rate and heart rate variability induced by ambient air pollution in individuals with coronary artery disease. Particle and Fibre Toxicology，2010，7：29.

[14] Ostro B，Roth L，Malig B，et al. The effects of fine particle components on respiratory hospital admissions in children. Environmental Health Perspectives，2008，117：475-480.

第4章　大气化学污染

4.1　概　　述

大气层围绕在地球周围并在地心引力作用下随着地球旋转，与海洋和陆地共同构成完整的地球体系。大气层没有明显的界线，其厚度在1000km以上。根据大气垂直于地面方向上的温度、组成变化和运动状态的差异，可以将大气层分为对流层（12km）、平流层（12～55km）、中间层（55～85km）、暖层（85～800km）和外层（逸散层）。其中，对流层最接近地面，受到人类活动干扰强烈，是大气污染的集中发生圈层。而平流层由于气流稳定，缺乏空气对流，进入该层的污染物扩散速率较慢，可以长时间停留，该层容易发生大范围及全球性的大气污染。

空气是人类和其他生物赖以生存的环境要素之一。通常每人每日需要吸入平均10～12m^3空气以维持人体正常的生理活动。空气具有自净能力，但是当人类活动或者自然过程向大气排放的污染物超过其环境容量，就会破坏生态系统的平衡，影响人类的生产生活。工业及交通运输业的迅速发展，特别是化石燃料的大量使用是近年来大气污染日益严峻的重要原因。人为活动产生的有害物质如粉尘、二氧化硫、氮氧化物、碳氢化合物等，使得空气质量恶化。这些有害物质不经处理直接排入大气，参与大气循环过程，在大气中滞留一段时间后，可由大气中的物理、化学和生物过程从大气中去除或重新回到地面，并对地表造成污染。

大气中存在着数以千计的污染物，按照污染来源可以分为生活、工业、农业和交通污染物，按照污染物属性可以分为物理、化学、生物和复合型污染物，按照形成过程可分为一次和二次污染物，按存在状态可分为颗粒和气体污染物。各种各样的污染物或单独，或联合，或协同作用影响大气环境，产生了一系列大气环境污染问题。全球三大典型空气污染——臭氧层破坏（详见第2章）、全球气候变化和酸雨，还有近年来中国城市地区频发的雾霾，都给人类的生产生活造成了重大损失。本章将从现象到机制，剖析大气环境长久存在的重大污染问题及近年来出现的大气环境污染热点问题。

4.2　全球重大空气污染

4.2.1　气候变化

气候变化（climate change）是指具有统计学意义的全球范围内气候平均状态的改变或者持续较长一段时间（典型的为10年或更长）的气候变动。目前，全球面临着气候变暖的危机。地球温度由太阳辐射到达地球的速率和地球反射红外辐射的速率共同决定，在相当长的时间里，这两个速率保持平衡。大气中的水蒸气、二氧化碳及甲烷、臭氧、氟利昂等温室气体可以吸收地球发射至外太空的长波辐射并将其反射回地球，导致两个辐射速率之间的平衡被打破，地球表面逐渐变暖。在过去的一个世纪中，全球地表的平均温度升高了近0.85℃。根据美国国家海洋和大气管理局的统计资料，图4-1（a）中展示了1960～2015年地表平均温度变化，其中温度均值以上表征平均气温较高的年份，温度均值以下表征平均气温较低的年份，自 1880 年来，共出现了 14 个气温较高年份，其中在 21 世纪有 13 个年份，2015 年为记录中显示的温度最高的年份。

通常而言，气候变化的原因可能是自然的内部进程，也可能是外部强迫，或是人为活动对大气组成成分和土地利用的持续干扰，从而造成全球范围内的气候变化。目前，对于全球变暖的普遍认知是人类的工农业活动增加了大气中二氧化碳的浓度，从而扩大了自然的温室效应。二氧化碳直接产生于煤、石油及天然气等化石燃料的燃烧。此外，全球范围内森林的大面积消失产生的“碳失汇”现象也是大气中二氧化碳浓度增加的重要原因。全球气象组织的统计资料显示土地利用变化（林地、草地消失，耕地及建设用地增加）贡献了全球近三分之一的二氧化碳增加[1]。冒纳罗亚观测站对二氧化碳的月平均浓度进行了长期监测，资料显示，21 世纪二氧化碳浓度持续增加，而 2015 年无疑是统计以来的历史最高年份，同年 5 月，二氧化碳浓度创造历史记录［图 4-1（b）］。

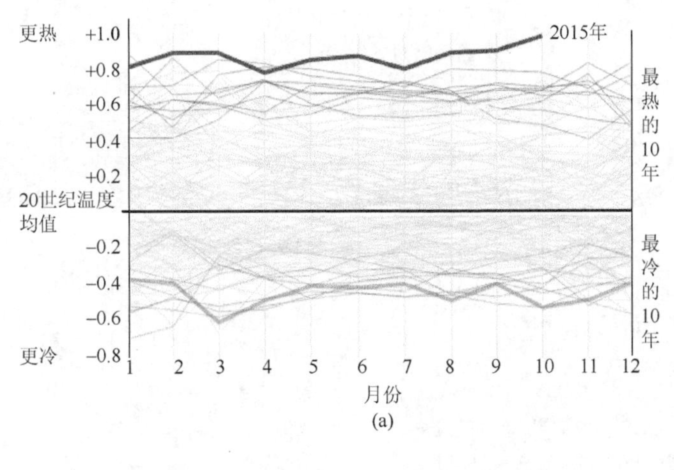

(a)

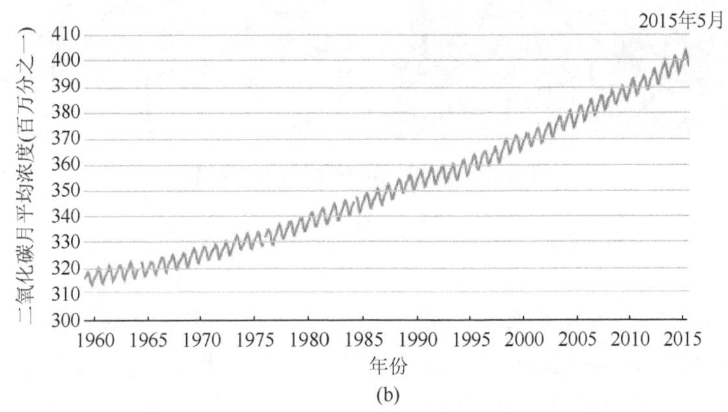

(b)

图 4-1 历年来全球平均气温（a）和二氧化碳平均浓度变化（b）[2]

全球气候变暖对于人类生产生活的影响直接而全面，目前研究发现的可能影响包括两极的冰雪融化、海平面上升、农业和自然生态系统失衡、洪涝和干旱等气象灾害和极端天气事件多发等（图 4-2）。全球平均气温的升高可能带来频繁的降雨、持续的高温和大范围的干旱灾害，使世界许多区域的农业和自然生态系统无法适应这种变化，从而对生态系统造成毁灭性影响。气候变化对沿海区域的影响更为显著。全球大概有三分之一的人口生活在沿海岸线 60km 范围内，随着城市化进程的加快，这些区域所集中的人口和社会经济活动会更加密集。气候变暖导致的冰雪融化使得海洋水体体积增大，可能在 2100 年海平面上升 50cm，届时一些河口和沿海低地会被直接淹没。而对于河口、海滩生态系统而言，海水入侵和海水倒灌不仅会侵蚀土地，还会对生物多样性造成损害。此外，气候变暖可能会增加传染病传播的风险和疾病死亡率，另外由昆虫传播发生疟疾、登革热、脑炎等疾病的风险也会增加。

图 4-2* 全球气候变化造成的影响

4.2.2 酸雨

酸雨是一种复杂的大气化学和大气物理现象。酸雨的实质是酸性沉降，包括湿沉降和干沉降两种，即污染物分别蕴含在大气降水和落尘中到达地球表面。pH 小于 5.6 的雨、雪、雹、露、冻雨等形式的大气降水是酸雨的主要表现形式。酸雨中包含多种无机酸和有机酸，其中绝大部分是硫酸和硝酸，通常状态下其 pH 在 4.2～4.4。酸雨产生的原因与过程主要是燃烧煤炭产生的 SO_2，以及石油燃烧与汽车尾气释放的氮氧化物（NO_x），经过“云内成雨过程”，形成以 SO_4^{2-}、NO_3^- 为凝结核的含酸雨滴，通过云下冲刷，在降落至地表的过程中不断合并、吸附、冲刷其他含酸雨滴和含酸气体，形成较大雨滴，最后降落地表（图 4-3）。

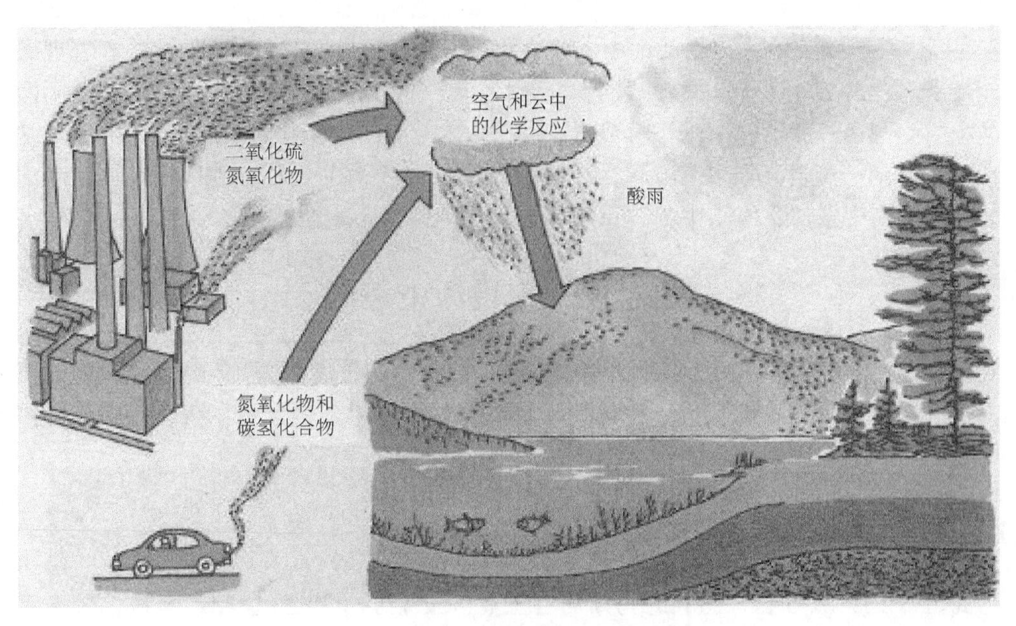

图 4-3* 酸雨的形成[3]

酸雨对生态系统、市政建设和人体健康都有极大危害（图 4-4）。在低浓度情况下，S 和 N 作为营养元素可以被植物利用，而酸雨中 SO_4^{2-} 和 NO_3^- 浓度较高，可以抑制土壤中有机质的代谢，淋洗 Ca、Mg、K 等营养元素，造成土壤贫瘠化，同时导致陆生植物退化。统计资料表明，欧洲每年约有 6500 万 hm^2 森林受害。在我国酸雨重灾区——重庆南山，1800hm^2 的松林已因酸雨死亡过半。对于水体而言，酸雨可以直接使湖泊、河流酸化，并使得土壤和沉积物中的重金属释放进入水中，毒害鱼类。酸雨还可以加速建筑物和文物古迹的腐蚀和风化过程，从而造成经济和文化损失。酸雨还会对人体健康产生影响，酸雾可能会侵入肺部，诱发肺水肿等疾病，长期生活在酸雨频发区，还可能诱发动脉硬化等疾病。

(a)森林的死亡

(b)古迹的腐蚀

(c)车辆的损毁

图 4-4* 酸雨的危害

早在 20 世纪 80 年代，中国针对酸雨污染调查表明，酸雨的覆盖区域约占国土面积的 40%，主要分布在重庆、贵阳和柳州等西南地区，受影响的面积约为 170 万 km^2。到 90 年代中期，受到酸雨影响的面积已经扩大了 100 多万平方千米，蔓延至长江以南、青藏高原以东及四川盆地的广大地区，其中长沙、赣州、南昌、怀化等区域已经成为中国酸雨危害最严重的区域，这些区域降水的平均 pH 小于 4，十次中有九次的降水为酸雨。另外，南京、上海、杭州、福州和厦门等也成为主要的酸雨地区，甚至位于华北的北京、天津，东北的丹东、图们等地区也出现了酸雨。中国的酸雨类型主要表现为硫酸根降雨，主要源于人为 SO_2 排放，SO_4^{2-}、NH_4^+ 和

Ca^{2+}浓度远远高于欧美地区。因此，中国酸雨治理的关键在于 SO_2 排放的控制和管理。截至2018 年，全国 463 个市（区、县）开展了降水监测，有 18.3%的城市出现酸雨，酸雨面积占国土面积的比例由最高点的 30%下降到 6.4%，约 62 万 km^2。酸雨频率平均为 10.8%，基本上分布在长江以南—云贵高原以东地区，主要包括浙江、上海的大部分地区，江西中北部、福建中北部、湖南中东部、广东中部、重庆南部、江苏南部、安徽南部的少部分地区。

4.3　重大空气污染案例

20 世纪 30～60 年代，工业的蓬勃发展造成了污染物的过度倾泻，八起震惊世界的公害事件为人类敲响了环境保护的警钟。在这些举世震惊的事件中，六起皆为大气污染事件，本节将回顾这些重大的空气污染事件。

4.3.1　马斯河谷烟雾事件

1930 年 12 月 1～5 日，比利时马斯河谷工业区发生了一起 20 世纪最早被记录下的大气污染惨案。马斯河谷是比利时沿马斯河的一段河谷地带，两侧山高约 90m，使得河谷处于狭窄的盆地中。由于其特殊地理位置，时值隆冬，河谷上空出现了很强的逆温层，即底层空气温度要比高层的低，出现“气温的逆转”现象。工业区内 13 家工厂排放的 CO_2、SO_2 等有害气体和粉尘排放至大气环境中，大气的逆温层抑制了污染物的浓度快速稀释，以致大气中的污染物在近地层大量积累，积存不散，有害气体的浓度逐渐增加，并接近危害人体健康的极限。在第 3 天，该区域许多人出现呼吸道疾病，表现为呼吸困难、咳嗽及胸痛等症状，一个星期内造成 60 余人死亡，其中以心脏病、肺病患者的死亡率居高，未死亡的被污染者也出现严重的后遗症（图 4-5），甚至连许多家畜也纷纷死去。经研究分析表明，此次烟雾事件主要的致害物质是硫的氧化物，即 SO_2 和 SO_3 混合物。该事件发生后的第二年有人曾预言：“如果这一事件发生在伦敦，伦敦政府可能要对 3200 人的突然死亡负责”。这简直是一语成谶，22 年后，伦敦不幸地发生了更严重的烟雾事件。这说明导致两次烟雾事件发生的原因或因素是相同的。

(a) 地表烟雾积累

(b) 防范的人群

图 4-5　马斯河谷烟雾事件

4.3.2　伦敦烟雾事件

1952 年 12 月 5～9 日，伦敦发生了一次重大空气污染事件。在事发前一天，伦敦处于一股巨大的高压气旋中心西端，云层几乎遮挡了整个天空，相对湿度上升至 83%。事发当天，整个伦敦的风速不超过 $3km \cdot h^{-1}$，基本处于无风状态。此时，大量工厂生产和居民燃煤取暖而排出的未燃烧完全的煤气、煤烟及灰尘难以扩散，积聚在城市上空。大的煤烟颗粒纷纷落在屋顶、街道及行人的外套上。细的烟尘形成了浓浓的烟雾，笼罩着伦敦上空。伦敦空气中的污染物浓度持续上升，烟尘浓度高达 $4.5mg \cdot m^{-3}$，是平时数值的 11 倍；SO_2 最高浓度上升至 5.4%，超出平时数值的 7 倍。很多居民出现胸闷、窒息等不适感，并伴随有咳嗽、心慌、呕吐等症状，发病率和死亡率急剧增加。直至 12 月 10 日，才有较有利的西风驱散了笼罩在伦敦上空的恐怖烟雾。在烟雾笼罩的 5 天里，据英国官方数据显示，丧生者达 5000 多人，其中大多数为疾病患者、老年人及婴幼儿，在此事件发生后的两个月内有 8000 多人相继死亡。据研究分析表明，此次烟雾事件主要的致毒物是形成的硫酸烟雾。此次事件被称为“伦敦烟雾事件”，其造成的严重危害直接推动了英国环境保护立法的进程。

4.3.3　洛杉矶光化学烟雾事件

20 世纪 40 年代初期，美国洛杉矶发生了严重的光化学烟雾事件（图 4-6）。与马斯河谷相似，洛杉矶地处一个三面环山、西面临海的盆地中。来自加利福尼亚寒流的暖空气经过寒冷的海面使得地面空气变冷，而高空的空气由于下层运动变暖，形成洛杉矶上空较持久的逆温层。从 1943 年开始，每年在 5～10 月，城市上空就会出现浅蓝色的烟雾，随着时间的推移，烟雾更加肆虐，每年都会出现烟雾不散的情况。在远离城市 100km 以外的海拔 2km 高山上的大片松林因此枯死，当地的柑橘减产。直至 1955 年 9 月，烟雾浓度急剧增高，使得因呼吸系统衰竭死亡的 65 岁以上的老人达 400 多人，1970 年，75%以上的当地市民患上了红眼病。洛杉矶烟雾主要是刺激人的眼、喉、鼻，从而引起眼病、喉头炎及不同程度的头痛。在探究烟雾发生原因的约 10 年间，当地政府和研究者最初认为是空气中 SO_2 导致的，为此当地政府减少了包括石油精炼等工业的 SO_2 排放量，但并未达到预期的效果；1952 年研究者哈根·斯米特等指出该烟雾属于光化学烟雾，主要是由 NO_x 在阳光照射下发生的光化学反应造成的，与“伦敦烟雾事件”存在本质上的不同。在没有弄清 NO_x 的主要来源时，当地烟雾控制部门采取了相应的措施，如降低石油提炼厂中储油罐石油挥发物的挥发，然而并未达到预期效果；最终发现汽车排放是 NO_x 的主要来源。20 世纪 40～70 年代初，洛杉矶市民的汽车拥有量从 250 万辆增至 400 多万辆，每天消耗的汽油使得大量的碳氢化合物、NO_x 进入大气，在阳光作用下与空气中的其他组分反应，形成了臭氧、氧化氮等其他氧化剂，对人类健康造成危害。直至洛杉矶政府提出控制汽车尾气排放并核准排放控制装置，最终降低了污染物的排放，使得空气质量逐步好转。“洛杉矶光化学污染事件”是美国环境管理的转折点，不仅使得著名的《清洁空气法》直接立项和执行，也使得洛杉矶成为环境管理的示范城市。经过近 40 年的发展和治理，尽管洛杉矶的人口数增长了 3 倍、拥有的机动车辆增加了 4 倍以上，但区域发布健康警告的天数却越来越少，到 2004 年全年仅有 4 天。

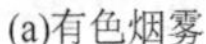
(a)有色烟雾

(b)汽车尾气

(c)反烟雾游行

图 4-6　洛杉矶光化学烟雾事件

4.3.4　四日市哮喘事件

日本四日市位于日本东部伊势湾海岸，近海临河，交通便利。四日市在 20 世纪 50 年代前主要发展纺织业。自 1955 年起，由于交通便利，四日市的石油工业迅猛发展，三大石油化工联合企业及大大小小的中小企业在四日市建立了占日本石化工业生产量四分之一的石化工厂。伴随而来的是石油冶炼和工业燃油产生的高硫废气、废水。据当年报道数据显示，该市工业粉尘和 SO_2 的年排放量达 13 万 t，空气中 SO_2 浓度是标准值的 6～7 倍。四日市笼罩的烟雾层厚达 500m，其中含多种有害化合物和金属粉尘。重金属颗粒与 SO_2 形成烟雾，生成了 H_2SO_4 等物质，引发了哮喘病。1961 年，该市哮喘大肆流行，尤以支气管哮喘最为突出；1964 年有连续 3 天烟雾不散，部分哮喘患者死亡；至 1967 年，更有一些患者因不堪忍受疾病带来的痛苦而自杀；1972 年，四日市哮喘病的患者达 817 人，其中死亡 10 多人。

4.3.5　切尔诺贝利事故

切尔诺贝利核电站（图 4-7）的核子反应堆事故是历史上最严重的核电事故，也是首例被国际核事件分级表评为第七级事件的特大事故（目前为止第二例为 2011 年 3 月 11 日发生在日本福岛县的福岛第一核电站事故）。1986 年 4 月 26 日凌晨 1 点 23 分，位于乌克兰普里皮亚季邻近的切尔诺贝利核电厂的第四号反应堆功率大规模激增，导致蒸气爆炸，冲开了 2000t 反应堆的顶部，然后发生了第二次爆炸，核心直接炸裂。大量（约有 50t）核燃料化作烟尘进入大气层，另有核燃料（70t）和石墨（900t）迸溅到反应堆附近，引起火灾。连续多次的爆炸引发了大火并喷射出大量高能辐射物质至大气层中，这些放射性物质通过大气扩散影响了大面积区域。这次事故所产生的辐射线剂量相当于 1945 年（第二次世界大战时期）在日本广岛爆炸的原子弹释放量的 400 倍以上，受此灾难危害的人口超过 320 万，其中从污染区内迁出的人口高达 14.3 万人；受辐射影响的土地面积高达约 6 万 km^2，在此区域的人口超过 260 万。国际原子能机构和世界卫生组织的报告显示，切尔诺贝利事故受害者总计达到 9 万多人，自事发至 2006 年共有 4000 多人死亡。虽然 30 多年过去了，切尔诺贝利核事故产生的环境影响仍然深远，反应堆的核辐射物质可能经地下水迁移，污染水源。为此，此事故又被称为“延迟爆炸的核弹”。

图 4-7　切尔诺贝利核电站和废弃的土地

4.3.6 博帕尔毒气泄漏事件

博帕尔毒气泄漏事件是历史上最严重的工业化学事故，其造成的影响巨大，被公认为全球环境灾害之首。事件发生于 1984 年 12 月 3 日凌晨 0 点 56 分，在印度中央邦的博帕尔市，位于贫民区附近的美国联合碳化物（Union Carbide）公司旗下的联合碳化物（印度）有限公司的一家农药厂，工人在日常维护过程中，操作失误导致水流入装有异氰酸甲酯气体的储藏罐内，储藏罐内压力迅速上升，因储藏罐不能承受不断增加的压力而发生爆炸。爆炸使得 30t 氰化物毒气直冲云霄，形成蘑菇状气团，并迅速扩散到附件的居民区域。数百人在睡梦中被夺走了生命，3 天内，当地有 3500 人死亡。让人愤怒的是该公司不仅没有对当地居民发出警告，反而将灾难的严重性和影响进行轻微描述，从而使得灾难影响扩大。据估计，此次灾难直接致死 2.5 万人，间接致死 55 万人，另外使得 20 多万人永久残废。因这次灾难，当地居民的患癌率及儿童夭折率远比印度其他城市高。由于这次事件的惨痛教训，全球化学集团与化工厂所在社区逐渐建立沟通渠道，也加强了相应的安全措施。这次事件也激发了许多环保人士及民众强烈抵制将化工厂设于邻近民居的区域。

4.4 中国大气污染状况

2013 年，亚洲开发银行和清华大学联合发布了名为《迈向环境可持续的未来中华人民共和国国家环境分析》的报告，报告指出全球十大空气污染城市包括北京、太原、乌鲁木齐、兰州、重庆、济南、石家庄、墨西哥城、德黑兰、米兰，其中 7 个城市都位于中国。中国 500 个大型城市中，大气质量达到世界卫生组织空气质量标准的不到 1%。中国城市空气中大气颗粒物和 SO_2 的含量目前位于全世界最高水平，其中山西太原空气中大气颗粒物的浓度超过世界卫生组织规定标准的 7 倍，济南、北京和沈阳的值都超过标准的 5～6 倍。另外，重庆空气中 SO_2 的浓度超过标准的 6 倍。2016 年环境保护部发布《2015 中国环境状况公报》中的监测数据结果仍不乐观，2015 年，全国 338 个地级以上城市仅有 73 个城市环境空气质量达标，河北省成为污染超标重灾区，达标天数比例不足 50%的 8 个城市中有 6 个在河北。近年来，我国大气环境持续改善，2019 年全国平均霾日数 25.7 天，比近五年平均减少 10.7 天，霾天气过程影响面积明显减少，2019 年也成为自 1992 年有观测记录以来酸雨污染状况最轻的一年。

亚洲开发银行等发布的报告表示，中国的大气污染物皆来自工业点源和机动车尾气排放。近年来，中国民用机动车（即非军用车、公务车和私家车）的数量年增长 15%，私家车年增长率更是达到 20%。机动车尾气是包括 $PM_{2.5}$ 在内的多种污染物的重要贡献源。据报道，火电厂及非金属矿物生产、炼钢、化工制造和有色金属冶炼企业排放 SO_2 占总排放的 85%以上，远高于它们对工业总产值的贡献。中国不合理的能源消费结构是其低经济产出、高污染排放的主要原因。图 4-8 展示了 2003～2012 年中国一次能源消费结构的变化，以及与美国能源消费结构的对比。近十年的发展，天然气和其他类型能源消费量约增加了 5.9%，煤炭和石油的消费比例略有降低，但仍然以煤炭为主。相对于美国的能源消费结构，中国煤炭的消费比例大，天然气的消费比例相对较小。火电厂作为煤炭的消耗大户，贡献了全国 SO_2 排放量的一半以上，如表 4-1 所示，该比例从 2005 年到 2010 年略有降低，但颗粒物和氮氧化物的排放量反而增加。由此可见，工业企业能源消费结构的整改，尤其是火电厂的能源消费结构的整改将是未来一段时间内中国大气污染控制的重要工作。

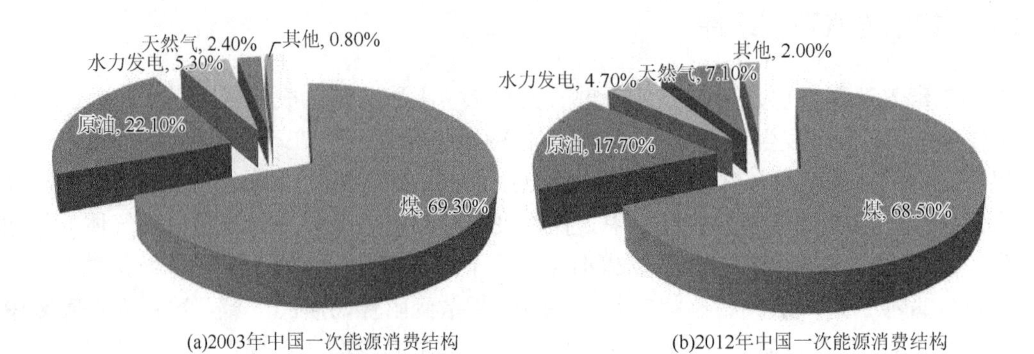

(a)2003年中国一次能源消费结构　(b)2012年中国一次能源消费结构

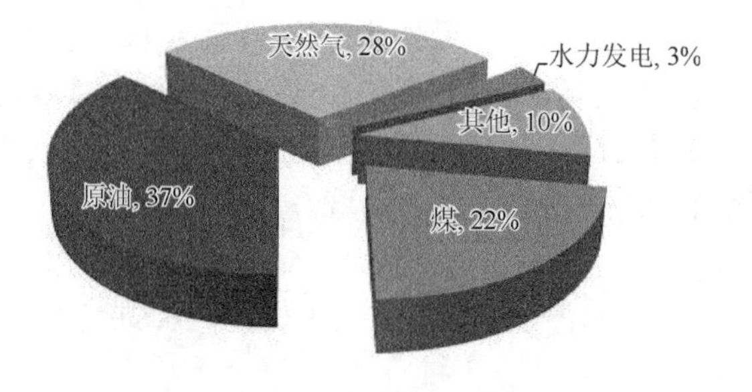

(c)2011年美国一次能源消费结构

图 4-8　中美一次能源消费结构对比

图中数据因四舍五入造成相加之和不等于 100%

表 4-1　火电厂污染物排放量　（单位：万 t）

项目	2005 年	2010 年
SO_2	1610	1180
NO_x	697	970
总悬浮颗粒物（TSP）	277	254
PM_{10}	184	182
$PM_{2.5}$	99	109

中国的大气环境污染已经严重威胁到国民的身心健康和社会经济的发展，尽管政府一直在积极地致力于采用各种方法治理大气污染，但大气污染现状仍然不容乐观。作为全球化进

程的举足轻重的参与者，中国同样也承担着共同解决全球重大空气污染事件和实现全人类可持续发展的历史重任，中国已经出台了一系列政策来减少传统污染物，如硫氧化物、氮氧化物、氟利昂等温室气体等。但是，随着城市化进程的加快，一些新的污染问题已经摆在眼前，其中受到广泛关注的就是造成灰霾的 $PM_{2.5}$，这已经成为限制国民经济健康发展的另一重要污染物。直至 2013 年，$PM_{2.5}$ 年均浓度为 11～125μg·m^{-3}，超过国家二级标准的 0.43 倍。旧的问题尚未解决，新的问题接踵而至，中国环境保护和污染治理工作任重而道远。

4.5　案例分析：大气污染与湿沉降

大气颗粒物可以携带多种污染物，在去除大气中颗粒物的同时，其上所附着的污染物也会随之从大气中清除，因此去除大气颗粒物的过程实际上也是实现污染物削减的过程。大气颗粒物的粒径大小决定了它的理化特性，而大气颗粒物的粒径范围可以从几纳米到几十微米。通常，将大气悬浮颗粒物按照粒径大小分为三类：爱根核模、积聚态模和粗粒子模，其粒径范围如图 4-9 所示。研究表明，半挥发性有机污染物（SVOCs）70%～90%分布于 $PM_{2.5}$ 中（尤其是 0.1～2.5μm），如十溴联苯醚（BDE-209）和 PAHs，由于 $PM_{2.5}$ 空气滞留时间长，这些污染物也通常具有较长的停留时间，且长距离迁移能力强（图 4-10）。

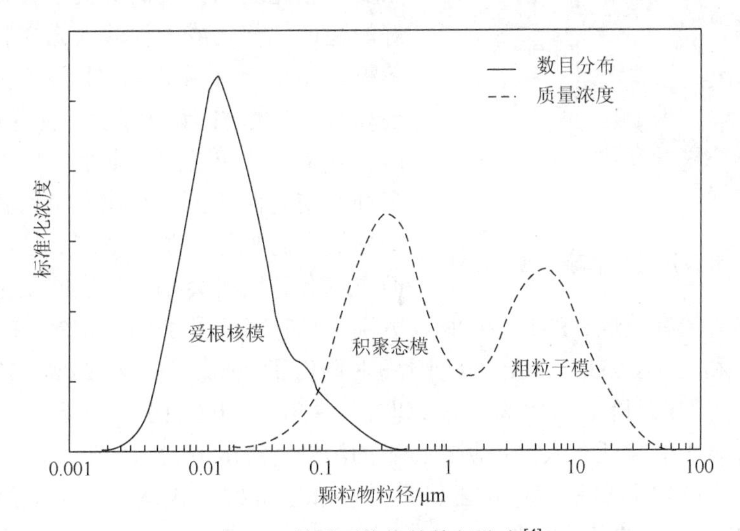

图 4-9　悬浮颗粒物的粒径分布[4]

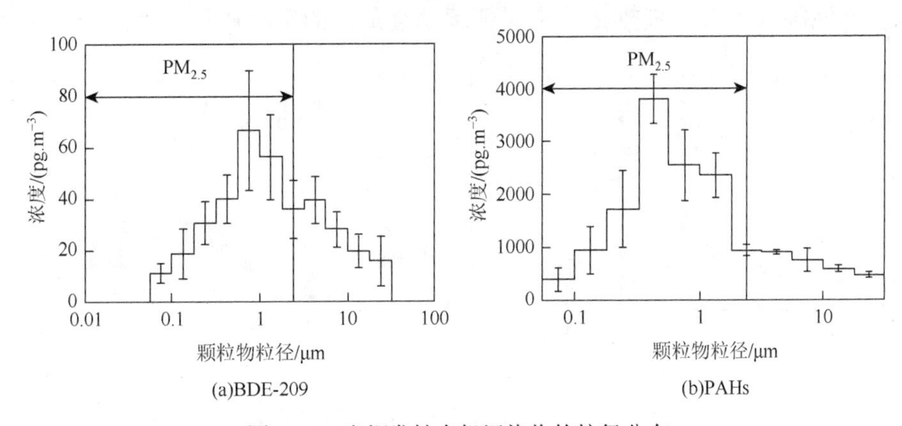

图 4-10　半挥发性有机污染物的粒径分布

为了减少大气颗粒物和污染物并维持大气环境稳定，中国采取了多种政策，如交通限行，重点化工厂和火电厂限产，家庭燃煤和垃圾焚烧限制等。除了人工活动外，地球循环自身也可以实现颗粒物及 SVOCs 的清除：大气和地表的气体交换是气相 SVOCs 的主要去除途径，干沉降是粒径大于 2μm 的颗粒物及其附着的 SVOCs 的去除途径之一，而湿沉降则可以去除各种粒径的颗粒物及其附着的 SVOCs。

湿沉降本质上是一种大气降水过程，雨、雪等降水形式及其他形式的水汽凝结物都可以在一定程度上清除空气污染物，这种作用称为降水清除或污染物的湿沉降。湿沉降始于云的形成，按照清除过程发生的高度分为“云中清除”和“云下清除”。“云中清除”指一些气溶胶粒子本身作为凝结核成为云滴的一部分，从而被降水过程清除。随着云的发展，大气微量气体成分及其他无法成为凝结核的粒子，通过扩散、碰撞等过程进入云滴，也可以随着降水被清除出大气，反之，如果云无法形成降水，那么云滴中的微量气体成分和气溶胶粒子将重新出现在大气中。“云下清除”指降水粒子在下降过程中进一步吸收大气微量成分和气溶胶粒子，并把它们带到地面的过程。“云下清除”的效率与云高度、降水粒子的大小和形状，以及被清除成分的物理化学性质有关（图 4-11）。

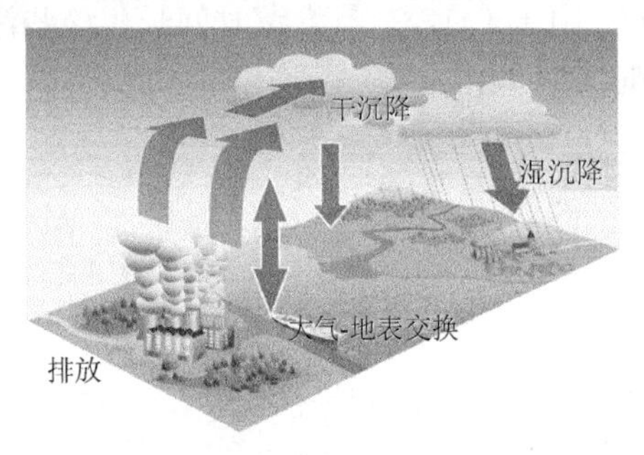

图 4-11* 大气颗粒物及污染物清除的各种途径

上述各种方法对大气污染物去除的效率在北京奥林匹克运动会（简称奥运会）期间得到了较好的验证，使之成为检验人为控制措施有效性的契机。2008 年 8 月 8～24 日及 9 月 6～17 日奥运会和残疾人奥林匹克运动会（简称残奥会）进行期间，以及之前相当的一段准备期内，北京采取了多种措施来保证大气环境质量，其中就包括上面提到的交通限行、工厂限产、垃圾焚烧限制等。而奥运会和残奥会期间的空间质量监测数据也实际证明了这些措施的有效性。PM_{10} 和 $PM_{2.5}$ 分别比平时降低了 35%和 31%；PAHs（相对分子质量 M_W<300）和 PAHs（M_W>300）分别比平时降低了 26%～73%和 22%～77%；硝基 PAHs 和含氧 PAHs 分别比平时降低了 15%～68%和 25%～53%。但是由于北京处于干旱少雨的北方，因此该次研究样本未能验证非人为控制措施下的污染物湿沉降去除效果。

2010 年 11 月和 12 月分别召开的亚洲运动会和亚洲残疾人运动会为湿沉降清除大气污染效应的研究提供了新的契机（图 4-12）。在此期间，广州也同样采取了交通限行、工厂限产、垃圾焚烧限制等人为减排措施来保证运动会期间的空气质量。而由于广州地处湿润

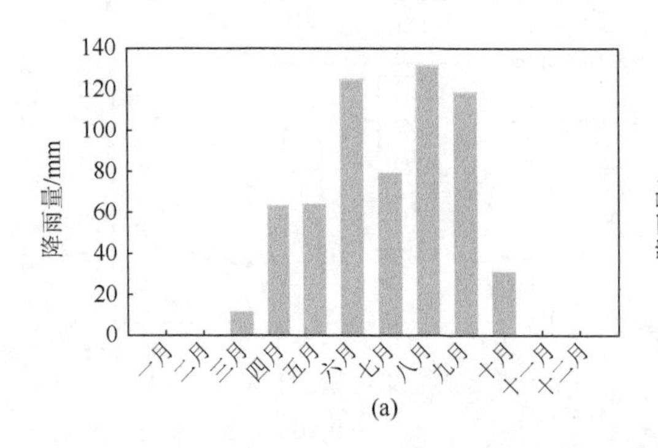

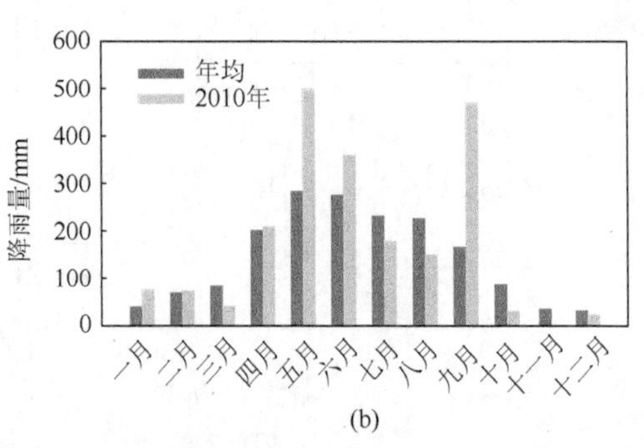

图 4-12 北京（a）和广州（b）的年降雨分布

多雨气候区，年降雨量达到 2100mm，雨季从 4 月一直延续至 9 月，即使是少雨的旱季（1～3 月及 10～12 月）也会不时降雨，因此运动会期间的人工措施也同样包括人工消雨，以保证比赛的顺利进行。因此，广州提供了同时研究人工减排效果、湿沉降清除效率和人工消雨去除效果的典型案例。

为了验证湿沉降及其他措施去除大气中颗粒物的效果，课题组选择气候多雨的南方发达城市广州开展科学调查实践活动，于 2010 年 1～12 月对广州大气环境中的污染物进行采样分析。课题组选取广州市 3 个不同的城区展开调查，由北向南分别为萝岗、天河及海珠，样点分布及采样器如图 4-13 所示。本次研究选区将采集的样品进行实验室分析，初步分析了包括颗粒物（PM）、溶解有机碳（DOC）和颗粒性有机碳（POC）、PAHs、PBDEs 等物质在内的主要目标化合物的时间和空间行为差异，探讨湿沉降对消除这些污染物的重要性。

图 4-13* 样点布设及采样设备

图 4-14 展示了污染物浓度的时间和空间变化，研究结果表明，几种目标污染物浓度存在明显时间差异，旱季（1～3 月及 10～12 月）浓度高于雨季（4～9 月）浓度。由此可见，雨水冲刷确实可以减少大气中颗粒物及目标有机物的浓度。在这些污染物中，PM 的去除效果最

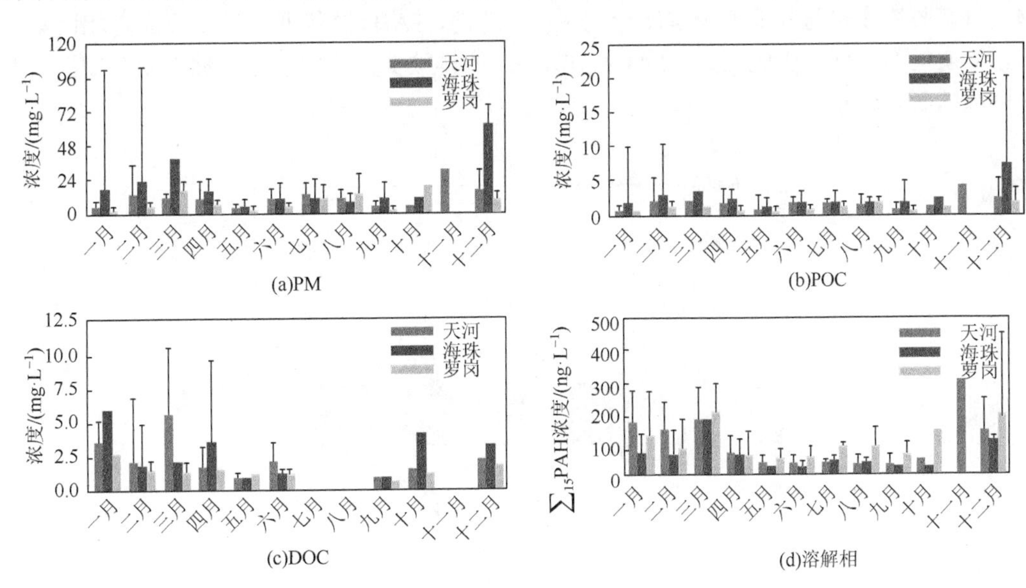

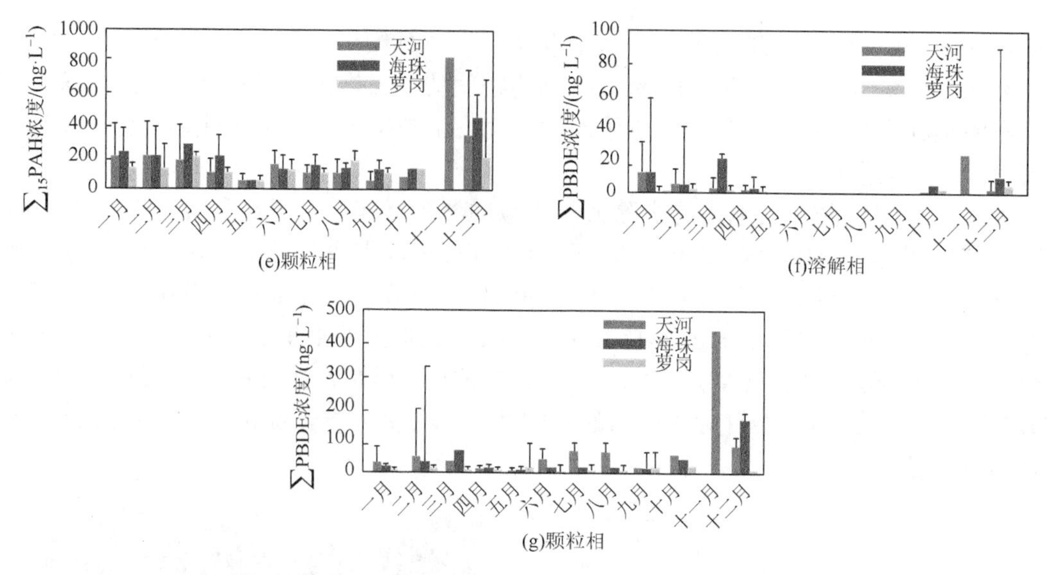

图 4-14* PM、POC、DOC、PAHs 和 PBDEs 的分布特征

为显著，其浓度与雨量呈明显负相关。此外颗粒物和有机碳与有机物的空间分布也存在差异，PM、POC 和 DOC 存在较为明显的空间差异，3 个不同城区中，海珠区的污染物浓度最高，PM 和 POC 的浓度峰值出现在 12 月，而 DOC 的浓度峰值则出现在 1 月；萝岗区污染物浓度最低，PM 和 POC 的浓度峰值分别出现在 3 月和 12 月，DOC 的浓度峰值出现在 1 月。无论是溶解相还是颗粒相的 PAHs 和 PBDEs 都受到雨水冲刷的影响，浓度峰值都出现在 11 月，且基本不存在显著的空间差异。

广州市降雨强度的季度分布中，第一和第四季度处于旱季，拥有相似的降雨水平，这两个时间段的大气冲刷状态也在一定程度上相似，而第四季度由于亚洲运动会和亚洲残疾人运动会，采取了大量的人工减排措施，因此通过第一和第四季度污染物浓度的对比，可以判读人工减排措施对污染物清除效果的影响。对于选区的两种有机污染物，人工减排措施的影响存在差异，对 PBDEs 而言，其第四季度沉降通量与第一季度无显著区别（图 4-15），同时第四季度气溶胶浓度也与其他三个季度无差别；相对地，PAHs 的第四季度沉降通量相比第一季度有较为明显的降低。由此可见，PAHs、PBDEs 的排放受第四季度（亚洲运动会期间）人工减排措施的影响较小。

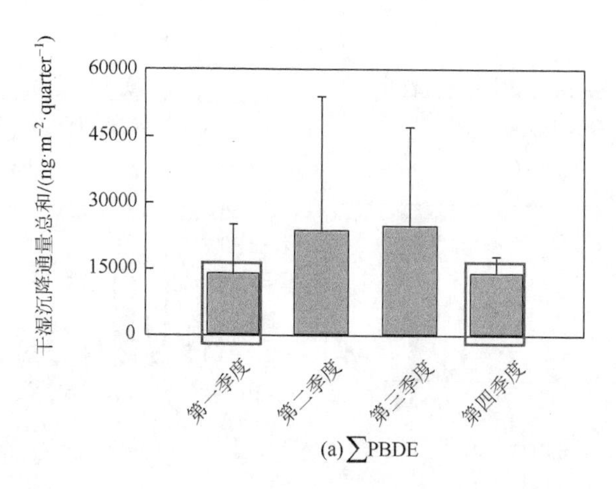

(a) $\sum$PBDE

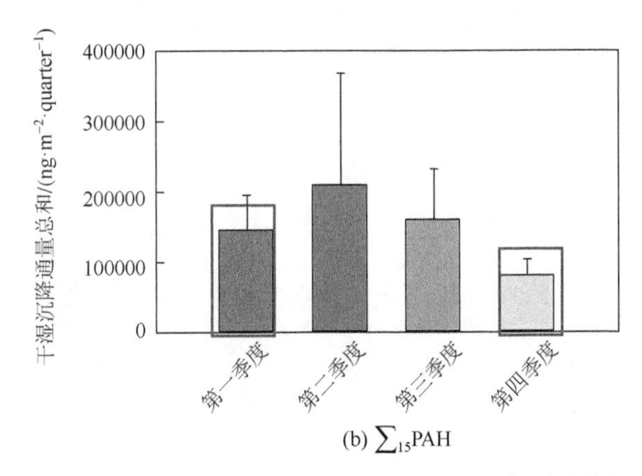

(b) $\sum_{15}$PAH

图 4-15　PBDEs 和 PAHs 的干湿沉降通量总和的季度性差异

本次研究实践采用湿沉降去除效果（capacity for removal，CR）这一指标来表征湿沉降的去除能力，CR 通过污染物经由湿沉降的通量与干湿沉降通量之和的比值来表征。实际上，无论是 PM，还是 PAHs 和 PBDEs，它们的湿沉降去除能力总体都与降雨量保持相当的一致性，但它们的 CR 值仍然存在差别，PM、PAHs 和 PBDEs 的 CR 值分别为 0.49、0.57 和 0.64。结果表明，三者都可以通过湿沉降去除，但是 PAHs 和 PBDEs 的湿沉降去除效果在一定程度上优于 PM，这是因为有机污染物多附着于较小的粒子上，而包括 $PM_{2.5}$ 在内的小粒子很难通过干沉降去除。由此可知，在降雨减少的情况下，空气质量将降低。研究发现，11 月采取人工消雨措施后，空气污染指数为 59，而在不采取人工消雨措施的情况下，空气污染指数降低为 51。

本次以广州市为典型案例的科学实践的研究结果是对湿沉降消除大气污染物的有利证明。在案例区内，湿沉降是大气污染物 PAHs、PBDEs 清除的最重要途径，人工消雨措施降低了湿沉降对污染物的去除效果；相对地，人工减排措施具有一定局限性，只能降低部分 SVOCs 的沉降通量。此外，现有人工减排和人工消雨措施都有待讨论和完善。

习题与思考题

（1）请列举一起本章节案例以外的重大大气污染事件。

（2）从文献中找一篇有关湿沉降的研究论文，介绍其主要内容和意义。字数不少于 2000 字，可用图表和公式说明问题。

参 考 文 献

[1] IPCC. Guidelines for national greenhouse gas inventories//Eggleston H S，Buendia L，Miwa K，et al. National Greenhouse Gas Inventories Programme. Institution of Global Environmental Strategies. Japan，2006.

[2] BBC 带你 6 张图表更好地了解全球气候变化. （2015-11-30）[2019-02-10]. https://www.guancha.cn/internation/2015_11_30_343087.shtml.

[3] 酸雨. [2019-02-10]. https://baike.sogou.com/h222895.htm?sp = l61228536.

[4] Atmospheric Aerosol. Urban aerosol. [2019-02-10]. http://aerosol.ees.ufl.edu/atmos_aerosol/section04.html.

第二篇　水环境问题

第 5 章　地球淡水资源

5.1　全球淡水资源的分布

地球是目前人类发现的唯一的水能够以固、液、气三种状态自由存在的星球。今天地球上的水大约形成于 20 亿年前，总水量几乎没有任何变化，水体在地球系统中日复一日地循环，处于动态平衡状态。水体面积约占地球总表面积的 71%，地球上存在的总水量约为 14.5 亿 km^3。如果将这些水均匀布满地表，平均水深可以达到 2680m，因此，地球是一个名副其实的“水球”。地球水资源中海水占 97.3%，而与人类生存发展息息相关的淡水资源只占 2.5%，其中，约有 1.74%是冰川水、0.75%为地下水，分布于地球南、北极的冰川、冰盖及冻土层和深层地下。人类能够利用的淡水资源主要分布在河流、湖泊、水库、土壤湿气和埋藏相对较浅的地下水盆地，仅占全部淡水资源的 0.4%（图 5-1），即人类社会能有效利用的淡水资源每年约为 9000km^3。地球上的淡水以多种形式存在，如陆地水可以按照存储形式分为地表水和地下水，地表水又包括河流、湖泊、水库、沼泽、冰川等，地下水则包括泉水、浅层地下水、深层地下水等[1]。

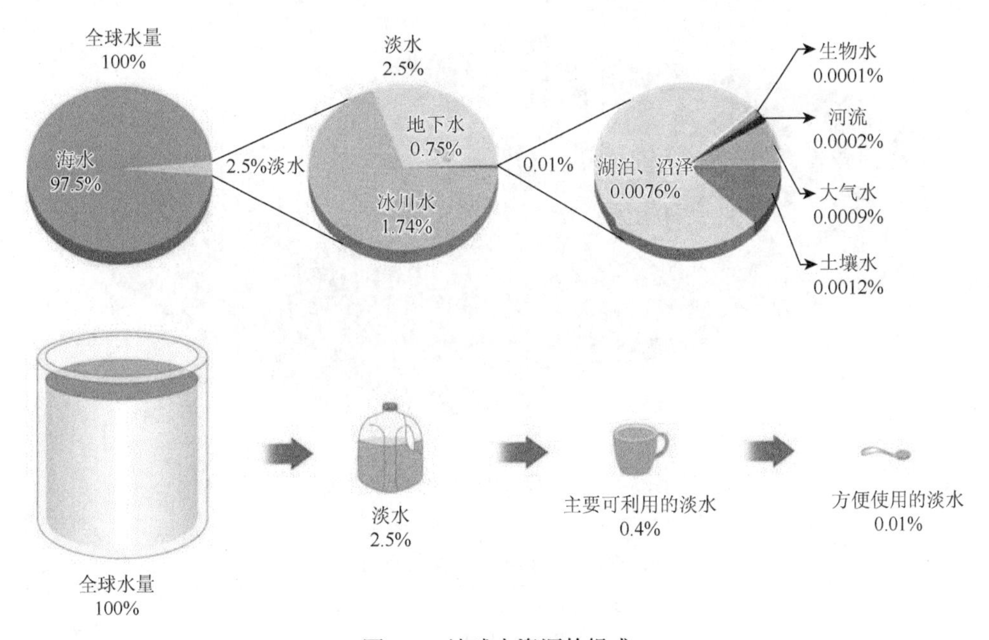

图 5-1　地球水资源的组成

地球表面的热量和地形、地势的分布高度不均匀，区域差异大。因此，地球不同区域的水体在能量和水汽循环机制作用下产生了各种差异。能被人类所利用的淡水资源，其空间分布差异非常大，造成全球区域性的淡水资源危机。水是人类社会赖以生存和发展的重要资源，也饱受人类干扰和破坏，水环境的污染和破坏已然成为当今世界主要的环境问题之一，人们必须高度重视并采取有效措施保护水资源。地球上海水总量巨大，但海水的含盐量较高，不能直接为人类所利用。尽管科技人员多年来一直在研发海水淡化的关键技术，以解决淡水不足的问题，但是长距离输送和能源消耗的成本高居不下，使海水淡化至今仍未能成为解决淡水资源危机的有效途径。

地球的水量在长时期内通过水循环过程保持动态平衡。地球表面的水体通过循环作用在不同区域间进行转运，其中蒸发、降水和表面径流是全球水循环过程的主要环节，决定着全球不同区域的水量存储和平衡（图 5-2）。水汽交换（即蒸发和降水）是水循环中最活跃的环节，地表和大气之间的水汽交换周期约为 10 天。全球每年要蒸发 50.5 万 km^3 的海水，相当于海洋表面 1.4m 厚的水层。此外，陆地表面还要蒸发 7.2 万 km^3 的水分，这些水以降水形式回到地面，其中约有 80%降落到海洋中，其余 11.54 万 km^3 降落于陆地。地表降水和蒸发量之间的差值成为地表径流和地下水的补给量；大陆水体通过地表径流进入海洋。所有径流中有半数以上发生在亚洲和南美洲（表 5-1），其中很大一部分地表径流（每年 6000km^3）通过亚马孙河流入海洋。陆地水和海洋水之间的关系决定了海平面的高度，并成为指示全球水量平衡的重要标志。约两万年前，海平面要低于目前水平；近 7000～8000 年的海平面相对稳定。而由于气候变化，陆地高山冰川消融加快，海平面以平均每年 1～2mm 的速率上升，这昭示着地球表面可供利用的淡水资源将进一步减少。

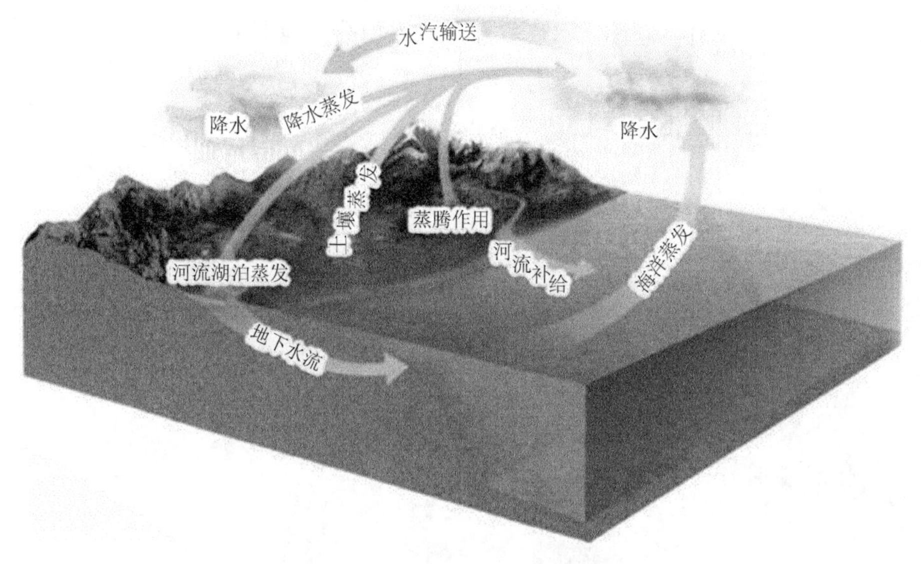

图 5-2* 水循环和淡水补给示意图

表 5-1 全球河流量较大的国家

国家	年径流量 /($\times 10^9 m^3 \cdot a^{-1}$)	排名	百分比/%
巴西	6950	1	14.9
俄罗斯	5470	2	11.7
加拿大	2900	3	6.2
中国	2710	4	5.8
印度尼西亚	2530	5	5.4
世界总量	46800		

地球陆地表面存在着数量庞大的河流和湖泊，但这些能够利用的水体大多位于远离人类的区域。不同国家的淡水资源存储量差异也很大，巴西、俄罗斯、加拿大、中国、美国、印度尼西亚、印度、哥伦比亚和刚果（布）等 9 个国家的淡水资源占世界淡水资源总量的 60%；而占世界总人口数约 40%的 80 个国家和地区则处于淡水资源短缺状态，其中 26 个国家处于极度缺水状态。表 5-2 列出了全球拥有可再生淡水资源量较大的国家，巴西、俄罗斯、加拿大、美国、印度尼西亚、中国等榜上有名。但值得注意的是，中国人均淡水资源拥有量只有全球平均值的四分之一，全球排名 121 位。

表 5-2　全球可再生淡水资源分布概况

国家	年均可再生淡水资源/（$\times10^9 m^3 \cdot a^{-1}$）	排名	百分比/%
巴西	8230	1	14.9
俄罗斯	4500	2	8.2
加拿大	3300	3	6.0
美国	3070	4	5.6
印度尼西亚	2840	5	5.2
中国	2830	6	5.1
世界总量	55100		

5.2　淡水资源短缺危机

虽然地球的水量维系着动态平衡，但看似丰沛的淡水资源对于人类社会而言仍然处于十分匮乏的状态。淡水需求量和可利用量的时空分布不均衡，是目前一些国家和地区淡水资源稀缺的主要原因。人类每年从河流中汲取 4000km^3 的水，大约是全世界自然流动的水的 44%；在干旱和人口稠密地区，该比例更高。1900～1995 年，人类对水的汲取量增加了 6 倍，为同期人口增长速度的两倍。在农耕时代，人类的生存和繁衍与农业条件息息相关，人口主要分布在距离水源较近的区域。而随着城市化进程的加快，人口逐渐从农村向城市迁移，导致人均可利用水量与生活用水、工业用水、灌溉用水之间日益失衡。同时，全球径流绝大多数以洪水的形式出现，或者不能为人类所利用，大约只有 9000km^3 的径流可供人类使用，且水资源的供给十分不均衡。干旱和半干旱地区占地球总表面积的 40%，但仅拥有全球径流量的 2%。即使在一些水资源丰富的国家，如果人口密度过高，也会出现水资源短缺的现象。全球淡水资源最匮乏的区域是位于赤道附近的撒哈拉沙漠，它属于热带沙漠气候，是地球上最干燥炎热的地区之一，年平均降水量不足 100mm，有的地方甚至常年滴雨不见。事实上，全球大多数区域都处于淡水资源严重短缺（年蒸发量与年降雨量的差值大于 400mm）和短缺（年蒸发量与年降雨量的差值为 0～400mm）状态，而淡水资源充足（年降雨量与年蒸发量的差值大于 400mm）的区域相对较少。

水资源需求量和可利用量的不均衡分布，导致一些储水量丰富的国家同样面临淡水资源危机。目前，世界年人均可用水量已从 1950 年的 16800m^3 减少到 2000 年的 6800m^3。年人均可用水量少于 1700m^3 的地区被定义为面临“水需求压力”地区，按这个定义，全球约有三分之一的人口生活在轻度至较高“水需求压力”的国家。2020 年，全球水使用量预计还会增加 40%，其中 17%以上的水用于满足人口增长所需生产的食品。到 21 世纪中叶，全球将有 60 个国家的近 70 亿人口面临缺水危机。联合国粮食及农业组织对主要国家的人均淡水资源量进行了统计（图 5-3），结果表明，加拿大和中国的年降水和单位面积降水量接近，但中国的人口是加拿大的 40 倍，即中国人均可利用淡水资源仅为加拿大的 2.6%。当年人均可用水量小于 1000m^3 时，水短缺的后果会更加严重，人类将面临食品短缺、卫生状况和健康状况恶化、经济发展停滞甚至倒退和生态系统遭到破坏等一系列严重的问题。我国人均可利用淡水资源量远远低于世界平均水平，淡水资源短缺形势更为严峻。

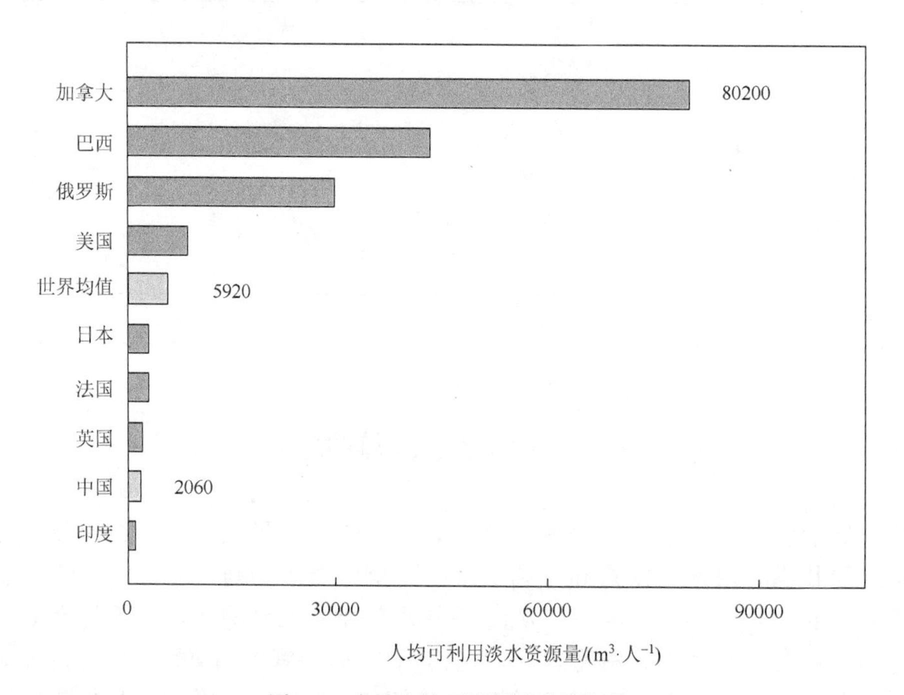

图 5-3　全球人均可利用淡水资源量

在水资源可利用量稀缺及空间分布不均衡的条件制约下，人类活动对水环境的污染也成为导致淡水资源短缺的重要因素。受各种资源的限制，欠发达国家在环境保护方面往往较为欠缺，每天大量的垃圾被倒进河流、湖泊和小溪中，如所有流经亚洲国家的城市的河流都已经被污染。与此同时，发达国家的水污染状况也不容乐观，如 1998 年美国的一次评估发现，有水资源的地方已经有 40%的流域面积被加工食品的废料、金属、肥料和杀虫剂污染。欧洲 55 条大河中，只剩下 5 条河流目前还没有被污染。淡水资源的稀缺已经成为全球系统性危机（图 5-4），对人类社会可持续发展造成严重威胁，世界经济论坛已经将水资源危机列为全球最大风险。

图 5-4* 人类对水资源的需求和污染

5.3 中国淡水资源

5.3.1 水资源稀缺

中国是一个水资源储量丰沛的国家，河流径流量居世界第 4 位（表 5-1），可再生淡水资源量居世界第 6 位（表 5-2）。中国的河流众多，流域面积在 1000km^2 以上的大河流总计 1598 条，长达 420000km，总流域面积约为 6670000km^2，地表径流和地下径流分别达到 27800 亿 m^3 和 6000 亿 m^3。中国水资源的开发和利用也位居世界前列，水能蕴藏量 6.76×10^{8}kW，可开发水能蕴藏量 3.78×10^{8}kW，均居世界首位[2]。但中国的水资源因受自然条件影响，在时间和空间上的分布极不均衡，加之巨大的人口基数，人均淡水资源占有量（2060m^3）仅为世界平均水平的 1/4，日本的 1/2，美国的 1/4，俄罗斯的 1/12。种种制约因素使中国成为全球面临水荒威胁最严重的国家之一。

中国水资源的空间分布不均衡也难以匹配城市发展。中国淡水资源的 81%分布在长江流域及其以南地区，包括长江、珠江等水量较大的河流，流域面积约占全国总面积的 36.5%。这些区域人均和亩（1 亩≈666.67m^2）均水资源量分别为 3490m^3 和 4300m^3，虽然人多、地少，但水资源相对丰富，经济发达。相比之下，长江流域以北地区流域面积占全国总面积的 63.5%，但水资源量仅占全国 19%，包括黄河、淮河、海河、辽河等水量较小的河流，人均和亩均水资源量分别为 770m^3 和 471m^3，属于人多、地多、水资源短缺地区。特别是位于黄淮海流域的京津冀城市群，人口压力大，水资源短缺尤其突出。西部内陆地区则两极分化，西北属干旱区，水资源贫乏，西南地区水量相对丰富，但总体是水资源总量多，人均拥有量少。中国内陆地区水资源量只占全国的 4.8%，生态环境脆弱，水资源的开发利用受到生态环境的制约。

中国水资源的时间分布具有年内分布集中、年际变化大的特点，北方地区尤为明显，给防洪和水资源的开发利用带来了很大的困难，使本来就有限的水资源更加难以被充分有效地利用。北方地区一年中 62%的降水都集中在夏季，汛期（6～9 月）的降水量占全年的 75%以上。海河流域降水的年内分布集中度最高，汛期降水量占全年降水的 79%～84%。此外，降水年际变化也大，海河流域最大年降水量可以达到最小年降水量的 5 倍左右。中国水资源已经难以支撑部分区域经济持续健康的发展，困境日趋明显。

5.3.2 水体污染

中国是水污染最严重的国家之一。全国每年约有 360 亿 m^3 污水排入江河湖泊，其中 80% 未经过处理，因此全国约有 1.7 亿人饮用水安全受到污染水体的威胁。《2017 中国生态环境状况公报》[3]的调查数据显示，2017 年长江、黄河、珠江、松花江、淮河、海河、辽河等七大流域和其他区域河流的 1617 个水质断面中，Ⅴ类污染水体和劣Ⅴ类污染水体分别占 5.2%和 8.4%，主要集中于海河、淮河、辽河和黄河流域。这意味着四大流域中约有将近 14%的河流丧失了基本的生态服务功能，尤其以海河流域最为严重，劣Ⅴ类污染水质断面达到整个流域的 32.9%，整个流域处于中度污染状态。全国 112 个重点湖泊（水库）中，劣Ⅴ类和Ⅴ类湖泊分别占 10.7%和 7.1%，Ⅰ类湖泊仅占 5.4%。109 个监测营养状态的湖泊（水库）中，贫营养的有 9 个，中度营养的有 67 个，轻度富营养的有 29 个，中度富营养的有 4 个（图 5-5）。在各大湖泊中，滇池的湖体已经达到重度污染，呈现劣Ⅴ类水质的监测点达到 60%，太湖和巢湖等水体整体也呈现轻度和中度污染。地下水的评价结果更加不容乐观，以潜水为主的浅层

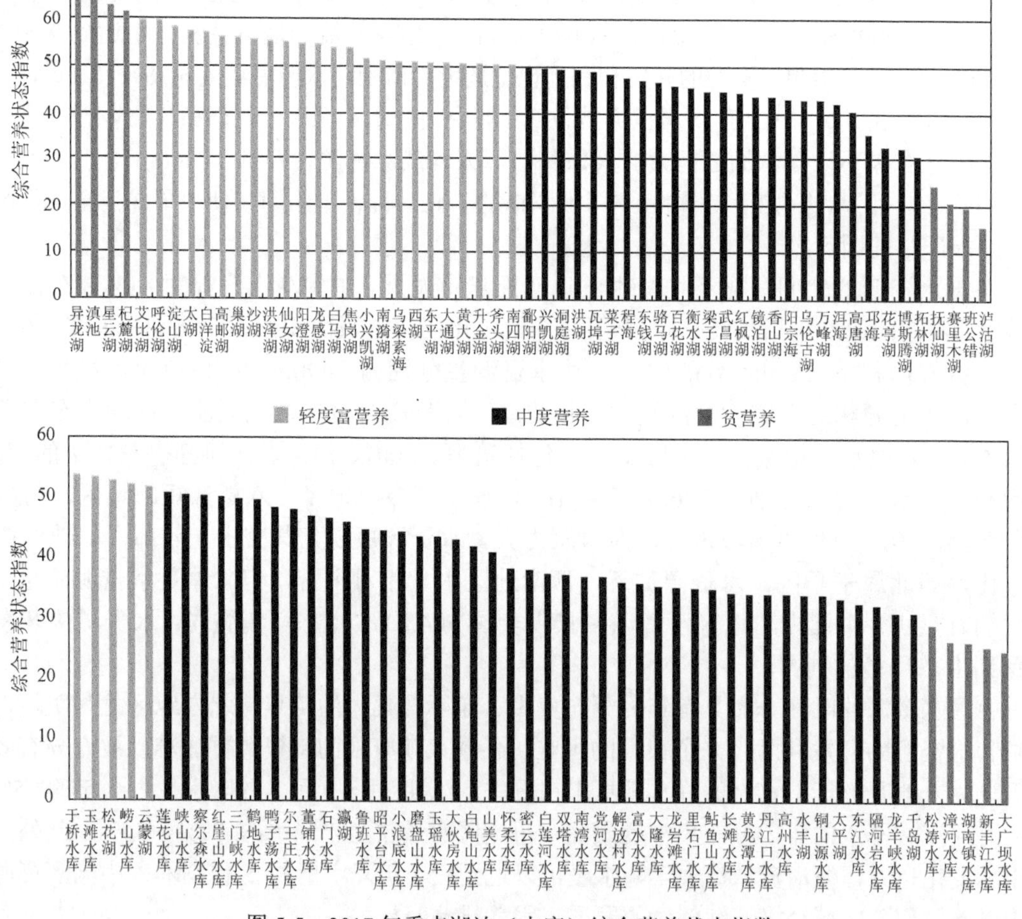

图 5-5 2017 年重点湖泊（水库）综合营养状态指数

地下水和以承压水为主的中深层地下水为对象，全国 31 个省（自治区、直辖市）223 个地市级行政区的 5100 个监测点（其中国家级监测点 1000 个）中，优良级水质仅占 8.8%，较差级和极差级的监测点已分别达到 51.8%和 14.8%。

中国水环境质量监测的指标体系包括化学需氧量（COD）、五日生化需氧量（BOD_5）、锰（Mn）、铁（Fe）、溶解有机质（DOM）、总磷和高锰酸盐指数等。2017 年的地下水监测结果显示[3]，一些监测点呈现氟化物和氯化物超标的现象，可能涉及有机污染物来源。实际上，近年来随着工业化和城市化进程的加快，一系列源于工业废水和城市污水的有机污染物大量排入河流和湖泊，并通过地表径流进入沿海区域，甚至通过全球水循环过程进入大气和土地。有机污染物进入水体会使水中的溶解氧大量消耗，削弱水体的自净能力，并产生还原性气体，造成水生态系统的严重破坏。还有一些有机污染物具有较强的毒性，成为优先控制目标物，即在第 1 章概论中提到的 POPs。这类有机物具有持久性、半挥发性、生物富集性、难降解和高毒性，对人体健康和生态环境危害极大，已经对人类的生存和可持续发展构成重大威胁，因此被列入《斯德哥尔摩公约》的管控清单（表 1-1）。POPs 可以分为杀虫剂、工业化学品和非目的性副产物等传统的污染物，如 DDT、六六六、二噁英等；还有像卤代阻燃剂、全氟类化合物、多氯萘等新型污染物。

自 1938 年 DDT 的杀虫效果首次被发现后，有机农药开始大量使用于农业生产。至 20 世纪 60 年代末，OCPs 已经成为全球产量和使用量最大的农药。大量 OCPs 被投入农田，并随着地表径流进入陆地水体，成为水体中 POPs 的最主要的来源。同时，工业生产排放的废水也向陆地水体排放了大量的 POPs，如炼焦、炼油和煤气厂排放的 PAHs，能源产业、金属冶炼加工业和氯碱工业排放的多氯代二苯并二噁英/多氯代二苯并呋喃（PCDD/Fs），以及电子产品制造厂、塑料制品厂、纺织厂、化工厂、造纸厂等排放的 PBDEs 和 PFCs。中国快速的工业化进程和维持庞大人口粮食安全的农业活动，使 POPs 污染已经成为水环境保护过程中必须面对的一个新问题。研究表明，多种位列《斯德哥尔摩公约》管控清单上的杀虫剂、工业产品及副产品在水体中被广泛检出，其中一些水域中 POPs 的浓度甚至已经超出中国或国外环保部门制定的环境质量标准。图 5-6 总结了中国各大河流、湖泊及沿海海湾中 DDT 的浓度，结果表明，河流和湖泊中 DDT 的浓度低于中国生态环境部的标准限制值，但海河、闽江、九龙江和吴川江中的 DDT 浓度高于欧盟饮用水标准限制值，渤海湾中 DDT 的浓度高于中国生态环境部近岸水标准限制值。图 5-7 则表明，海河、闽江、九龙江和太湖水体中 PCBs 浓度均高于中国生态环境部所规定的标准限制值，而且受污染水体大约占总监测水体的 17%（2708400km^2），在近岸水体中，有 14 个采样点的 PCBs 浓度超过美国环境保护署的海水标准限值。

人类活动产生的各种污染物排入陆地水体后，可通过河流输送到近岸海水域，因而人为活动也成为近岸水体中 POPs 的主要来源（表 5-3 和表 5-4）。闽江流域检出的 DDT 浓度较高，闽江输送至近海岸的 DDT 浓度同样偏高，年输送量达到 8.8t，是长江输送至东海的将近 9 倍，珠江输送至南海的将近 7 倍，更远远高于淮河对黄海、海河对渤海及钱塘江对东海的贡献。同时闽江年输送 HCHs 和 OCPs 的量也在各大河流中处于领先地位，分别为 12.8t 和 52.2t。值得注意的是，虽然闽江的输送量最高，但其水体污染物平均浓度低于海河流域，海河的年均水流量远小于闽江，因此闽江位居污染物输送量首位。对 PCBs 而言，北方河流如淮河和海河，

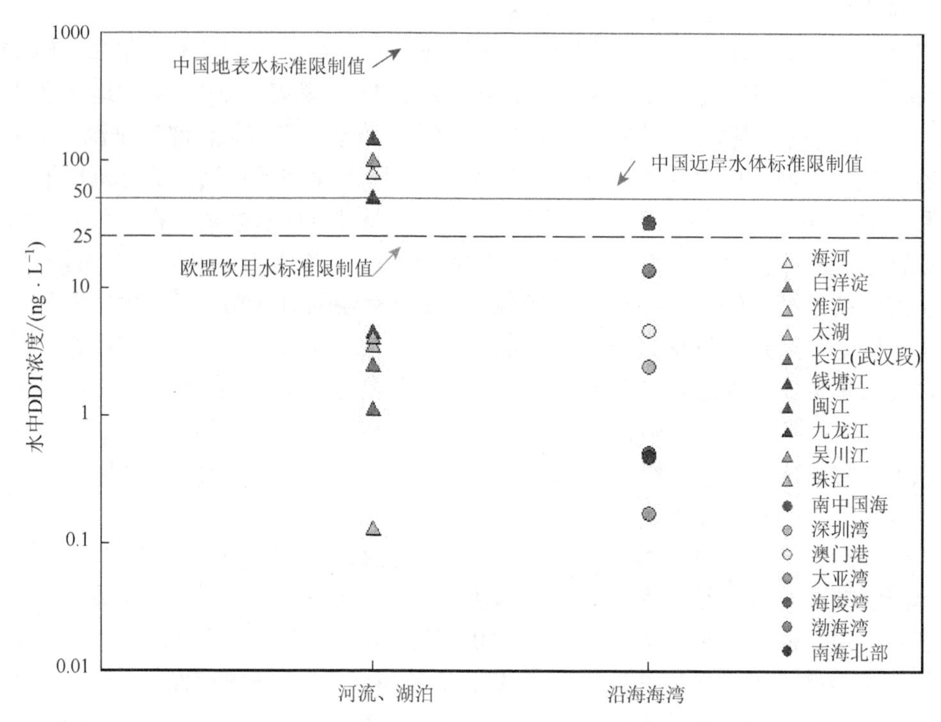

图 5-6* 中国各大河流、湖泊及沿海海湾中 DDT 的浓度

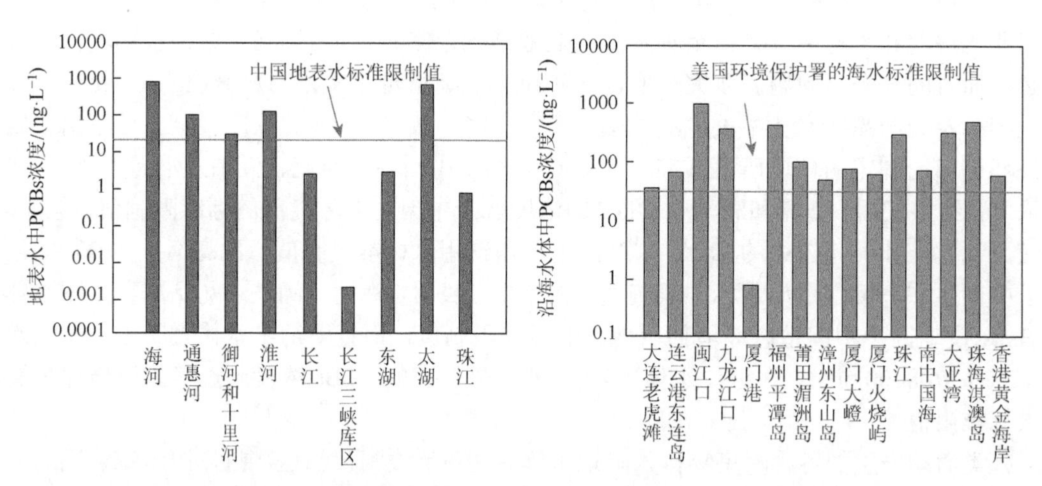

图 5-7　中国各大河流、湖泊及沿海海湾中 PCBs 的浓度

其平均浓度和年输送量均高于南方河流，这可能是北方历史上聚集了高污染重工业企业的缘故。相对而言，珠江水系无论是 PCBs 的平均浓度还是年输送量都小于其他河流，虽然珠江水流量仅次于长江的水流量，但远远大于其他河流。

表 5-3　中国河流 HCHs、DDT 和 OCPs 的浓度及输送通量

名称	年份	平均浓度/(ng·L^{-1})			水流量/(×10^8 m^3·a^{-1})	年输送量/(t·a^{-1})			入海处
		HCHs	DDT	OCPs		HCHs	DDT	OCPs	
长江	2005	6.4	1.1	8.7	9136	5.9	1	7.9	东海
黄河	2006			2.7～27	186.7			0.05～0.5	渤海
珠江	2005、2006	3.7	3.9		3350	1.2	1.3	3.1	南海
淮河	2002、2003	3.1	10.6	33	445.3	0.1	0.5	1.5	黄海
闽江	1999	206	142	840	621	12.8	8.8	52.2	东海
海河	2004	950	148	1098	37.05	3.5	0.5	4	渤海
钱塘江	2005	27.4	4.9	62	404	1.1	0.2	2.5	东海
大辽河	2007			94	22			0.2	渤海

表 5-4　中国河流 PCBs 的浓度及输送通量

名称	年份	平均浓度/(ng·L^{-1})	水流量/(×10^8 m^3·a^{-1})	年输送量/(t·a^{-1})	入海处
长江	1998、1999	2.0	9160	2.0	东海
珠江	2005、2006	0.8	3350	0.2	南海
淮河	2004	125	445	6.0	黄海
海河	2003	760	38	3.0	渤海

二噁英作为工业副产品，具有剧毒，它同样随着工业生产过程进入水体。图 5-8 对比了中国不同区域淡水环境中二噁英的浓度，并与世界其他国家的浓度水平进行对比。在中国的 3 个监测样点中，鸭儿湖的二噁英毒性当量（I-TEQ）最高。资料调查显示，该湖泊附近有化工厂，污水排入湖水，造成鸭儿湖的毒性当量偏高。就全世界范围来说，中国水体中二噁英的浓度处于全球中等水平，但毒性当量比较高。由此可见，二噁英污染是一个世界性问题，而中国在全球合作中负有重要责任。

PBDEs 于 2009 年被列入持久性有机污染物管控清单，属于内分泌干扰物，在自然环境中分解较慢，可以通过食物链进入人体，因而能损害生育生殖功能。目前中国水体 PBDEs 的监测数据不多，主要数据来自“珠三角”水域[4]。“珠三角”区域是中国经济快速发展和人口高度密集的地区，具有复杂的“三江八口”水文系统，该区域人类活动产生的有机污染物可以通过丰沛的河水输送至近海岸。“珠三角”上游的北江流域和八个入海口都检出了浓度相对较高的 PBDEs，其中以 BDE-209 为主要组分，与其他环境介质监测所得的数据相似。由此可见，入海口处的污染物组成可以作为指示区域污染特征的重要参数。

全氟辛烷磺酸（PFOS）和全氟辛酸（PFOA）化合物也于 2009 年被列入持久性有机污染物管控清单。这类新型有机污染物同时具备亲水性和亲油性，在人体内具有特殊的富集规律，包括血清、肝和黏附蛋白，成为近年来研究的热点。图 5-9 对全球水体中 PFOS 和 PFOA 的浓度进行了比较，在全球不同样品中，美国迪凯特市（Decatur）的田纳西（Tennessee）河、中国大连雨水和雪水含有的 PFOS 和 PFOA 浓度较高。由此可见，这些污染物随着人类活动

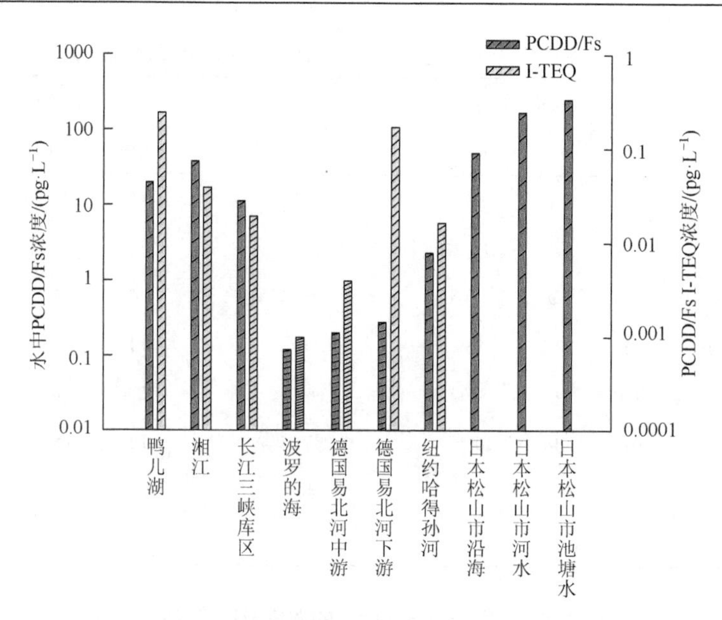

图 5-8　中国多区域及全球水环境中 PCDD/Fs 的浓度比较

不仅可以进入地表水体，还可以进入大气，并通过雨、雪等大气湿沉降过程重新回到地球表面，这就解释了为什么没有直接人类活动干扰的偏远地区也会受到污染。

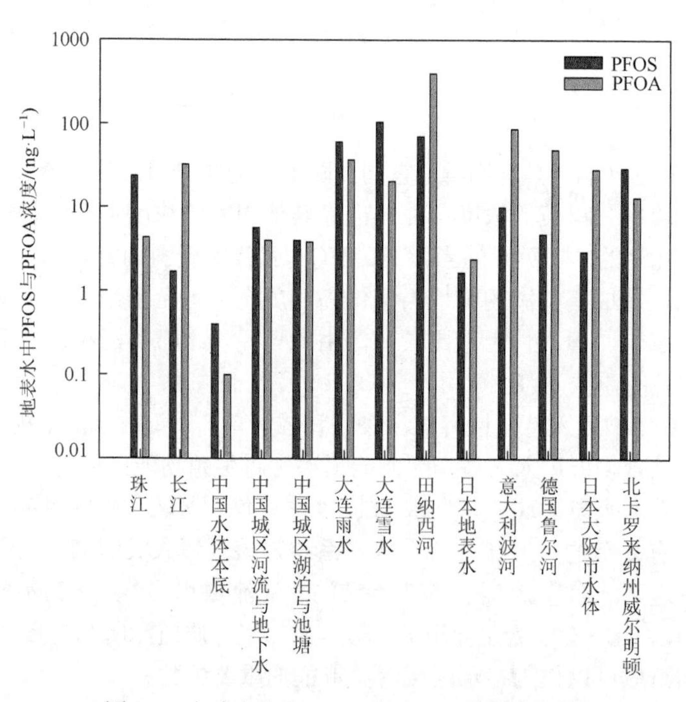

图 5-9　全球水体中 PFOS 和 PFOA 的浓度比较

5.4　应对淡水资源短缺的措施

淡水资源是关乎全人类存亡的重要资源，应对淡水资源短缺需要全球各个国家的协同合作和共同努力。目前，一些国际公约或者规则中已经确定了淡水资源保护的地位。1966 年国际法协会通过《国际河流水利用的赫尔辛基规则》（*The Helsinki Rules on the Uses of the Waters of International Rivers*）（以下简称《赫尔辛基规则》）[5]，明确提出了世界各国的责任和义务。《赫尔辛基规则》第 4 条规定，每一个国家均享有合理公平利用国际流域内水资源的权利。《赫尔辛基规则》第 10 条指出，任何国家都不应对国际流域内的水体造成任何新的污染或加重已有的污染程度，每一个国家应采取合理措施，避免给流域内另一国境内的水资源造成不良影响。但《赫尔辛基规则》没有明确界定如何利用和消费水资源，因而对世界各国没有太大的约束力，也一直受到国际社会的批评。尽管如此，《赫尔辛基规则》作为倡导通过国际合作而保护淡水资源的先行者，还是被广为参照，并得到发展。

1972 年签署的《联合国人类环境会议宣言》（*United Nations Declaration of the Human Environment*）[6]指出，“地球生产非常重要的再生资源的能力必须得到保持，而且在实际可能的情况下加以恢复或改善”。这是保护全球淡水资源的一个战略性方向。

1977 年联合国在阿根廷马德普拉塔召开了第一届水资源大会，会议通过了“马德普拉塔行动计划”（Mardel Plata Action Plan）[7]，并阐明了“关于共享的水资源的使用、管理和发展，各国应考虑每个国家的权利，以能平等地利用这些权利”。

1992 年 6 月 3～14 日，联合国在里约热内卢举行了环境与发展会议，会议通过了影响深远的《21 世纪议程》[8]。其中第 18 章“保护淡水资源的质量和供应：对水资源的开发、管理和利用采用综合性办法”，对水资源综合开发与管理，水资源评价，水资源、水质和水生生态系统的保护等给出详尽的建议和规定，以满足各国对淡水的需求和制定水资源保护措施。

保护国际河流生态系统也是国际社会一项重要的任务，为此，联合国国际法委员会从 1981 年开始制定有关国际水道非航行利用的法规；1990 年通过了关于国际水环境保护的条款；1997 年 5 月 21 日，联合国大会正式通过《国际水道非航行使用法公约》（*Convention on the Law of the Non-Navigational Uses of International Watercourses*）[9]，对全球河流生态系统实施全面的管控。这个公约可以分为四个部分，分别针对不同范畴的管控内容。第一部分是适用于所有国际水道的一般规则（第 5～10 条），第二部分是实施这些规则的程序细则（第 11～19 条和第 29～32 条），第三部分是有关淡水保护、保持和管理的实质条款（第 20～28 条），第四部分是有关拥有国际水道的国家缔结协定的条款（第 3、4 条）。该公约还规定，水道国应在其各自的领土内以公平合理的方式利用国际水道，以使国际水道得到最佳保护和持续利用。

中国一直是保护淡水资源的重要践行者，在立法方面做了大量工作。《中华人民共和国宪法》（以下简称《宪法》）第九条明确规定，国家有权利保障自然资源的合理利用，禁止任何组织或者个人用任何手段侵占或者破坏自然资源。《宪法》第二十六条规定，国家有权利保护和改善生态与生活环境，防治污染和其他公害。水资源是自然资源之一，《宪法》的这些规定显然也适用于水资源保护和利用，并构成中国水资源保护立法的核心和基础。以《宪法》为基础，1988 年中国政府制定并颁布了水资源保护的基本法《中华人民共和国水法》（图 5-10），对水资源规划与开发利用，水资源、水域和水利设施的保护，水资源配置和有效利用，水事纠纷处理、执法监督和法律责任等做出了详细规定。自《中华人民共和国水法》的颁布实施以来，经过几十年的努力，中国已建立了覆盖全国、机构健全的水行政执法网络，平均每年查处水事违法案件 4 万余件，极大地规范了正常的水事制度和日常秩序。

图 5-10　《中华人民共和国宪法》和《中华人民共和国水法》

中国环保行政机构所实施的水资源保护措施，主要包括对水体污染源的监督管理，制定水环境质量及污染物排放标准，审批各类项目的环境影响评价报告，督促各行政区进行水环境综合治理等。由于中国的水资源分布呈高度不均一性，大部分地区处于淡水短缺状态，目前应对淡水资源短缺的措施主要如下。

（1）海水淡化。它又称海水脱盐，是除去海水中盐分并获得淡水的工艺过程。海水淡化的方法可分为蒸馏法和膜法。蒸馏法主要有多级闪蒸、低温多效和压汽蒸馏三种工艺；膜法主要有超滤与反渗透结合的淡化方法。

（2）污水处理与再利用。众所周知，地球上的水处于持续不断的循环过程，而人们日常生活中的用水、排水则是干扰水自然循环的子循环。人们从自然获取的是水质良好的自然水，还给自然环境的水也应该是水体自净能力所允许的水。因此，污水应经过处理后再排放，以保障水资源的可持续利用。

除此以外，地球上每位公民都要有“节约用水人人有责”的惜水意识。长期以来人们普遍认为水“取之不尽，用之不竭”的观念需要彻底改变，在很多情况下，水一旦被污染了，就很难恢复原来的状态。中国公民尤其需要认识到中国淡水资源短缺的困境，养成节约用水的良好习惯。在日常生活中需注意使用节水器具，有效节约生活用水，同时要注意查漏塞流，家庭生活中的滴水成河并非玩笑，这会造成水资源的极大浪费。相对于家庭来讲，企业节水更加重要。高消耗水的行业应当注意优化水系统的运行。例如，保证循环水的浓缩倍数，提高水资源的循环利用等，并且对一些大量消耗水资源的产品实行定额管理，并将其作为一项技术经济指标进行考核。

习题与思考题

（1）请描述中国五大河流的来源、走向、径流量、入海口、流域面积和人口密度、水质情况等，字数不少于 1000 字。

（2）你觉得你在保护与节约淡水资源方面应该和能够做些什么？字数不少于 500 字。

参 考 文 献

[1] Nature-Based Solutions for Water. The United Nations Educational，Scientific and Cultural Organization. 2018[2019-02-05]. https://reliefweb.int/sites/reliefweb.int/files/resources/261424e.pdf.

[2] 中国水力发电工程学会. 中国水能资源概况（图）. 中国水电，2006[2019-02-05]. http://www.hydropower.org.cn/showNewsDetail.

asp? nsId = 938.

[3] 中华人民共和国生态环境部. 2017 中国生态环境状况公报. [2019-02-05]. http://www.mee.gov.cn/gkml/sthjbgw/qt/201805/W020180531606576563901.pdf.

[4] Guan Y F，Wang J Z，Ni H G，et al. Riverine inputs of polybrominated diphenyl ethers from the Pearl River Delta（China）to the coastal ocean. Environmental Science and Technology，2007，41：6007-6013.

[5] The Helsinki Rules. [2019-02-05]. https://www.internationalwaterlaw.org/documents/intldocs/ILA/Helsinki_Rules-original_with_comments.pdf.

[6] UN Documents Gathering a Body of Global Agreements. Declaration of the United Nations Conference on the Human Environment. [2019-02-05]. http://www.un-documents.net/unchedec.htm.

[7] UN，Water Development and Management. National and regional water resource assessments. Proceedings of the United Nations Water Conference. 1977[2019-02-05]. http://www-naweb.iaea.org/napc/ih/documents/WAVE/4_MardelPlata_Action_Plan.pdf.

[8] United Nations Sustainable Development. United Nations Conference on Environment & Development. [2019-02-05]. https://sustainabledevelopment.un.org/content/documents/Agenda21.pdf.

[9] The United Nations. Convention on the Law of the Non-navigational Uses of International Watercourses. 1997[2019-02-05]. http://legal.un.org/ilc/texts/instruments/english/conventions/8_3_1997.pdf.

第6章　水体富营养化

6.1　水体富营养化的定义与分级

水体富营养化已经成为当今全球面临的最主要的水污染问题之一。富营养化产生的根源是营养物质在水体中大量富集，氮磷等营养元素能够引起某些特征性藻类（多为蓝藻、绿藻）和浮游生物快速繁殖，水体生产能力提高，导致水体中溶解氧浓度降低，最终造成特征藻类、浮游生物及水生动植物（特别是鱼类）衰亡甚至灭绝的水质恶化现象。富营养化过程具有缓慢的、难以逆转的特点，治理难度很大。富营养化现象最易出现在湖泊、河口、海湾等水流相对缓慢的区域。工业和生活废水被排放进入水体，可以在短时间内造成富营养化现象，淡水中的藻类和浮游生物暴发性繁殖增长，形成水华现象（图 6-1）。根据优势藻类和浮游生物的颜色特性，水面可以呈现蓝色、绿色、棕色、红色、乳白色等。在海洋中这种现象又称为赤潮或红潮。

图 6-1*　富营养化的水体

水体富营养化程度可以通过多种指数法进行评价，卡尔森（Carlson）营养状态指数（trophic state index，TSI）是较早采用综合参数来量化富营养化程度的方法，由于它忽略了水体中溶解物质或其他悬浮物质对透明度的影响，其应用受到一定程度的限制。一些学者在此基础上提出了修正的营养状态指数（TSI_M），此外还有综合不同指数的综合营养状态指数 TLI(Σ)。这些指数法的计算模型均考虑了叶绿素（浮游植物生物量）、透明度、总磷等要素，综合营养状态指数法还加入了总氮、化学需氧量。下面简要介绍这三种指数法的计算方法。

（1）卡尔森营养状态指数。美国科学家卡尔森在 1977 年提出该种评价方法，这一评价方法摒弃了过去的单一因子评价法，避免了单一因子评价的片面性。卡尔森营养状态指数以湖水透明度（SD）为基准来描述水体富营养化程度，实现了不同参数与评价指数的相互换算和验证，将单变量和多变量评价方式进行有机结合，提高了水体富营养化评价的质量，其表达式为

$$\mathrm{TSI\,(TP)} = 10\left(6 - \frac{\ln 48/\mathrm{TP}}{\ln 2}\right)$$

$$\mathrm{TSI\,(chla)} = 10\left(6 - \frac{2.04 - 0.68\ln \mathrm{chla}}{\ln 2}\right)$$

$$\mathrm{TSI\,(SD)} = 10\left(6 - \frac{\ln \mathrm{SD}}{\ln 2}\right)$$

其中，TP 为湖水中总磷浓度（$\mathrm{mg \cdot m^{-3}}$）；chla 为湖水中叶绿素 a 含量（$\mathrm{mg \cdot m^{-3}}$）；SD 为湖水透明度值（m）。

（2）修正的营养状态指数（$\mathrm{TSI_M}$）。为了弥补卡尔森营养状态指数的不足，日本的相崎守弘等提出了这种评价方法，即以叶绿素 a 浓度为基准的营养状态指数，其基本公式如下：

$$\mathrm{TSI_M\,(chla)} = 10\left(2.46 + \frac{\ln \mathrm{chla}}{\ln 2.5}\right)$$

$$\mathrm{TSI_M\,(SD)} = 10\left(2.46 + \frac{3.69 - 1.53\ln \mathrm{SD}}{\ln 2.5}\right)$$

$$\mathrm{TSI_M\,(TP)} = 10\left(2.46 + \frac{6.71 + 1.15\ln \mathrm{TP}}{\ln 2.5}\right)$$

（3）综合营养状态指数 TLI(Σ)。这种评价指标综合不同参数进行加权评价，同样以叶绿素 a 浓度为基准参数，综合指数计算如下：

$$\mathrm{TLI}(\Sigma) = \sum_{j=1}^{m} W_j \cdot \mathrm{TLI}(j)$$

$$W_j = \frac{r_{ij}^2}{\sum_{j=1}^{m} r_{ij}^2}$$

其中，TLI(j)为第 j 种参数的营养状态指数；W_j 为第 j 种参数的营养状态指数的归一化相关权重；r_{ij} 为第 j 种参数与基准参数 chla 的相关系数，可以通过水体调查数据计算得出；m 为评价参数的个数。

采用上述方法进行评价后，可以将富营养化程度分为四个级别，分别为贫营养化、中营养化、富营养化和过营养化。不同级别所对应的总磷、总氮、叶绿素 a 和透明度等级见表 6-1。

表 6-1　湖泊的富营养化程度分级

程度	总磷/($\mathrm{mg \cdot m^{-3}}$)	总氮/($\mathrm{mg \cdot m^{-3}}$)	叶绿素 a/($\mathrm{mg \cdot m^{-3}}$)	透明度/m
贫营养化	＜15	＜400	＜3	＞4.0
中营养化	15～25	400～600	3～7	2.5～4.0
富营养化	25～100	600～1500	7～40	1.0～2.5
过营养化	＞100	＞1500	＞40	＜1.0

6.2　水体富营养化的产生机制及危害

6.2.1　水体富营养化的产生

水体富营养化涉及一系列复杂的物理、化学和生物作用，引发机制与多种自然和人为因素有关，包括氮磷比例、光照、温度、降水、水流速度与流量、水域形态、外源输入、内源释放等。一般认为，氮和磷元素是主要限制因子，其浓度分别高于 $0.2mg\cdot L^{-1}$ 和 $0.02mg\cdot L^{-1}$ 就会发生水体富营养化现象。很显然，自然和人为活动都会增加水体中的营养元素，引发水体富营养化。通常而言，贫营养化状态是地球上大多原始水体的自然状态，随着时间的推移，自然变迁导致水体及周围环境的改变，天然降水中的氮磷等营养元素不断进入水体，地表土壤的侵蚀和淋溶作用也导致营养元素大量输入水体。随着水体中营养元素的增加，藻类、浮游生物和其他水生生物大量繁殖，处于这些生物食物链上游的甲壳纲动物、昆虫和鱼类因此获得丰富的食物而获得繁荣生长；这些动植物死亡后的有机体在水体底层沉积，并不断积累形成底泥沉积物。沉积物中动植物残体逐渐分解并释放出新的营养物质，这些营养物质进一步被新的生物体吸收。由此不断循环，水体的富营养化程度日渐加重。从这个角度而言，富营养化是普遍存在于天然水体中的自然现象。而实际的自然进程中，富营养化的进程非常缓慢，即使在一个不够稳定的生态系统中，水体由原始的贫营养化发展为富营养化状态也需要至少几百年。而在人类活动的干扰下，降水及土壤环境中营养元素大大增加，各种途径向水体中输入营养元素的速率也被加快，水体中的营养物质会在短时间内大幅度增加，从而大大加快了富营养化的进程（图 6-2）。

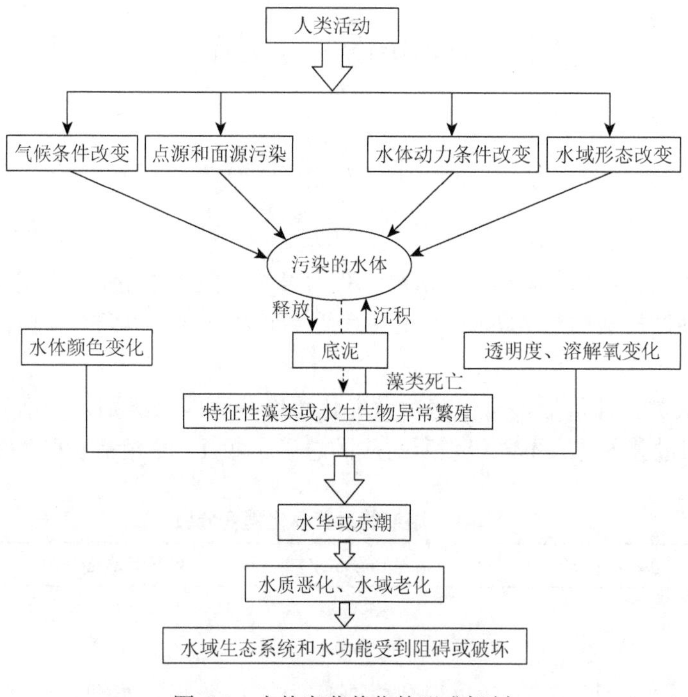

图 6-2　水体富营养化的形成机制

┈┈➤代表底泥回流

在各种人类活动中，工业废水和生活污水排放及农业面源污染是天然水体中营养元素的主要贡献者，此外大气沉降和底泥营养盐释放也是水体中的氮磷来源之一（图 6-3）。

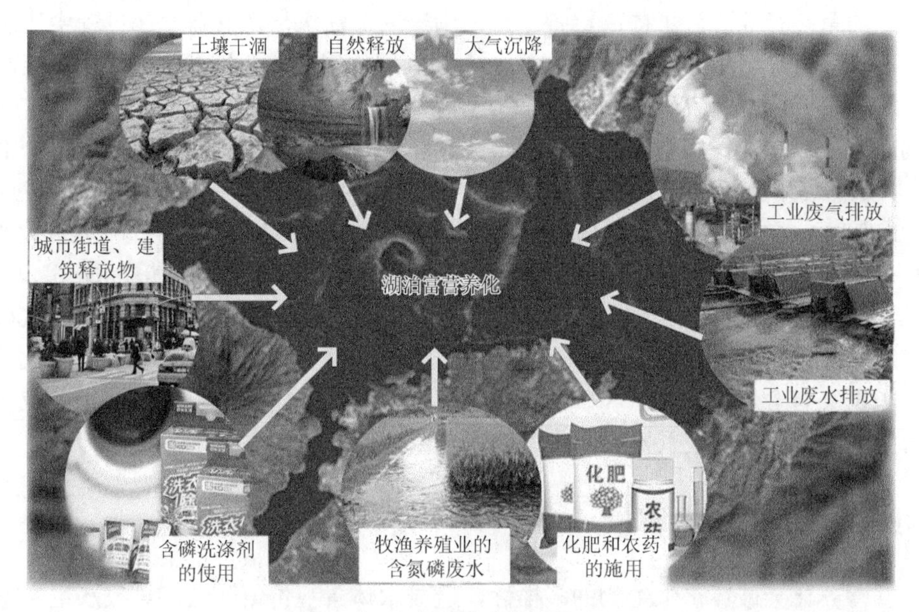

图 6-3* 水体中营养物质的来源

（1）工业废水排放。不同工业行业生产过程所产生的废水含有大量的氮磷等营养元素，2013 年中国国控企业监督型监测调查数据及中国环境统计数据表明，化工业、纺织业、农副食品加工业、造纸业及饮料制造业的总氮和总磷排放位居前列，占全部工业排放量的 74%以上[1]。2018 年，生态环境部印发的《关于加强固定污染源氮磷污染防治的通知》中，将农副食品加工业、酒水及饮料制造业等列为总氮和总磷的重点防控企业，将纺织业、皮毛制品加工业和造纸业额外列为总磷的重点防控企业。随着人口的增长，中国工业废水排放量不断增加，统计数据表明[2]，2003 年中国工业废水的排放量就已达到 210 亿 t 左右，COD 排放量高达 512 万 t；随后工业废水排放量逐年增加，至 2007 年达到最高峰，年排放量为 240 亿 t。此后，工业废水排放量呈持续下降的趋势，到 2015 年，年排放量降为 200 亿 t 左右。就目前中国的工业发展程度而言，大部分工业废水受技术和资金所限，只经过简单处理或者不经过任何额外处理就直接排放，进入江、河、湖泊等天然水体中，废水所携带的氮磷等营养元素在水体中加速累积，促使水体快速富营养化。

（2）生活污水排放。相对于工业废水中的氮磷含量，生活污水中的总氮和总磷排放量占中国氮磷总排放量的比例更大，约为工业废水中氮磷排放量的 10 倍及以上，总氮和总磷的生活污水排放量所占比例分别约为 28%和 18%，同期工业废水排放量则分别为 3%和 1%[2]。由此可见，相对于工业废水，生活污水是更为重要的富营养化的污染源。生活污水中的氮元素主要源于人们日常生活中所产生的有机物质，而磷元素主要是含磷的洗涤剂的使用。随着人口的增长和生活水平的提高，生活污水对水体富营养化的贡献率也不断增加。早在 2003 年，中国的生活污水排放量就已经达到 248 亿 t，COD 排放量达到 822 万 t，为同年工业废水中 COD 排放量的 1.6 倍[3]。至 2015 年，生活废水年排放量达到 535 亿 t。

（3）农业面源污染。现代农业所囊括的种植业和养殖业是水体中营养元素的主要贡献者。种植业的总氮和总磷的贡献分别为 24%和 18%，包括水产在内的养殖业对中国总氮和总磷的贡献分别为 45%和 63%[1]。由此可见，农业面源污染是近年来水体中营养元素增加的罪魁祸首。同样在《关于加强固定污染源氮磷污染防治的通知》中，畜牧业已经成为总氮和总磷排放总量控制的重点行业。为了提高粮食产量，满足人类需求，在农业生产过程中化肥和农药的广泛使用应势而行。在过去的 100 年里，人为施用的磷肥和活性氮快速增加，相对自然环境中磷、氮背景值，人为活动导致磷肥翻了 3 倍，活性氮翻了 1 倍。与化肥的粗犷使用相对应的是利用率的低下，在所有施用的化肥中，真正为植物所吸收和利用的氮仅占全部施用量的 20%，大部分氮和磷都并未被农作物吸收利用，而是随着雨水冲刷通过地表径流进入河流、湖泊中，或者直接释放到大气中，又通过大气沉降回到地表[4]。人类所施用的农药和化肥在土壤中残留并逐渐累积，同时随着地表生物化学循环过程进入周围环境中，尤其是水环境，导致了严重的富营养化。我国化肥和农药的使用量十分惊人，如 2016 年，全国化肥用量将近 6000 万 t，占全球使用量的三分之一；农药使用量达到 174 万 t，占全球使用量的一半左右。此外，屠宰场和畜牧场也会有含量较大的氮和磷的废水进入水体。大量化肥和农药的使用，应该是我国水体富营养化特别严重的最重要的原因。

6.2.2　水体富营养化的危害

水体富营养化会破坏水生生物的多样性，造成水体景观价值降低，导致水生生态系统紊乱。富营养化能降低水体透明度，导致阳光难以到达水中植物所处层面，阻碍了植物的光合作用，减少了氧气的释放；同时，藻类和浮游生物的快速繁殖在短时间内消耗了水体中过量的氧，进一步造成水体中溶解氧浓度的降低。藻类和一些浮游生物聚集在水面，进行光合作用，可能会导致近水面的水层局部溶解氧过度饱和。而藻类和浮游生物又会覆盖水面，削弱了水体与大气之间的氧气交换活动，水体的复氧过程被减弱，加剧了水体中的缺氧甚至厌氧现象。水中溶解氧过少或者过度饱和都不利于水生动物的生长，尤其是鱼类，在极端富营养化情况下，甚至会导致鱼类大量死亡。此外，藻类和浮游生物的大量繁殖，鱼和贝类的鳃部可能会受到阻塞，甚至不能进行呼吸作用而死亡（图 6-4）。

图 6-4*　富营养化导致鱼类死亡

富营养化除了对水体中溶解氧有很大的影响外，其过程还有可能产生有毒有害物质，直接造成水体中生物的伤亡。水体中大量增殖的藻类和浮游生物，以及受到富营养化影响的鱼和贝类等死亡后，其有机体在水体底层堆积，并在水体富营养化所造成的厌氧环境中分解产生有害气体。一些特殊的藻类和浮游生物可以直接产生生物毒素，如膝沟藻可以产生新海藻毒素和膝内藻毒素Ⅰ～Ⅶ，这类毒素与已知的最强海洋生物毒素之一石房蛤毒素的结构类似，是海水中发生赤潮时的主要毒素之一，可以直接对水生动物造成伤害。近年来海洋赤潮的发生概率也在逐年增加。例如，中国的渤海地区，1998 年和 1999 年连续两年爆发严重赤潮，持续时间超过一个月，面积达 6500km^2，严重危害了海水养殖业，给沿海地区带来了重大的经济损失。至 2000 年，中国海域记录到的赤潮共有 28 起，比 1999 年增加了 13 起，累计面积超过 10000km^2。2009 年，美国缅因州海岸由于有毒水藻大面积爆发，沿岸的贝类养殖场被迫关闭，导致一个 5000 万美元的项目遭受重大损失，为此州政府不得不申请联邦救灾基金[4]。除了对水生生物造成危害外，水体中的污染物质还可以通过食物链进入人和陆生生物体内，如水体中含氮物质所形成的亚硝酸盐和硝酸盐，可以对长期饮用这种水源的人和牲畜造成伤害，出现中毒和疾病的现象。除了陆地水体，水体富营养化的主要危害表现在以下几个方面。

1）降低湖泊水体的生态环境质量

当藻类过度繁殖时，水中的有机物质被藻类大量吸收；而藻类死亡后，异养微生物会分解藻类体内的有机物质。这个过程会消耗水体中的溶解氧，造成溶解氧浓度短时间迅速降低，危害水生生物。水体富营养化主要表现为藻类和浮游生物的大量繁殖，根据出现在水面的优势生物种群的不同，水体可以呈现蓝、红、棕和乳白等不同颜色。江河、湖泊和水库等陆地水体中出现这种现象称为“水华”，而在海洋中发生则称为“赤潮”。“水华”或“赤潮”的出现，都会使水生生物发生缺氧而窒息死亡。

2）影响水体的利用

水体富营养化的一个直接后果，就是破坏了水环境生态系统的平衡，从而大大降低了水体质量。当水体中有机物质生成与消耗的速度基本相等时，藻类体内有机物质的生长远大于其消耗，有机物质便在藻类体内富集。水体富营养化现象一旦出现，大量生物残体和有机物质便会积聚于底层沉积物中。在缺氧条件下，这些物质被特定微生物加以分解，产生甲烷等易燃、易爆气体和硫化氢等有恶臭、有毒气体。另外，富营养化的水体中存在的亚硝酸盐和硝酸盐物质会导致生物体中毒受损，因此水就不适宜被人畜直接利用。

3）加剧天然水体向沼泽和陆地演进

藻类和浮游生物等各种水生生物在富营养化的水体中快速生长、繁殖和死亡，以这些生物为食的其他水生生物（鱼类和贝类）也会由于食物来源充分而快速增长，水体中不充分的溶解氧被进一步消耗，导致鱼类和贝类的大量死亡。这些生物质不断增长，死亡的有机体也不断累积，从而加速水体向沼泽和陆地发生演进。

6.3 水体富营养化的控制与治理措施

水体富营养化的防治是水环境保护和管理中最复杂，也是最困难的问题之一，这主要是因为富营养化物质的来源十分复杂，难以防控。氮、磷等营养元素既存在天然来源，又存在人为来源，既包括外源性污染，又包括内源性污染，控制污染物排放源难度很大。此外，营养物质的去除也十分困难，至今还没有发现一种有效的生物、化学和物理方法可以实现水体中营养元素的彻底清除。目前的一些常见的污水处理厂中的二级生化处理工艺通常只能去除 30%～50%的营养元素。因此，水体富营养化的管控应当以预防为主，防治结合。

水体富营养化的防控关键在于外源性营养物质的输入控制。防控部门必须采取各种措施以减少氮磷的污染源排放，或采取合理的措施切断输入途径，从而降低水体中营养物质富集的可能性。外源输入的氮磷等营养元素的控制关键是人为污染源的控制，首先应进行污染源普查，摸清水体中营养物质的主要来源，对所有外源输入途径所产生的废水和污水，以及其中的氮磷元素的浓度进行及时监测，结合地区实际情况，获得氮、磷的年排放总量，为外源性营养元素的总量控制管理提供数据基础。同时，应采取措施减少已经存在富营养化水体中的内源性营养物质负荷。输送营养物质至湖泊、水库等水体的传输机制通常十分复杂，进入水体中的营养元素可以在被水生生物吸收利用后，通过生物体的死亡降解重新回归水体，而溶解于水体中的营养元素也可以通过沉淀和再释放等过程再次进入水中。因此，对已经存在的营养元素进行管控，应当根据具体情况而采取不同的技术和方法（表 6-2）。

表 6-2 水体富营养化修复方法

方法	例子	弊端
化学方法	硫酸铜杀藻、正离子沉淀磷、石灰脱氮等	处理费用高，易造成二次污染
物理方法	底泥挖掘、藻类机械筛分、注水冲泥等	处理程度低，治标不治本
生物方法	养殖控藻生物、人工湿地、生态浮床等	环境依赖性较强

（1）化学方法。凝聚沉降和化学药剂杀藻是较为常见的化学方法。许多阳离子可以把磷从水溶液中有效地沉淀出来，在这个过程中，可以选取价格相对便宜的铁、铝和钙的化合物，这些阳离子可以和磷酸盐形成不可溶物质并发生沉降。而对于水华现象严重的水体，则可以使用杀藻剂杀死藻类。但藻类被杀死后，其残骸腐烂分解仍会释放出磷。因此，这种方法应当注意及时捞出藻类的残骸，也可以结合凝聚沉降法，通过投放合适的化学药品，使藻类残骸释放的磷酸盐及时沉降。

（2）物理方法。这主要采用挖掘、曝气、注水和隔离等方法来控制水体中营养元素和氧气的含量。挖掘法可以将底泥沉积物带出水体，减少或者消除潜在的内部污染源，预防造成二次污染；对水体的深层进行曝气可以补充水体深层的溶解氧，避免底泥环境周围出现厌氧层，可以抑制磷在底泥中的再释放；向湖泊等水体中注入氮磷元素浓度较低的水，可以达到稀释营养元素浓度的目的；在底泥表面敷设塑料可减缓营养物质从底泥中逸出。

（3）生物方法。可以通过在水体中投入适当的微生物来加速水中有机物质和营养物的分解过程，从而达到水质净化的目的。也可以在水体中种植水生植物，如挺水植物、浮叶植物、沉水植物、大型飘浮植物和有净化作用的藻类等，通过水生植物对氮磷营养元素的吸收来缓解水体富营养化。但要注意及时收割水生植物，避免水生植物凋亡后，其体内的污染物又回到水体中，造成二次污染。

天然水体具备自净能力。在自然界的水环境中，微生物、植物和动物等可以共同生存，水是各种生物生长和繁殖的生命之源，生物的代谢活动可以反过来达到水质净化的目的，由此往复，形成了天然水体的自然净化机制。长久的自然进化过程中，自然界的水体依靠自净机制保持洁净。而对封闭的水生生态系统来说，外源物质进入水体的速度一旦超过系统所具备自净机制所能消除的速度时，水体生态平衡就会遭到破坏，从而产生富营养化等水质恶化现象。采用生物方法修复水体，提高水体自净能力，是解决富营养化现象的良好途径。生物-生态修复方法可以直接在污染场所就地降解污染物，处理效果良好、操作简单、修复时间短，对周围环境的干扰较少，也大大降低了人类与生物体之间直接污染的概率。这种修复方式的成本低廉，通常为传统物理、化学技术的 30%～50%，不会产生二次污染，遗留问题较少。

生物方法主要依靠水体中的各种生物，主要包括微生物和水生植物。微生物的繁殖可以达到十分惊人的速度，以几何级增长，微生物在繁殖的过程中能够不断分解水体中的有机物，吸收营养物质并分解作为自体营养。但微生物的生长过程对环境依赖性较强，容易受外界环境的影响，pH、温度、气压等因素都会对种群的生长和生物处理效率造成影响。因此，采用微生物解决水体富营养化问题需要根据环境变化来定期筛选培育微生物种群，采取专业的保存、复壮等过程，来保证生物处理过程中水质稳定。

水生植物是依靠生物方法解决富营养化问题的一大主力。以大型水生植物为主体创建共生系统，实现植物、根系微生物和水体环境的互利互存局面，通过直接吸附、吸收、物理沉降和微生物转化等多种过程来实现污水的净化。而且水生植物具备生长周期短、生长速度快的优良特性，合适的物种在收割后经过处理还可以进一步成为燃料和饲料，或者作为沼气原材料来加以利用。具备修复效果的水生植物有很多，如紫萍、芦苇、水浮莲、凤尾莲等，这些植物可以不同程度地清除被污染水体中的氮、磷、悬浮颗粒、重金属、有机污染物等。在实际修复过程中，应当根据需要修复水体所处的具体气候条件和污染物性质进行选择和栽种，同时还可以通过分析不同水生植物的吸收和分解特性，选择不同的植物组合和植株数量进行修复。

通过建立人工生态系统的方式，采取无土栽培技术，利用多种水生微生物、植物和动物创建生态浮床的方法已经得到了较广泛的应用。生态浮床以高分子材料作为基质，目前中国多采用泡沫板作为基质来固定植物和微生物。生态浮床具备表面积较大的根系，在水中延伸的植物根系可以直接吸收水体中的氮磷等营养元素，用来参与植物生长的必要生命代谢过程，同时，水体中的根系及浮床基质也可以直接吸附悬浮物质，包括一些有害物质。此外，根系的表面还可以形成生物膜，进一步成为特定种类微生物附着的载体。这些微生物的分泌物可以产生吞噬和降解作用，将水体中的污染物转化为无机物，这些无机物被植物吸收后可以促进植物的生长，还能够改善水质。成熟的植物和水生动物可以被收割和捕捞，将水中的营养元素分离出水体。生态浮床的一系列生命活动可以大幅度增加水中的溶解氧，缓解富营养化水体的厌氧环境。生态浮床通过遮蔽阳光、降低水体温度、抑制藻类的活性和光合作用来减少浮游植物的生物量，促进浮游植物沉淀，从而提高水体透明度和复氧效率，反过来促进浮床植物的生长，形成正向反馈机制，最后实现水生态系统的修复，有效防止水体富营养化。此外，生态浮床上的植物还可以吸引昆虫和鸟类等，为多种生物提供栖息地，下部植物根系为鱼类和水生昆虫的生存创造良好环境，提高生物多样性，增加景观价值（图 6-5）。

图 6-5* 生态浮床的作用

生态浮床造价低廉，组装便利，不仅可以净化水质，还可以维系水体的景观价值，为多种水生生物提供栖息空间，具有景观美化和环境教育意义。生态浮床的基质可以移动拼装，体积可大可小，抗风浪能力优越，还可以根据需要改变不同的形状，便于制作、搬运和实现环境修复、美学价值。与人工湿地相比，生态浮床所需植物更易栽培，且来源更加广泛，大多陆生生物都可以在生态浮床上吸收氮磷营养元素，且只需要定期收割生物量，不需要专业管理，大大减少了修复成本。同时，在水面创建生态浮床还可以有效缓解土地资源紧张的局面。生态浮床是目前国内外治理水体富营养化的最具有价值和生命力的重要手段。

习题与思考题

（1）阐述水体富营养化的一种来源及如何减轻其效应。字数不少于 1000 字。

（2）请以一种水生植物为例，阐述其用于降低水体富营养化的功能、原理、成本及适用范围。字数不少于 1000 字。

参 考 文 献

[1] 王军霞，李莉娜，陈敏敏，等. 中国重点污染源总磷、总氮排放状况研究. 环境污染与防治，2015，37：98-103.

[2] 智研咨询集团. 2017—2022 年中国污水处理市场深度分析与发展前景研究报告. [2019-02-05]. https://www.chyxx.com.

[3] 国家环境保护总局. 2003 年中国环境状况公报.（2004-06-05）[2019-02-05]. http://www.mee.gov.cn/gkml/sthjbgw/qt/200910/t20091031_180756.htm.

[4] Stumm W. Chemical Processes in Lakes. New York: Wiley Interscience, 1985.

第 7 章　地下水污染及其修复

7.1　地下水的定义与重要性

广义上的地下水指存在于地面以下岩石空隙中的水，狭义上的地下水指存在于地下的饱和含水层中的水。国家标准《水文地质术语》(GB/T 14157—93) 将埋藏在地表以下各种形式的重力水称为地下水。根据透水层中水的饱和与否及积聚储存条件，由地表至地壳内部，地下水可分为饱气带水、潜水和层间水等三个基本类型（图 7-1）。地表浅层岩石的空隙未被水充满，该层除了毛管水、吸着水、薄膜水外，大部分空隙充满着空气，因此也称为饱气带，饱气带层的水体称为饱气带水；地面以下、第一个稳定的隔水层以上的具有自由表面的重力水称为潜水；两个隔水层之间的透水层中的重力水称为层间水。

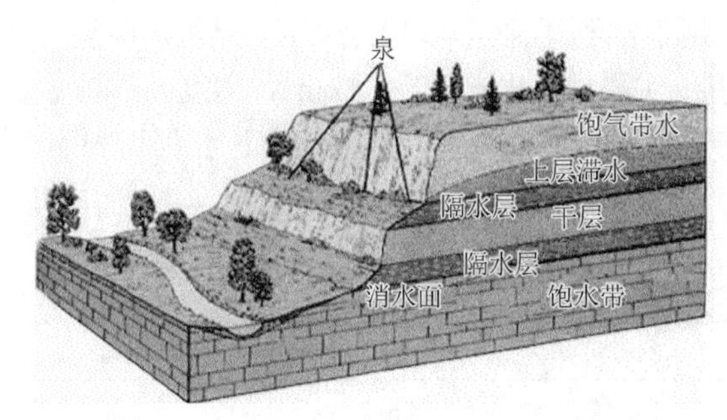

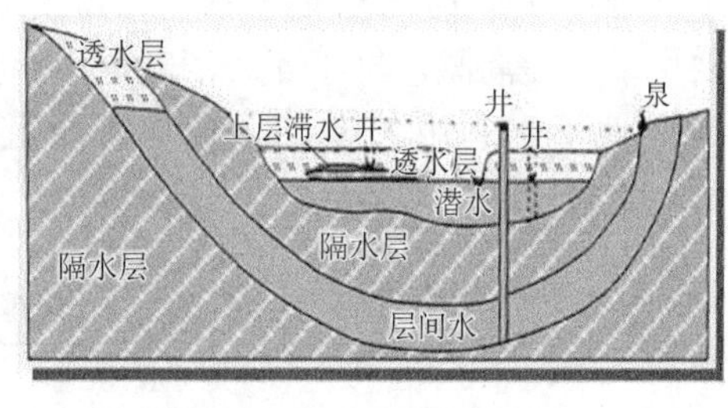

图 7-1*　不同类型的地下水

地下水在全球淡水资源中约占 30.1%，地下水与人类的关系十分密切。地下水已经成为居民生活用水、工业用水和农田灌溉用水最稳定的水源之一。在美国，大约 23%的淡水及 42%的农业灌溉用水来自地下水；在中国，约有 70%的人口饮用水来自地下水；在印度，超过 60%的农业灌溉用水和超过 85%的饮用水来自地下水；在挪威，约 15%的供水来自地下水；而在丹麦、奥地利及冰岛，这一数值高达 95%。

7.2　全球地下水资源的分布

全球地下水总量约 2340 万 km^3，是地球上仅次于冰川和冰盖的第二大淡水资源。相对于地面 1.2%的淡水资源占比，地下水是人类丰富而珍贵的水资源宝库，摸清这个宝库在地球上的分布，是人类合理而有效利用地下水的重要前提。2015 年，得克萨斯大学奥斯汀分校、维多利亚大学和卡尔加里大学等多所美国和加拿大的院校的学者，在海量的数据收集和调研基础上，构建了世界上第一个较为完整的地下水资源分布图。该分布图为地球表层结构的探索研究、地下水资源的视觉表征研究，以及淡水资源的科学管理提供了良好的数据支撑。但是由于数据缺失，一些荒无人烟的区域未被涉及，因此这个分布图并非十分完整。

除空间分布以外，地下水的形成年代也具有重要意义。古老地下水和现代地下水具有本质上的差别，它们在产生水资源交互作用和气候循环方面的作用截然不同。一些科学家利用现代勘测技术和模型模拟方法对地下水的形成历史进行追溯，计算结果显示，大陆地壳 2km 深处蕴藏着的 2000 多万立方千米地下水，其中多数为形成时间超过 100 年的古老地下水，仅一小部分（10 万～54 万 km^3）是在近 100 年内形成的现代地下水。古老地下水通常分布于地表以下较深的区域，其盐度甚至大于海水，部分还包含砷或者铀等元素。虽然一些古老地下水可为农业和工业领域利用，但大多数的古老地下水水质污浊，不适用于水循环。因此，地下水资源看似丰富，但人类可利用的却多局限于现代地下水，本章接下来的内容所提及的地下水资源皆指人类可直接利用的现代地下水。

现代地下水的水循环较为活跃，可以不断通过降雨或者融雪进行补充和更新。近年来，由于气候变化及人类活动的干扰，地下水资源的补充速度远不及消耗速度，加之地下水污染，一些区域的地下水已经无法使用。现代地下水主要分布在热带和山脉地区，如亚马孙盆地、刚果（布）、印度尼西亚、北美洲和中美洲落基山脉地区及南美洲科迪勒拉山脉西部富含大量现代地下水。由表 7-1 可知，亚洲地区地下水的利用量最大，平均每年抽取 680km^3 地下水进行生产、生活活动，约占全球地下水利用总量的 69.3%。北美洲的地下水利用量仅次于亚洲地区，平均每年抽取 143km^3 地下水，约占全球地下水利用总量的 14.6%。亚洲和北美洲的地下水主要用于农业灌溉，每年灌溉消耗地下水量分别为 514km^3 和 102km^3。印度、中国、美国等国家是地下水利用大国，同时是农业生产大国，这些国家每年的地下水利用量分别为 251km^3、112km^3 和 112km^3。

表 7-1　全球地下水利用概况[1]

大陆	地下水利用量					地下水量与用水总量比	
	灌溉/($km^3 \cdot a^{-1}$)	生活/($km^3 \cdot a^{-1}$)	工业/($km^3 \cdot a^{-1}$)	总量/($km^3 \cdot a^{-1}$)	总量/%	用水总量/($km^3 \cdot a^{-1}$)	地下水所占比例/%
北美洲	102	33	8	143	14.6	524	27
美国中部和加勒比海	4	8	2	14	1.4	149	9
南美洲	13	8	5	26	2.6	182	14
欧洲（包括俄罗斯地区）	26	33	13	72	7.3	497	14
非洲	26	13	2	41	4.1	196	21
亚洲	514	111	55	680	69.3	2257	30
大洋洲	3	3	0	6	0.7	26	25
全球	688	209	85	982	100	3831	26

中国是一个地下水资源相对丰沛的国家，地下淡水资源量多年平均为 8837 亿 m^3，约占淡水资源总量的 1/3。总体而言，中国南方地下水的水质普遍优于北方，地下水储量呈现“南多北少”的格局。南方地下淡水可开采资源量达 1991 亿 m^3，约占全国地下淡水资源量的 69%。北方地下淡水可开采资源量仅占全国地下淡水天然资源总量的 31%，相当于南方可开采总量的 45%。西北地区占中国国土总面积的 35%，而其地下淡水天然资源仅占全国总量的 13%。根据中国各地区地下水资源数据可知，南方各区域普遍分布着可直接饮用的地下水，以及少量适当处理后即可饮用的地下水；华中及华东区域的可直接饮用地下水比例减

少，需处理后饮用的地下水比例增加；而至西部区域，则大多为需处理后才可使用的饮用水，以及不宜饮用只能供给工农业生产的地下水；西北地区的地下水存储现状最为严峻，大多为不可直接利用的地下水。

7.3　地下水污染的现状

地下水对于人体和生态系统健康及能源和食品安全都起着非常重要的作用。地表降水渗透至地下，并进入地质蓄水层储存起来就形成了地下水，地表水的渗透作用可将污染物迁移至地下水，从而造成地下水的污染。因此，地下水与地表的联系非常紧密，地下水的过度使用和人类活动对地表环境的污染都会造成地下水安全危机。城市的密集增长使局部区域人口增长和经济发展与水资源供给之间的矛盾愈发显著。一方面，人类生产生活所需要的水资源急剧增长；另一方面，人类活动所产生的一系列污染物也通过循环过程进入地下水层，导致严重污染（图 7-2）。历数世界用水大国中，地下水污染都来自以下生产过程。

（1）垃圾填埋场的渗滤液。虽然现在大国垃圾填埋场的工艺已经改良为焚烧处理后掩埋，但已经产生的污染物和仍未改良的垃圾填埋场还在持续污染地下水。

（2）地下储油罐和输油管道等相关设备所进行的地下石油传输过程，如石油石化排污、渗漏、地表水污染等。

（3）地下污水管网的铺设，管网漏损导致污水外渗，汛期污水溢流等过程。

（4）农业生产活动使用的化肥农药等。就中国而言，每年约有 4000 万 t 化肥和 40 余万 t 农药进入农田，化肥和农药的下渗导致地下水污染。

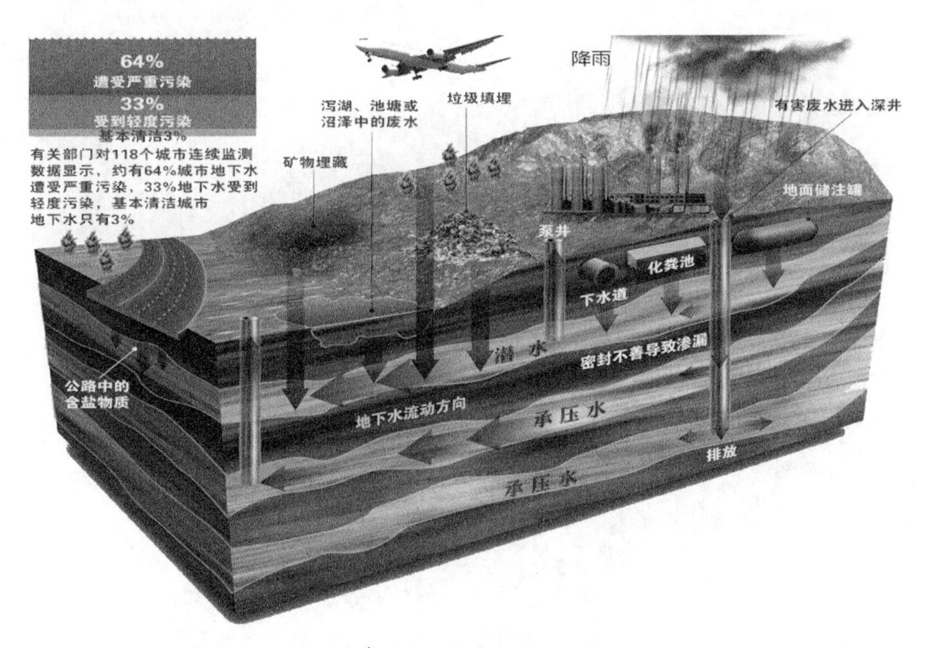

图 7-2*　地下水污染来源示意图

印度是全球地下水利用量最大的国家，其地下水消耗量是美国和中国的 2 倍。资料调查表明，印度 80%的乡村地区和 50%的城镇地区的生活用水均来自地下水。印度作为典型发展中国家，其庞大的人口增长和经济发展同样给地下水带来了严重的负担。印度中央污染控制委员会的调查结果表明，印度的工业化过程排放的大量工业废水导致 16 个州的地下水均受到了不同程度的污染：Ludhiana 市的地下水受到了 1300 种工业废水的污染；首都 New Delhi 大部分地区的地下含水层受到铅、镉、铬等重金属污染。在印度全国各县中，约 25%的地下水呈现盐碱化，约 60%的地下水硝酸盐含量超标，约 42%的地下水氟化物含量过高，约 44%的地下水铁含量过高，近 10%的地下水存在铅、铬、镉等重金属污染。约 65%的印度乡村地下水受到氟化物的污染。印度的氟化物污染已经成为一个普遍现象，其中东北部的 Rajasthan 和 Gujarat 两个州及东南部的 Andhra Pradesh 州的地下水受氟化物污染最为严重。

印度地下水的重金属污染也十分严重，Howrah 和 Malda 县的不同行政区地下水的砷污染超标十分常见，两个县中约有一半以上受调查的行政区地下水都出现了砷超标现象。世界卫生组织规定地下水砷浓度上限为 $10\mu g\cdot L^{-1}$，Howrah 县 Uluberia Ⅱ地区的砷超标率最高，砷浓度超标地下水样点比例远大于 50%，其中砷浓度大于 $50\mu g\cdot L^{-1}$ 的地下水样点超过三分之一。位于西北部的 Amta Ⅰ地区的地下水砷浓度甚至高达 $1333\mu g\cdot L^{-1}$，虽然该区域总体超标率较低，但极高的污染物浓度说明该区存在较强的局域性污染源。Malda 县地下水的砷污染状态更为严峻，15 个行政区中，约有 8 个行政区的地下水样点超标率大于 25%，其中 5 个行政区的地下水样点多处于严重超标状态（$>50\mu g\cdot L^{-1}$），位于西南部的 Kaliachak 地区严重超标地下水样点个数大于 50%，且最高浓度可达 $1904\mu g\cdot L^{-1}$。地下水砷污染严重影响了当地居民的身体健康。

美国的地下水污染主要表现为城市污水污染，重金属污染远远低于发展中国家印度。氮化物是美国地下水的主要污染物（图 7-3），主要源于化粪池、农业活动及垃圾填埋活动。浅层地下水中硝酸盐污染的重灾区集中分布于中部区域，其次为东部区域，西部区域的硝酸盐污染浓度相对较低。

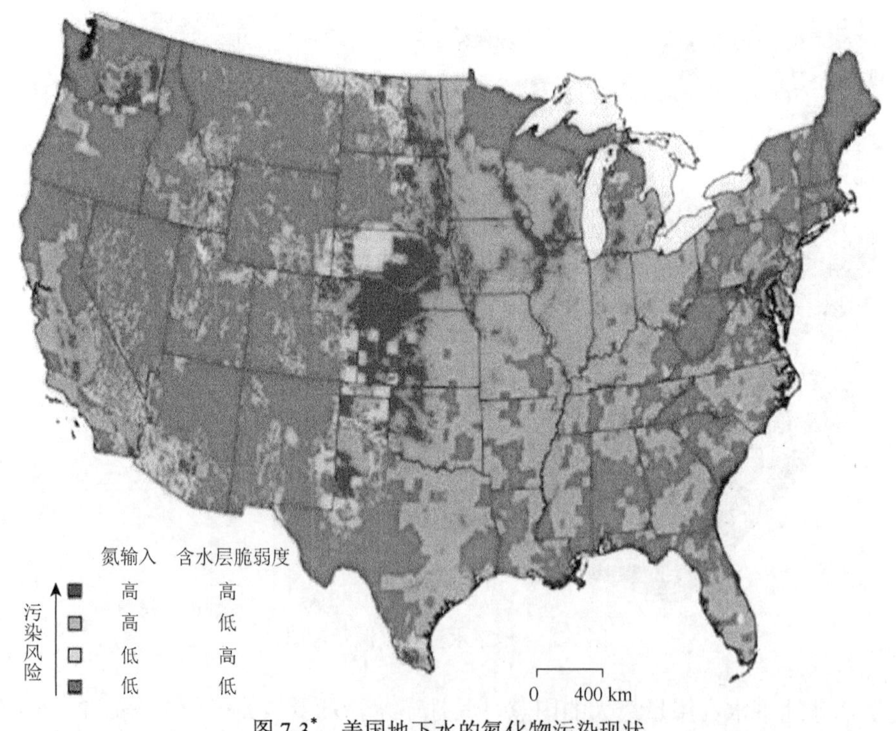

图 7-3* 美国地下水的氮化物污染现状

资料来源：http://pubs.usgs.gov/[2019-02-05]

近年来，中国地下水污染愈发受到重视。国家地下水水质调查结果显示，中国 90%的地下水已经受到了不同程度的污染，地下水处于人均基本清洁的城市只有 3%，地下水处于严重污染状态的城市约为 64%。从区域层面而言，北方城市污染普遍比南方城市严重，污染物种类多，超标率高。特别是人口和经济集中且水资源紧张的华北地区污染最为严重，华北平原仅 24%的地下水可以直接饮用。中国地下水主要超标指标有 pH、矿化度、总硬度、氨氮、氯化物、氟化物、铁和锰、硫酸盐、硝酸盐、亚硝酸盐等。氮化物污染已经成为一普遍现象，在全国范围都比较突出。92.8%的受监测城市的地下水样品中至少存在一种有机污染物。北方地下水水质的矿化度和总硬度超标严重，南方的铁和锰超标严重。从历年监测结果来看，除部分城市和地区外，中国大多数城市的地下水污染已经开始趋于稳定或者缓解。《2015 中国国土资源公报》显示，以《地下水质量标准》（GB/T 14848—93）为评价标准，全国 5118 个地下水监测站点中，优良水质仅占 9.1%，良好水质占 25.0%，水质较差的站点占将近一半。同时，与上一年度监测数据比较，水质稳定的站点占 62.3%，并有 17.5%的站点水质正在逐渐好转（图 7-4）。

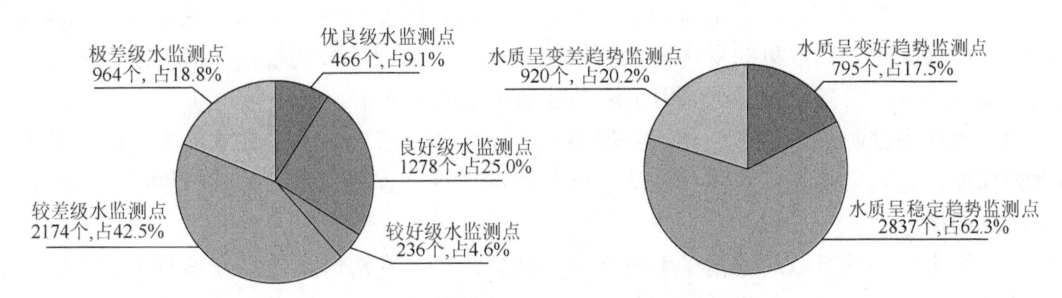

图 7-4　中国地下水监测点水质变化情况[2]

严峻的地下水污染已经开始危害中国人民的身体健康，特别体现为地区性砷病和氟病等。中国与联合国儿童基金会于 2005 年的调查报告指出，中国高砷暴露人口达到 11 万，其中儿童将近 2 万。同时，中国氟斑牙患者高达 3877 万人，氟骨症患者为 284 万人。地方性疾病主要是饮用含有高浓度污染物的水导致的。通过模拟中国砷浓度超标的地下水的空间分布，以世界卫生组织规定的 $10\mu g\cdot L^{-1}$ 为标准可以发现，中国砷浓度超标区域主要集中在北方，以新疆、内蒙古等区域为主。2005 年所进行的饮水型地方性砷病调查报告覆盖了我国 11 个省（自治区、直辖市），其中宁夏、吉林、新疆和内蒙古饮用水砷超标率较高，分别为 85.7%、80.1%、66.7%和 71.4%。内蒙古具有较高的人群暴露率，高砷暴露人群比例达到 10.1%，其中儿童暴露比例高达 6.0%。此外，青海也具有相当高的人群暴露率，高砷人群暴露率高达 25.0%，高砷儿童暴露率达到 25.7%。根据中国地方性疾病的空间分布，氟中毒分布区与砷中毒分布区有交叉，说明北方区域健康饮用水资源的缺乏是导致区域人群形成地方性疾病的主要原因。此外，由卤代物（如三氟甲烷）、荧光物等污染物造成的癌症村也是地下水污染产生的严重后果之一。《全国地下水污染防治规划（2011—2020 年）》指出我国地下水污染“正在由点状、条带状向面上扩散，由浅层向深层渗透，由城市向周边蔓延”。随着污染的蔓延，受危害人群的范围也在不断扩大。地下水污染防治工作的开展困难重重，中国地下水污染源点多面广，防治基础薄弱，且很多民众仍未认识到地下水污染防治的重要性。

7.4　地下水污染的修复措施

地下水污染的修复需要花费大量的时间和金钱成本。按照污染源—传输过程—受体的污染传输链条，地下水污染的修复同样可以从源、过程和受体等三个方面展开。污染源的修复可以采取移除和治理等方式；在传输过程方面，可以通过遏制不同路径的方式来阻止传播；对于受体而言，可以通过各种防护措施来控制和减少暴露活动。对于地下水修复工程而言，污染源和传输路径的控制是减少地下水和人群暴露风险及控制污染的关键。

由于地下水是流动的，阻止污染物进入地下水层后的进一步扩散十分重要。目前可以采用多种方法控制污染物的流动，如物理屏蔽法、被动收集法、水动力控制法及稳定法等。

（1）物理屏蔽法。在地下建立各种物理屏障来圈闭污染水体，防止污染物进一步蔓延。常用的物理屏障有灰浆帷幕法，即在一定压力下向地下灌注灰浆。其他的物理屏障还包括泥浆阻水墙、板桩阻水墙、膜和合成材料帷幕等。物理屏障法通常只作为污染初期的临时控制手段。

（2）被动收集法。在地下水流的下游位置挖掘适宜深度的沟道并布置收集系统，以收集水面漂浮的污染物质，收集的受污染地下水可以进一步处理。被动收集只应用于收集轻质污染物，如油类等，它在美国广泛应用于治理被油污染的地下水。

（3）水动力控制法。该方法利用井群系统，采用抽水或向含水层注水的方式改变地下水的水力梯度，达到隔离污染水体与清洁水体的目的。这种方法也是一种临时性控制手段，应用于污染初期。

（4）稳定法。该方法通过化学手段将污染物转化为不易溶解、不易迁移且毒性比较小的状态或者形式，或者将污染物质包存起来，使其处于稳定状态。这种方法通常用于处理重金属离子和放射性物质污染的地下水。

进入地下水的污染物在得到初步处理或控制后，需要采取进一步处理措施将其消除。目前较为流行的方法包括生物注射法（图 7-5）、有机黏土法（图 7-6）、抽提地下水系统和回注

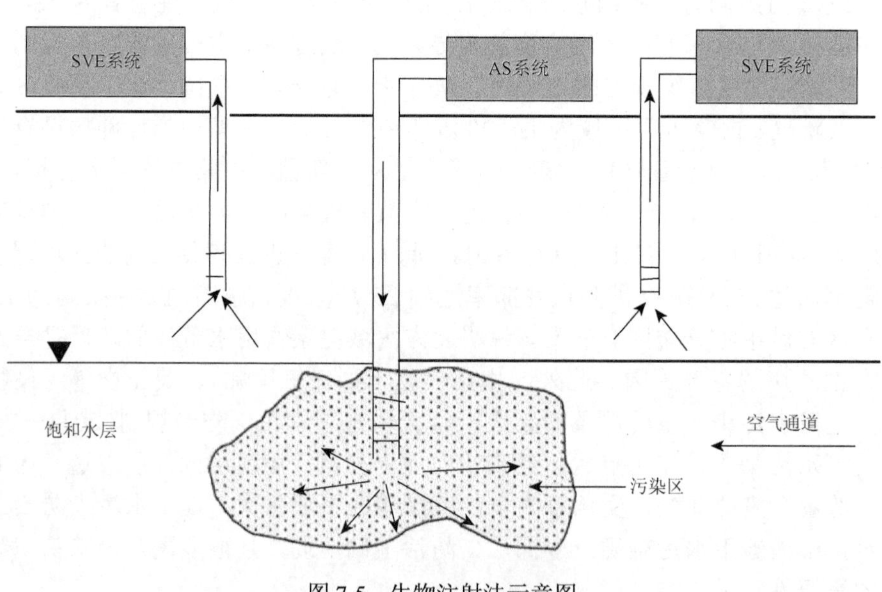

图 7-5　生物注射法示意图

SVE 代表气相提取；AS 代表空气注射

系统相结合法（图 7-7）、生物反应器处理法（图 7-8）等。生物注射法和有机黏土法属于原位处理技术，是目前地下水污染治理技术研究的热点。原位处理技术不仅节省了处理费用，减少了地表处理设施，还大大降低了污染物的进一步环境暴露。

（1）生物注射法也称为空气注射法，是对传统气提技术进行改进而形成的一种新技术。这种技术将加压后的空气注入受污染地下水的下部，注入的气流可以加速地下水和土壤中有机物的挥发与降解；结合抽提、通气等多种手段延长气流的停留时间，从而促进污染物的生物降解（图 7-5）。普通的生物修复技术利用封闭式地下水循环系统，易造成供氧量不足，而生物注射法可以提供大量的空气以增加溶解氧的含量，从而提高修复效率。

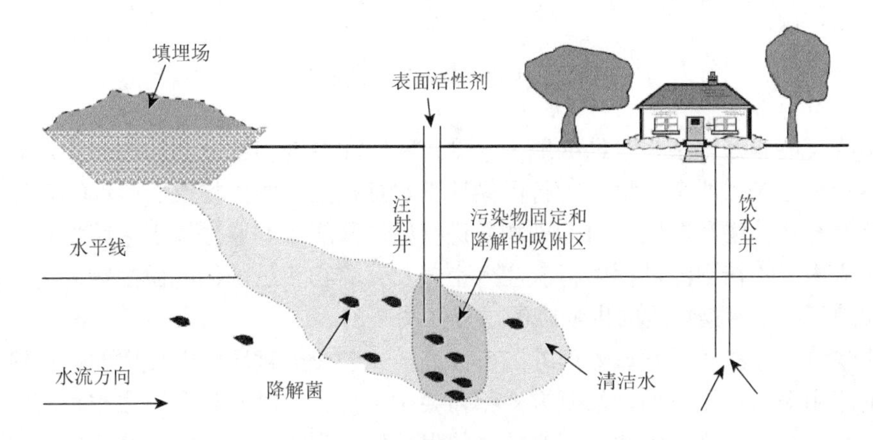

图 7-6　有机黏土法示意图

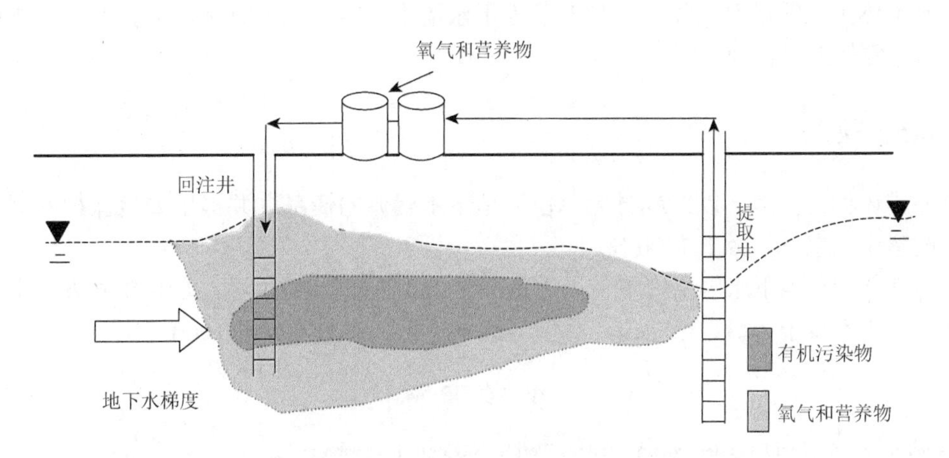

图 7-7　抽提地下水系统和回注系统相结合法示意图

（2）有机黏土法是近年来发展的一种新型原位处理技术。该技术通过人工方式添加携带正电荷的有机修饰物或阳离子表面活性剂，这些物质可以通过化学键键合到携带负电荷的黏土表面上，从而形成有机黏土（图 7-6）。有机黏土可吸附有毒物质，促进污染物的生物降解，因此可有效去除有毒化合物。

（3）抽提地下水系统和回注系统相结合法综合了抽取方法和原位处理技术，结合地下水抽提系统和回注系统（主要注入空气、过氧化氢、营养物和已驯化的微生物）（图 7-7），实现了促进有机污染物的生物降解的目的。

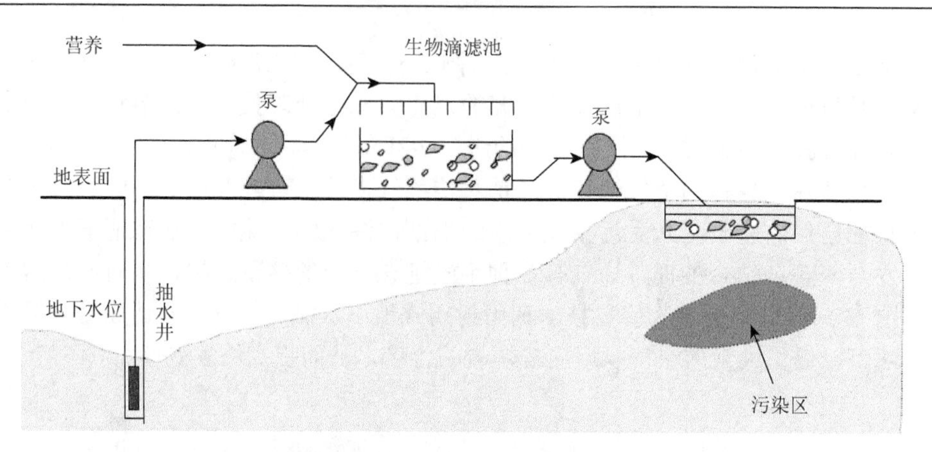

图 7-8　生物反应器处理法示意图

（4）生物反应器处理法是对抽提地下水系统和回注系统相结合法的进一步发展和应用。生物反应器处理法包括四个过程：①将污染地下水抽提至地面生物反应器；②在地面生物反应器内不断补充营养物和氧气，对污染物质进行好氧降解；③通过渗灌系统将处理过的地下水回灌到土壤内；④在回灌过程中再次注入空气及营养物和已驯化的微生物，进一步促进和加速土壤及地下水中污染物质的生物降解过程（图 7-8）。

上述生物修复方法属于好氧处理方法，此外，一些在厌氧环境中使用的生物修复技术也具有很大的应用潜力。无论哪种修复方式都需要付出巨大的时间和金钱成本，同时也会增加环境扰动和受体暴露风险，因此地下水环境的保护应以预防为主。定期监测地下水环境是预防地下水水体污染的重要保障，一旦发现地下水遭受污染，应及时采取适宜的污染防控和污染地下水修复等应对措施。

习题与思考题

（1）描述你出生地（以市或县为单位）地下水资源的情况，并提出如何保护好这些地下水资源的建议。字数不少于 1000 字。

（2）任选一种地下水修复措施，以之为关键词，查找 2017 年和 2018 年发表的文章与专利，从中选择不少于 2 篇进行精读，并撰写读书笔记。字数不少于 1000 字。

参 考 文 献

[1] Margat J，Van Der Gun J. Groundwater Around the World：A Geographic Synopsis. London：Psychology Press Ltd，2013.
[2] 中华人民共和国国土资源部. 2015 中国国土资源公报. 2016.

第8章 海洋污染

联合国教育、科学及文化组织下属的政府间海洋学委员会将“海洋污染”定义为：人类活动直接或间接地把物质或能量引入海洋环境，造成或可能造成损害海洋生物资源、危害人类健康、妨碍捕鱼和其他各种合法活动、损害海水的正常使用价值和降低海洋环境的质量等有害影响[1]。根据来源、性质和毒性，海洋污染大体可分为以下几类：海洋石油污染、有机污染（各种有机污染物、有机废液和生活废水等）、无机污染（金属、放射性物质等）、固体废物（塑料垃圾、生活垃圾、工程残土等）、热污染。海上人为活动（石油开采等）与陆地人为活动均向海洋排放各类污染物，其在洋流的作用下四散迁移，对海洋生物乃至人类产生不利影响。海洋污染来源多而复杂、扩散范围广、影响深远，已经引起国际社会的重视。其中，近海海洋区域离人类活动较近，更成为海洋污染的重灾区。因此，近海海洋污染应是人类社会特别需要关注的问题。本章着眼于陆源人为活动对海洋环境的影响，以有机污染为案例，阐述和分析近海区域污染状况；以塑料（微塑料）为例，介绍海洋环境受陆源物质输入影响的情况。

8.1 近海环境有机污染物

8.1.1 近海环境的基本现状

近海，顾名思义，是距离陆地较近的海域。与近海最为接近的区域为沿海区域。根据《中国海洋统计年鉴（2016）》，沿海区域定义为具有海岸线（包括大陆岸线和岛屿岸线）的地区。美国《21世纪海洋蓝图》将沿海一词解释为：包括海洋与陆地交汇地区内众多的地理分区。以上两种定义虽然存在一定的差异，但都明确了沿海区域为陆地和海洋交换物质、能量和信息的重要交汇区。沿海地区受海洋气候影响，生态环境优美，资源丰富，气候宜人，适合人类居住，且有利于发展经济。据统计，全球60%以上的人口居住在沿海地区，沿海区域的发展水平远远高于其他人类活动区域，而集中的人口和经济活动往往是导致环境污染的主要因素。陆源人为活动产生的大量污染物经由河网系统输运和大气传输进入近海环境，通过地球化学循环过程污染其他海洋区域。全球海洋面积约占地球表面面积的70%，但是几乎没有完全干净的区域存在。2008年*Science*杂志发表的一篇文章，将全球海洋形容为“被人类弄脏的地球的脸”[2]，而实际上也正是如此，模拟调查的结果（图8-1）显示，除南北极及太平洋部分海域受到人类活动干扰水平较低外，全球大部分海洋受到人类活动的中度或高度影响。

污染海洋环境的因素包括：海上采油、商业船运、人类活动导致的物种入侵、渔业捕捞、人为排放的各种污染源、气候变化引发的一系列问题等。在这些环境问题中，污染排放、渔业捕捞、海运和气候变化是对海洋环境造成重大影响的主要源头。众所周知，气候变化引起的海平面上升现象是全球各国政府特别关注的重大环境问题之一。预计到2100年，气候变化导致的海平面上升将淹没整个马尔代夫，而南太平洋上的岛国——图瓦卢，将成为全球第一个因为气候变化而沉入海底的国家。除海平面上升外，气候变化所引发的海洋酸化、紫外线辐射变化和海洋温度变化等现象都会对海洋污染物的环境行为产生一系列连锁反应，各国学者对污染物的形态及毒性变化，环境迁移行为规律都需要整体性研究。

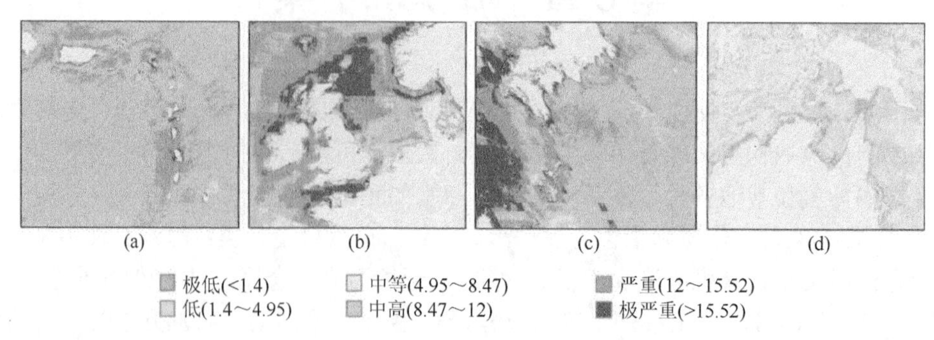

图 8-1* 人类对海洋的累积影响[2]

（a）受严重影响的加勒比海东部；（b）北海；（c）日本水体；（d）位于澳大利亚北部和托雷斯海峡的未污染地区

8.1.2 近海环境污染的生态意义

陆源污染物通过生物地球化学循环进入海洋水体，给沿海生态环境造成威胁。图 8-2 揭示了海岸带污染物进入海洋的过程：一方面，人类活动产生的污染物直接进入大气环境并随气流运动到海洋上方，经过干湿沉降最终汇入海洋；另一方面，地表污染物直接或者通过地表径流、雨水冲刷等活动间接进入河流、湖泊等水体，这些污染物在流域水循环作用下逐渐汇入海洋。生物地球化学循环过程使海洋成为人类排放污染的一个巨大的汇，尤其是近海海域，其污染程度非常严重。

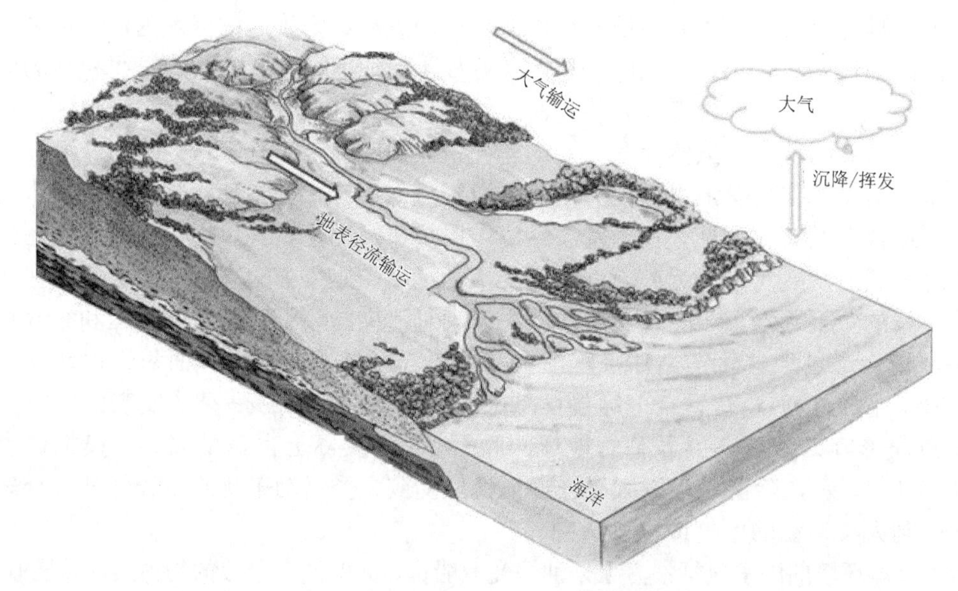

图 8-2 海岸带污染物迁移入海概念模型[3]

一些国家甚至将污染物直接排入海洋，污染物向近海环境倾泻已非一城一国的事情，而是全球普遍现象。近海环境接收的污染物主要包括两大类，一类是以磷酸盐和硝酸盐为代表的营养物质，可以造成海水的富营养化，对生态环境产生重大影响；另一类是以 DDT 等 POPs

物质为代表的有毒物质，可以直接对人体和生物造成健康危害。此外，石油烃类和重金属也会影响沿海生态环境。排放入海的污染物可沉降至沉积物。但是在一定的条件下，沉积物中的污染物可释放进入上层海水，沉积物成为二次污染来源，美国 Palos Verdes 大陆架沉积物被证实是南加州湾中 DDT 的主要来源[4]。图 8-3 给出了美国南加州湾沉积物上层 2m 处水体中 *p*, *p*′-DDE 的分布。

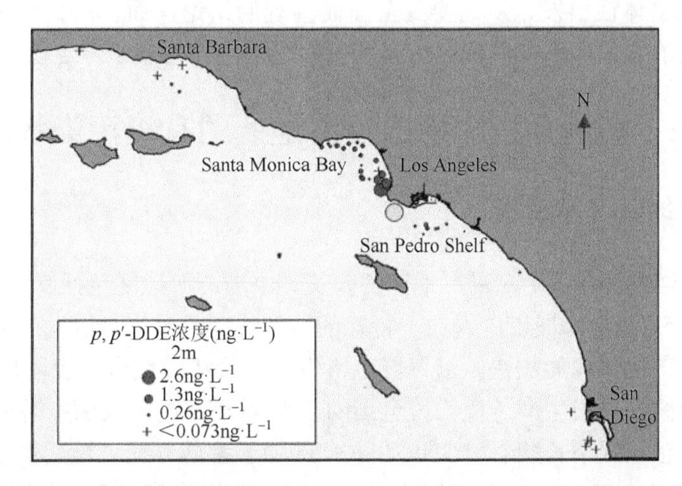

图 8-3* 美国南加州湾沉积物上层 2m 处水体中 *p*, *p*′-DDE 的分布[4]

随着全球污染研究的进展，人们逐渐认识到区域排放的污染并非局限在原地，而是随着永不停歇的物质和能量循环过程对全球其他区域造成持续影响，因此近海环境的污染对人类身体健康的潜在危害受到了广泛的关注。沿海区域是人为源污染物的高强度排放区，也是人类休闲活动的主要区域，污染物由排放区迁移至休闲区后，可以通过皮肤吸收和呼吸暴露等行为进入人体，增加人体健康风险。沿海区域密集的人为活动导致了海岸带环境的高度恶化，这就产生了海岸带环境污染和生态破坏的几大研究议题：污染物在海岸带区域的赋存水平、环境迁移过程、人体暴露风险等。

在进行以上环境问题研究的同时，我们不可避免地面临一系列挑战。第一个重大挑战关乎人类自身在生态系统中角色的问题，即在海岸带生态环境中，人类活动可否视为外来物种入侵？从系统论角度出发，人类是环境整体不可分割的一部分，人类对于海岸带生态系统而言，类似于福寿螺或者海草之类的物种；而沿海地区的人群并非原始生态环境的一部分。那么对于原始生态环境而言，人类可以视作入侵物种。如果人类作为外来物种，那么厘定人类对海洋生态环境的影响就需要在人类不存在的情况下评价生态过程，这样才可以充分评估人类活动对海洋的危害。举例来说，自然过程（如火山喷发、植物凋落物）也会产生 PAHs，假如没有人类活动的外来干扰，自然界的 PAHs 的代谢通量为多少？而人类活动的干扰又会给海岸带环境中额外增添多少 PAHs？对于一些自然界不会产生的物质，如人工合成的抗生素等物质，自然界的本底值应该为零，而人为添加使这些物质进入自然循环过程中，又会对海岸带生态系统产生怎样的影响？第二个挑战也是对人类而言最严峻的挑战，即恢复海岸带的自然生态环境。海岸带环境修复与管理是实现可持续发展的严峻挑战之一，虽然环境污染和生态破坏现状严峻，但如果立刻采取行动，人类仍然有机会扭转恶劣的局面。生态修复的核心思想是尽可能将海岸带环境恢复到人类入侵之前的自然状态，这几乎也是所有生态修复的核心理念，但实际上人类的影响是不可能被完全消除的，因此减少人为扰动和有效管理海岸带环境成为首选。目前人类采取了一系列海岸带治理和保护措施，包括建立组织管理机构和协调体制，加紧海岸带立法，开展海洋调查和监控，建立审批制度和许可证制度，制订海岸带总体规划和功能区划等。与此同时，学术研究和人才培养活动的强化同样也是海岸环境修复的必要途径，尤其是在海岸带环境与人类关系，海岸带环境污染与修复机制尚未明确的今天。系统论要求我们从整体性出发，从而得到全面而客观的结论，而目前我们所做的大部分研究都是采取还原分割的方式，系统性探讨生态环境问题需要作为未来重点研究和发展方向。

8.2 案例分析：中国沿海地区的有机污染状况

8.2.1 中国沿海地区环境背景

根据《中国海洋统计年鉴》对沿海地区的定义，中国沿海地区包括 9 个省、1 个自治区和 2 个直辖市，共计 53 个沿海城市。得益于特殊的区位优势，沿海地区发展成为中国经济最发达的区域。随着城市化进程的加快，沿海城市所带来的经济效益也稳步增长，自 20 世纪 90 年代以来，沿海地区的国民生产总值约占全国的 50%以上，近年来稳步增长至 60%以上。中国的经济发展处于粗放式增长状态，GDP 和人口的增长都建立在环境代价之上。统计数据显示，1977～2010 年，人口、GDP 和城镇化比例的增加都伴随着生活废水和工业废水的增加。沿海海洋资源和环境在支撑沿海地区经济快速发展的同时，也付出了极大的代价，近岸海域总体环境呈现恶化趋势，部分海域的环境质量已经降低至临界点，如我国的四大渔场：黄渤海渔场、舟山渔场、南部沿海渔场和北部湾渔场的生态环境遭到全面破坏，渔场几近名存实亡。近海环境污染的根源和受害的最终群体都是处于食物链顶端的人类。

全国范围内 24 个典型海洋生态监控区，2004～2012 年中国海洋持续监测数据表明，超过 70%的监控区处于亚健康或不健康状态，而 2012～2014 年的三年中，这些监控区的亚健康或不健康比例已经超过 80%。海洋生态失衡一方面表现为生境丧失。受围海造田等近海开发活动的影响，中国的滨海湿地面积相比于 20 世纪 50～60 年代丧失了 57%，同时红树林面积减少了 73%，珊瑚礁面积减少了 80%，另有近 20%的海湾面积萎缩。另一方面，陆源污染物源源不断地输入沿海海域，造成了严重的海岸带环境污染。近海 80%的污染来自陆地区域，且近年来陆源污染物入海通量不断增加，年平均增长率约为 5%。至 2014 年，进入沿海海洋的陆源污染物总量达到 1760 万 t，化学需氧量和营养物质的入海通量分别约为 1453 万 t 和 300 万 t。

持续增长的陆源污染物是目前近海环境受到威胁的主要原因，进入海洋的陆源污染物在近岸海域发生分解、沉积、转化等过程，直接造成了近海生态系统的破坏。人类生产、生活活动产生的污染物以不同的途径进入沿海海域。一方面，污染物可以通过排污口、河流输运等方式直接进入近海；另一方面，固体污染物、垃圾等随地表径流进入近海，如中国沿海地区的海水浴场或者海滨公园每日会清理大量包括瓶子、塑料袋在内的塑料垃圾。近年来，海豹、海豚等海洋哺乳动物因食用塑料垃圾导致死亡的报道屡见不鲜。陆源污染物对海洋生态系统乃至人类健康造成直接威胁，厘清污染物的主要来源及其输入途径成为当下的重点研究课题。本节就陆源有机污染物的来源及其输入途径进行科学实践，通过实地调查、实验观察等方法探讨污染物来源和迁移途径，为维系沿海地区生态环境健康提供科学依据。

8.2.2　广东省沿海海岸带区域的污染状况

广东省是我国最发达的沿海地区之一。广东省中部的“珠三角”是广东省经济最为发达的区域。相对地，广东省东西两翼经济发展相对落后，这些区域分布着众多的海湾及海水养殖区（图 8-4）。目前的研究主要聚焦于经济和污染高度集中的“珠三角”，而较少针对东西两翼的污染现状展开调查。实际上，近年来，东西两翼的海水养殖产业已经给海岸环境造成了极大的胁迫。与此同时，东西两翼沿海环境中也同样存在大量陆源污染物。陆源污染物和海水养殖到底谁才是造成局域海水污染的“真凶”？从科学角度出发解决东西两翼沿海区域的污染治理问题，追溯污染源头，成为迫在眉睫的行动。也正是由于东西两翼近海岸存在不同的污染问题，该区域成为追溯研究海洋水体污染的典型区域。

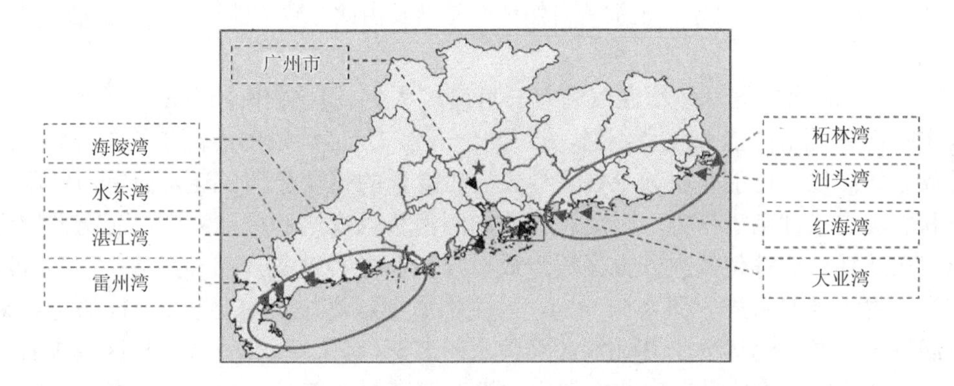

图 8-4　广东省的海湾示意图

2006 年 12 月到 2007 年 1 月，Liu 等[5]针对广东省东西两翼多个海湾的沿海沉积物进行了采样调查。这次科学实践调查以 PBDEs、OCPs 及 PAHs 为指示物初步探讨陆源污染物输入及海水养殖活动对广东省东西两翼沿海环境恶化的相对贡献。在样品监测的基础上，系统建立了包括大气、土壤、水体和海洋多个生态系统在内的污染物迁移和传输模型。研究结果表明，广东省东翼沿海沉积物中的 PBDEs、PAHs 和正构烷烃（*n*-alkanes）污染比西翼严重，DDT 浓度的最高值在湛江湾检出，而沿海沉积物受到的生活污水产生的影响程度没有明显不同。在监测的不同 PBDEs 单体中，BDE-209 的丰度最高，这与当时世界范围内 PBDEs 使用状况相关（BDE-209 含量超过 80%）。有机污染物的来源分析表明，广东省东西两翼沿海沉积物中 PAHs 主要源于燃烧质热解；DDT 的一个主要来源是渔船防腐漆；而长链烷基苯（LABs）则指示该地区存在未处理的或处理不足的工业及生活污水的排放。从输入途径来看，大气沉降和河流输运分别是广东省东西两翼沿海沉积物中 PBDEs 和 PAHs 的主要输入途径，而与渔业活动相关的渔船防腐漆的使用是 DDT 的主要输入源。

8.2.3　中国沿海大陆架的污染状况

沿海海洋沉积物是陆源污染物重要的汇。Liu 等[6]于 2007 年对中国沿海大陆架（包括黄海、东海及南海）表层和柱状沉积物进行采样调查，调查以 PAHs 为指示物来探讨中国边缘海大陆架多海域（黄海、东海、南海）沉积物污染的空间分布差异，并解析导致 PAHs 空间分布差异的可能原因，着重阐述人为活动的影响。

中国沿海大陆架（黄海、东海、南海）表层沉积物中人为活动来源的 18 种 PAHs（$\sum_{18}$PAH）浓度是 27～224ng·g^{-1} 干重，均值为 82ng·g^{-1} 干重。空间分布解析结果显示，黄海沉积物中 PAHs 浓度高于南海[6]。来源分析结果表明中国沿海大陆架沉积物中 PAHs 主要来自人为活动燃烧源。输入途径分析表明，黄海和南海沉积物中 PAHs 的主要贡献途径为大气长距离传输，而东海大陆架沉积物中 PAHs 的主要贡献途径为河流直接输入。东海沿海大陆架 PAHs 浓度自北向南逐渐降低，此空间分布趋势主要源于自北向南的东海沿岸流。此外，PAHs 的丰度也存在着空间差异，黄海沉积物中的 PAHs 主要由高相对分子质量（5～6 环）化合物组成，而南海沉积物中的 PAHs 主要由低-中相对分子质量（2～4 环）化合物组成，并且从北向南高相对分子质量化合物的丰度逐渐降低。由此可见，沿海区域的陆源污染存在较为明显的空间差异，其产生原因是多样的，可能是由南北方的气温、降水、植被等自然环境差异及由此导致的能源利用、生活方式等社会环境差异造成的。

首先，北方和南方区域环境温度的差异可造成大气-颗粒物两相分配的差异；其次，北方和南方的优先使用的能源类型不同，以及社会经济发展阶段的能源结构差异造成 PAHs 空间排放差异；以上可能是引起 PAHs 组成空间差异的重要原因。通常而言，中国北方的重工业和取暖需求都高于南方，因此北方的能源消费以煤炭和原油为主，而南方较为发达的第三产业及轻工业等使其大部分区域形成以煤炭和各种油类产品（柴油、汽油、液化石油气等）各占一半的格局［图 8-5（a)］。而生物质燃料燃烧是南北方 PAHs 的主要来源，生物质燃料排放当量远远大于其他能源类型［图 8-5（b)］。而就受调查的区域来看，生物质燃料造成的 PAHs 排放量在南北方省份并没有存在显著差异。北方省份燃煤及焦炭行业造成的 PAHs 排放量远高于南方省份，这可能是导致黄海沉积物中 PAHs 浓度高于南海沉积物的重要原因之一。

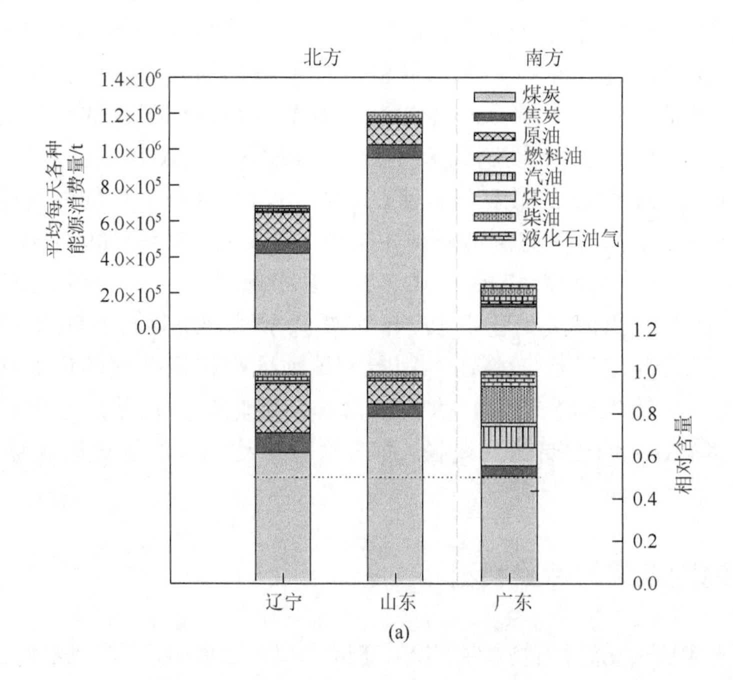

(a)

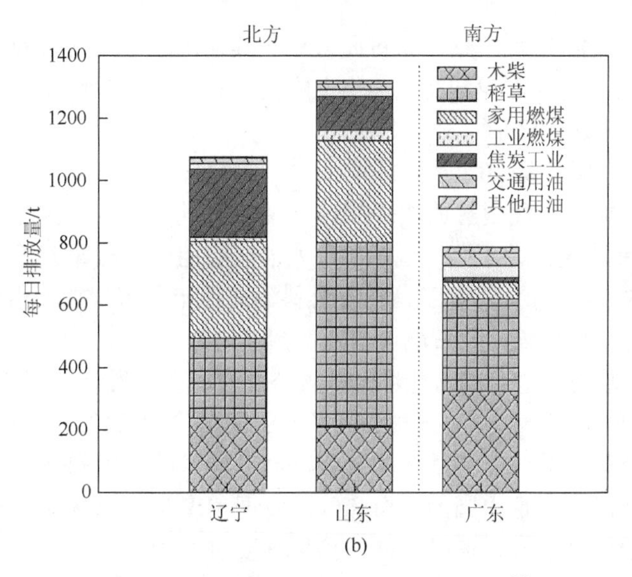

图 8-5　能源消费结构与 PAHs 排放构成[6]

上述南北方 PAHs 分布差异在黄海和南海沉积物样品中得以进一步佐证，即黄海沉积物样品中 PAHs 浓度高于南海区域，主要是由于煤炭和焦炭燃烧与排放差异。此外，海洋沉积物样品还提供了更加丰富的污染信息。海洋沉积物是污染物在环境中最为重要的存储库之一，有机污染物的沉积记录可以反映其发展状况及人类活动的影响。沿海沉积物是陆源污染物的一个重要的汇，由于沉积物环境比较稳定，能够记录污染物的特征，因此沿海沉积物是研究区域人为活动影响的一个重要媒介。由图 8-6 可知，历史上每一次污染物浓度产生强烈变化都几乎可以与特殊历史时期一一对应，社会经济萧条，能源使用量降低，污染物排放量降低，反之亦然。根据这个现象可以推断不同国家的经济与环境发展阶段。由能源使用量可以推断，欧洲污染排放峰值应当出现在 20 世纪 60～80 年代，而美国则出现在 20 世纪 30～40 年代，

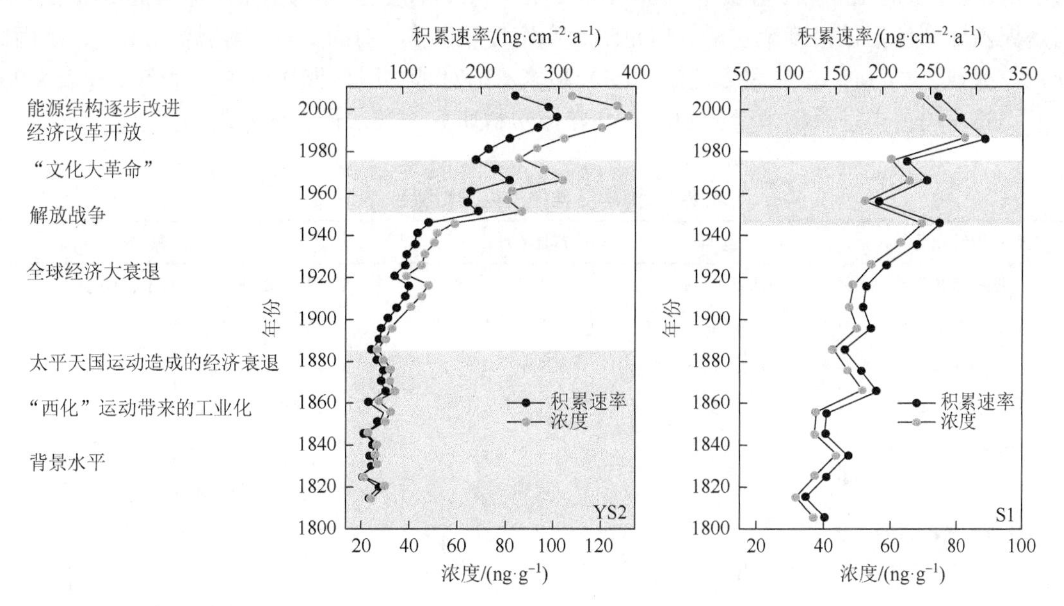

图 8-6　中国海洋沉积物中 PAHs 累积浓度与历史时期变迁[7]

YS2 和 S1 为沉积柱的编号

日本约出现在 20 世纪 40 年代中期。相对而言亚洲其他国家则发展较慢，如泰国，能源峰值约在 20 世纪 80 年代出现。而我国在欧美出现峰值时正开始迎来快速增长时期，这个阶段经济快速增长，但还远未达到峰值。

由于农业经济的发展，从 20 世纪初开始，$\sum_{15}$PAH（美国环境保护署 16 种优控污染物除去萘）浓度逐步增加。在我国解放战争（1946～1949 年）及“文化大革命”（1966～1976 年）时期，$\sum_{15}$PAH 浓度开始下降，说明经济发展受到阻滞。改革开放以来，中国城市化及工业化进程显著加快（第一产业为主），化石燃料消耗逐年显著增加，由此产生的 PAHs 量也逐渐增加。中国经济持续增长，化石燃料消费量持续增加，而$\sum_{15}$PAH 浓度在 20 世纪 90 年代中期开始呈现下降趋势，这可能与能源结构调整息息相关。燃烧效率低、PAHs 排放因子高的家用燃煤逐渐被燃烧效率高、PAHs 排放因子低的燃料（如天然气、液化石油气等）取代。根据发达国家发展经验来看，能源结构的调整、清洁能源的使用和低排放当量能源的利用使污染物排放量显著降低。但是中国的城市和经济发展速度是全球从未出现过的，因此中国的污染物峰值拐点将于何时出现、何时降低，仍然需要进一步讨论。而由于中国城市区域和农村区域存在的显著社会经济发展和能源利用差异，中国的污染物排放拐点还需要考虑农村人口。但总体而言，PAHs 排放因子小的清洁能源逐渐取代排放因子大的煤炭，可能是引起次表层最大值向表层降低的原因。

8.3 海洋塑料污染

8.3.1 海洋塑料的来源及污染概况

塑料是合成的有机聚合物，具有轻质、坚固、耐用和廉价等特点，因此在过去的三十年中，塑料被大量地制作成各种产品，广泛应用于日常生产和生活的各个方面。塑料的全球产量已从 1950 年的 150 万 t 增长至 2008 年的 2.45 亿 t。目前生产和使用的塑料主要有五类，分别是聚乙烯［包括低密度聚乙烯（LDPE）、高密度聚乙烯（HDPE）、聚乙烯（PE）］、聚丙烯（PP）、聚氯乙烯（PVC）、聚苯乙烯（PS）和聚乙烯对苯二甲酸酯（PET）（表 8-1 和表 8-2），这五类塑料约占市场总需求量的 90%，是在微塑料研究中报道最多的塑料。

表 8-1 海洋环境中常见的塑料种类[11]

塑料分类	比例/%	生产比例/%	产品和典型来源
低密度聚乙烯	0.91～0.93	21	塑料袋、塑料拉环、瓶子、吸管
高密度聚乙烯	0.94	17	牛奶和果汁罐
聚丙烯	0.83～0.85	24	绳子、瓶盖、网
聚苯乙烯	1.05	6	塑料餐具和食品容器
泡沫状聚苯乙烯			泡沫、饵料盒、一次性泡沫杯
尼龙		＜3	尼龙网和尼龙袋
聚乙烯对苯二甲酸酯	1.37	7	塑料饮料瓶
聚氯乙烯	1.38	19	塑料薄膜、瓶子、杯子
醋酸纤维塑料			卷烟过滤嘴

表 8-2 微塑料的分类[12]

分类依据	种类					
来源	产品制造微塑料	包装行业微塑料	化妆品行业微塑料	纺织和服装业微塑料	旅游业微塑料	海运和渔业微塑料	其他
材料	聚乙烯微塑料	聚丙烯微塑料	聚氯乙烯微塑料	聚苯乙烯微塑料	ABS 微塑料	尼龙微塑料	其他
形状	纤维微塑料	颗粒微塑料	碎片微塑料	球形微塑料			
颜色	白色微塑料	黑色微塑料	透明微塑料	彩色微塑料			
大小	小型微塑料	中型微塑料	大型微塑料				
	（<0.1mm）	（0.1～1mm）	（1～5mm）				
密度	低密度	中密度	高密度				
	（$<1.02g\cdot cm^{-3}$）	（$1.02\sim1.07g\cdot cm^{-3}$）	（$>1.07g\cdot cm^{-3}$）				
状态	漂浮微塑料	悬浮微塑料	沉积微塑料				

注：低、中、高密度微塑料是以海水密度的一般范围为依据划分的。

塑料的特性带来了许多技术的进步、能源的节约、消费者健康的改善和运输成本的降低，这也意味着塑料已成为对环境影响最剧烈和最显而易见的因素之一。据估计，塑料垃圾占全球城市垃圾质量的 10%，其中 50%～80%塑料垃圾集中在海滩、海洋表面和海底。科学研究和媒体报道了诸多塑料污染事件，其中海洋塑料污染尤为触目惊心。来自巴西的研究员 Sul 和 Costa[8]对海洋微塑料污染研究进行了综述，他们整理并分析了 100 多篇关于海洋微塑料污染的研究，结果发现，海洋浮游生物、沉积物、脊椎动物和无脊椎动物均受到微塑料的污染（图 8-7）。由于废弃塑料产品的大量排放，世界上形成了“第八大洲”——“太平洋垃圾大板块”。这个所谓的“太平洋垃圾大板块”位于夏威夷海岸与北美洲海岸之间，由数百万吨塑料垃圾组成，面积为 300 多万平方千米。2018 年 5 月 28 日，泰国南部宋卡府一处运河潜湾中搁浅了一只未成年的领航鲸，经数天抢救无效死亡，解剖人员在其肚子里发现了 80 个塑料袋，几乎排满整个解剖室（图 8-8）。

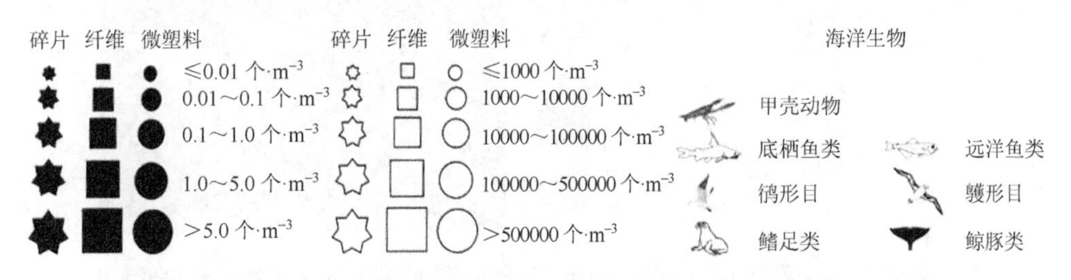

图 8-7 海洋环境中微塑料的数量及其与海洋生物的相互作用[8]

星形、正方形和圆形代表海水（黑）或沉积物（白）观测和/或估计的平均数

如此触目惊心的海洋塑料污染案例数不胜数。人类活动正在使海洋世界付出巨大、可怕的代价，2009 年第 63 届联合国大会将每年的 6 月 8 日确定为“世界海洋日”，首个世界海洋日的主题为“我们的海洋，我们的责任”。保护海洋环境、管理海洋资源是全人类共同的使命。厘清海洋塑料的主要来源和排放途径、迁移途径及其对海洋生物的不利影响，是科学有效防控海洋塑料污染的关键前提。

8.3.2　塑料垃圾的排放途径及环境行为

废弃塑料产品（如塑料瓶、塑料袋等）被大量排放进入环境，主要包括以下几个途径：①洗涤用品、护肤用品、化妆品等日常洗护用品（如洗衣粉、磨砂膏、牙膏等）中含有微塑料颗粒（图 8-9），随着生活废水排放进入污水处理厂或不经处理直接排入河流，进而进入海洋环境。上述提到的“太平洋垃圾大板块”中有 25%的塑料都是由来自个人护理产品的聚乙烯微塑料构成的。②日常用品、服装等的生产制造导致含微塑料的废水排放进入水体环境。从服装中提取的合成纤维产生微塑料，这些微塑料通过废水的排放进入污水处理厂或直接排放进入水体。③陆地上的塑料垃圾在雨水冲刷与河流径流作用下，进入沿海海洋。在恶劣的天

图 8-8* 领航鲸肚里解剖出的塑料袋

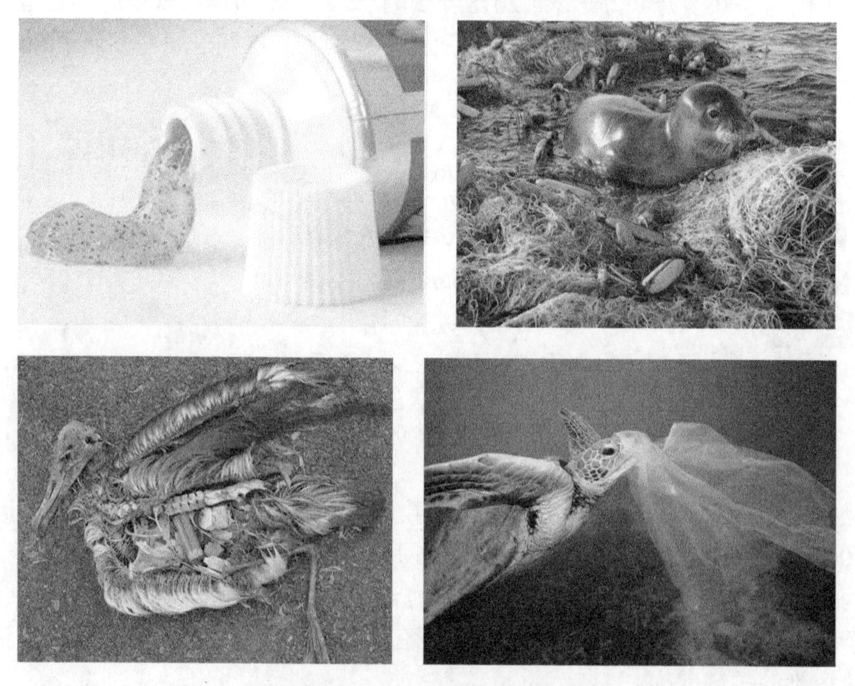

图 8-9* 微塑料来源和生物摄食

气条件下，垃圾回收港口和垃圾填埋场等地储存的塑料垃圾成为海洋塑料的重要源头。④陆地直接向海洋倾倒垃圾，其中包括多种塑料垃圾。尽管经1978年议定修订的1973年《国际防止船舶造成污染公约》（简称《防污公约》）已经规定了全面禁止倾倒任何形式的塑料进入海洋，在此之前已经倾倒的垃圾量已不可估量。⑤渔船、船舶和海上油井等海洋作业直接向海洋倾倒塑料垃圾。研究表明，塑料垃圾的排放与区域人为活动密切相关，在人口密集或工业化地区，塑料垃圾主要来自陆地输入；在近港口区域垃圾来自娱乐和陆源；而在远离城市地区的海滩，海洋垃圾则主要来自渔捞。1975年，仅世界渔船队就向海洋中倾倒了大约135400t塑料渔具和23600t合成包装材料，船舶是塑料碎片的主要来源之一。休闲渔船和船只也会向海洋中倾倒大量的海洋垃圾。

图8-10概述了微塑料的环境行为。进入环境中的塑料垃圾在光照、风化、磨损、微生物等环境因素的作用下，分解为体积更小的塑料碎片。近年来有少量研究表明，塑料碎片可在生物作用下分解为微米级甚至纳米级塑料。但总体而言，史上生产使用的塑料制品难于生物降解，其在环境中的平均寿命超过500年，当其沉淀于沉积物后，则可能存在几个世纪之久，从而对环境造成持久性的影响。与无机微粒不同，海洋微塑料可吸附持久性有机污染物、重金属，随后被海洋生物误食，因而成为海洋生物体内持久性有机污染物的重要来源。由于密度低、易漂浮在水中，塑料及其碎片可在洋流作用下在全球海洋环境中进行迁移，从而广泛地分布于世界各地的水生生物栖息地、海滩、海底沉积物及各种海洋生物中，如海鸟、鱼类、双壳类、哺乳动物和甲壳类。研究者甚至在北冰洋的冰层中发现了一些冰封的微塑料，北冰洋也沦为了微塑料的汇集地。

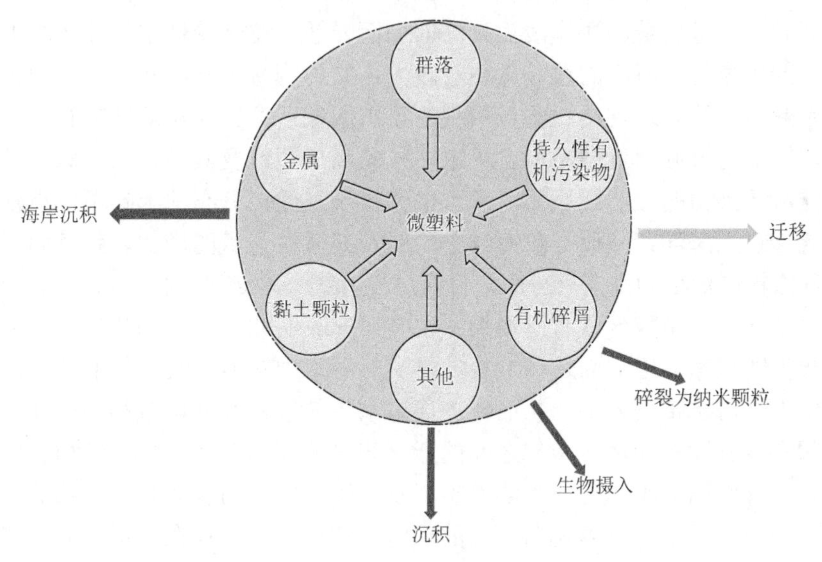

图8-10 海洋中漂浮塑料碎片的行为[9]

⇨表示对周围环境的吸附或黏附；➡表示从海洋表面移除塑料碎片的行为机制；
群落是指异养生物、自养生物、掠食者和共生生物的微生物种群

环境样品中的微塑料可以按照多种方法进行提取和鉴别，但是缺乏较为公认的、广泛适用的方法（图8-11）。肉眼鉴别是最常用的微塑料识别方法之一（以类型、形状、降解阶段和颜色为标准）；利用傅里叶红外变换光谱（FT-IR）法测定塑料的化学成分是最可靠的方法之一。

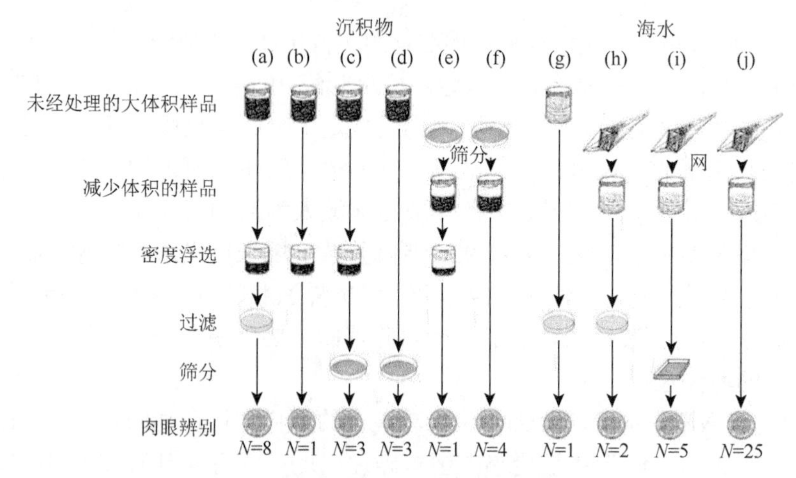

图 8-11　沉积物和海水中微塑料的提取方法[10]

（a）通过密度差和过滤分离的散装沉淀物样品；（b）按密度差分离的散装沉淀物样品，从上清液中提取悬浮微塑料；（c）用密度差和筛分法分离的散装沉淀物样品；（d）用筛分法分离的散装沉淀物样品；（e）用密度差法减小海水体积分离出沉淀物样品，从上清液中取出漂浮的微塑料；（f）从上清液中提取悬浮微塑料；（g）散装海水样品通过过滤器进行微塑料分离；（h）通过过滤法减小海水的体积；（i）通过筛分法减小海水的体积；（j）体积缩小后海水样品直接通过目视法分选

所有方法都包括最后一步的肉眼辨别微塑料；在某些情况下，通过 FTIR 法等附加步骤确认提取的碎片的种类

8.3.3　海洋塑料的分布及影响其传输的因素

塑料及其微粒在海洋中的分布具有以下三个特征：第一，从全球范围来看，由于稀释作用，塑料及其微粒含量随着离海岸线距离的增加而降低，垃圾管理水平较弱的中等收入国家和人口密度大的国家排入海洋的垃圾量相对较大，其周围海区塑料及其微粒的含量可能也较高；第二，副热带环流区通常是微塑料累积的重点区域；第三，从局部来看，河口、海港和沿海污水处理厂等污染源附近微塑料含量也往往较高。塑料及其微粒在全球海洋环境中的分布受风力、洋流等外力的影响。风力对海水中塑料及其微粒分布的影响不可小觑，风力将陆地上的塑料迁移进入海洋，从而导致海洋中塑料及其微粒含量的增加。强风如何影响海洋水体中塑料及其微粒的混合和垂向再分配，目前还没有统一的定论。据报道，在强风的作用下，西北地中海中塑料及其微粒含量有所增加；也有研究表明北大西洋副热带环流区海洋中塑料及其微粒的含量随风速的增加而逐渐减少。洋流对海水中塑料及其微粒的分布也有很大的影响。上升流将下层海水带到表层，从而使表层海水中的塑料及其微粒得到稀释；而下降流则正好相反。塑料及其微粒在南北半球之间的迁移和再分配也会在大型环流如副热带环流的作用下重新进行。环流的大小和方向影响着塑料及其微粒的分布状态和迁移趋势。塑料及其微粒在涡旋区的分布呈现由外到内逐渐升高的趋势。塑料及其微粒在海洋中的空间分布受海流影响很大，其在海洋环境中的分布呈现范围广泛、区域高度集中的现象。

除上述外力外，塑料微粒本身的性质如密度、粒径和种类也影响了其在海洋中的分布。密度低、粒径小、纤维形的塑料微粒在海洋表面的停留时间和占比均高于底层。密度大于海水的塑料微粒积聚在底泥中，密度小于海水的塑料微粒则浮在海面，通过水动力过程和洋流轻易而广泛地分散。另外，海洋生物也影响着海洋塑料的分布。海洋生物可附着在塑料微粒，从而导致其下沉并积聚在沉积物中。海洋沉积物具有积聚塑料微粒的潜力，并可造成塑料微粒的长期沉积。现有研究表明，海滩和海洋沉积物中含有高浓度的塑料微粒，在受影响严重的海滩，塑料微粒占泥沙质量可达 3.3%。深海、海底峡谷和海洋沿岸浅层沉积物是塑料微粒的沉积地。

8.3.4 塑料污染对海洋生态系统的影响

塑料污染对海洋生态系统的影响主要体现在以下几个方面：影响上层水体和沉积物孔隙水之间的气体交换、缠结海洋生物、被海洋生物摄食。海水中的塑料及其微粒会抑制上层水体和沉积物孔隙水体之间的气体交换，导致底栖生物缺氧，干扰正常的生态系统功能，进而改变海底生物群的组成。包装袋、绳索或漂网缠绕海洋生物，限制其活动，严重的导致其窒息死亡。缠结作用对海洋生物的生存产生非常大的威胁。有报道发现塑料项圈会套住许多海豹幼仔，随着海豹的成长，塑料项圈逐渐变紧，最终切断海豹的动脉或将其勒死。海洋生物无法区分塑料垃圾和食物，经常误食塑料垃圾，而进入海洋生物肠胃的塑料垃圾积聚到一定程度时，严重影响其正常进食和生活，最终导致死亡。目前已在各种海洋生物的肠道中发现了大量塑料。据统计，世界上受塑料及其微粒影响的生物物种不少于 267 种，其中 86%为海龟物种，44%为海鸟物种，43%为海洋哺乳动物物种。

大型海洋生物可直接吞食大片甚至完整的塑料垃圾。英国《每日邮报》曾刊登了一张照片：抹香鲸的嘴被塑料桶卡住，既无法吐出也无法下咽。泰国南部宋卡某运河中抢救无效死亡的领航鲸腹中含有超过 8kg 的、共计 80 件大片塑料垃圾（图 8-9）。在纽约发现的一只海龟吞下了长达 540m 的渔线。

海洋塑料微粒易被浮游生物、底栖生物、鸟类、海洋哺乳动物等大多数海洋生物摄入体内。由于塑料微粒的体积较小，海洋生物很难将其与食物分离。利用鳃呼吸的海洋生物（蟹等）可通过呼吸作用将塑料微粒富集在鳃室。塑料微粒的体积和密度与浮游生物相似，一些以浮游生物为食的海洋生物可误食塑料微粒。低营养级海洋生物体内的塑料微粒在食物链传递作用下可进入高营养级的生物体内。具有反刍功能的成年鸟通过喂食过程将塑料微粒传给雏鸟。研究表明，在许多海洋生物的胃、消化道、肠道系统和肌肉中都检测到塑料微粒。死于新西兰查塔姆群岛的一只白色的风暴海燕，它的胃里装满了塑料颗粒。一项在美国北卡罗来纳州海岸开展的研究收集了 1033 只鸟类，结果发现其中 55%的鸟类体内含有塑料颗粒。研究表明，海洋生物会将特定形状和颜色的塑料误认为其潜在的猎物。不同种类的鱼和海龟都会选择性摄取白色塑料碎片，而漂浮在海洋中的聚乙烯袋看起来很像海龟瞄准的猎物。有证据表明，海龟的生存受到塑料碎片的威胁。研究者对巴西南部 38 只濒危绿海龟的食道和胃内容物进行了检测，发现其中 23 只海龟摄入了以塑料微粒为主的人为垃圾碎片。

塑料及其微粒填满海洋生物的胃，导致其无法进食，最终死亡，这是摄入塑料及其微粒对海洋生物最直观、最直接、最严重的不良后果。除此之外，塑料及其微粒的摄入可对海洋生物产生诸多微观层面的生理影响，其中包括阻塞动物体内胃酶分泌、降低类固醇激素水平、引起氧化应激和炎症反应、影响新陈代谢、降低生物的生长发育速率和繁殖能力、导致胚胎异常等。塑料及其微粒的摄入对水生生物的毒性机制逐渐受到越来越多的科学关注。摄入塑料及其微粒对生物产生的不良影响的主要原因来自两方面：一是塑料及其微粒本身对生物造成的不良效应；二是塑料及其微粒中释放出的污染物。塑料及其微粒释放的污染物来自其本身固有的污染物，以及附着在其上的外来污染物。

塑料微粒对生物体造成的物理伤害的类型取决于微粒尺寸的大小。环境中塑料微粒的尺寸为从小于 5mm 到纳米级塑料颗粒（＜100nm）。在较大的尺寸范围内，塑料微粒可能导致肠道堵塞，营养不良和窒息。更小尺寸（纳米级）的塑料微粒则可能通过生物膜，从胃肠道系统进入血液循环系统，进而进入其他组织器官。有研究表明，喂食纳米聚苯乙烯颗粒会影响浮游动物大水蚤的繁殖能力。多溴联苯醚、多氯联苯、多环芳烃和有机氯杀虫剂等属于（类）持久性有机污染物，是稳定的亲脂类化学物质。内分泌干扰化学物质和（类）持久性有机污染物都是疏水有机污染物，具有较高的辛醇-水分配系数，对塑料微粒的亲和力非常高；而由于具有较高的表面积和体积，塑料微粒可以吸附浓缩环境污染物，并将其携带到生物体内。研究表明，塑料微粒可作为媒介将如多溴联苯醚、苯并[*a*]芘、重金属等污染物携带转移至水生生物体内。

8.3.5　海洋塑料对经济和社会的影响

塑料的广泛生产、使用和塑料垃圾的不当回收导致大量的塑料垃圾进入海洋环境，给海洋环境带来了巨大的压力。各种塑料制品特别是医用塑料输液管的广泛应用极大地增加了人类与塑料的直接接触，可能造成塑料相关的化学品在人体内的累积，进而对人类健康产生不良影响。塑料难以被降解，随着时间的推演，海洋环境中的塑料及其微粒不断累积，其对海洋生态环境造成的不利影响将会越演越烈，从长远来看势必会影响社会经济的可持续发展。亚太地区的海洋正受到越来越多的海洋垃圾的影响，许多国家的政府没有意识到海洋垃圾对海洋工业、经济和海洋环境的破坏程度。据有关研究估计，海洋垃圾每年对海洋产业造成的经济损失约为 12.6 亿美元。2014 年联合国环境规划署发布的报告显示，海洋塑料垃圾每年对海洋产业造成的经济损失高达 130 亿美元。国家海洋局发布的《2016 中国海洋环境状况公报》显示，海底垃圾中塑料垃圾的比例已经从 2011 年的 57%上升到 2015 年的 87%[13]，由于塑料具有难降解性，随着塑料使用量的逐年增加，这一比例将呈现逐年增加的趋势，从而导致海洋环境的不断恶化。

8.3.6　海洋塑料污染的控制对策分析

海洋塑料污染已成为危害海洋环境的重要因素，因此亟须对海洋塑料污染采取行之有效的控制措施，以减轻人为活动对海洋环境、海洋生物、海洋资源的破坏程度。据报道，荷兰发明家柏杨・史莱特期望利用自己发明的捕捞设备清理“太平洋垃圾大板块”的塑料垃圾。海洋垃圾捕捞设备的发明为海洋塑料污染的治理带来了一定的曙光。然而，海洋塑料垃圾的消减更应从源头控制，从根本上减少或杜绝任何形式的排放，这才是长久之计。本节内容将从法律法规、教育、技术进步方面分析海洋塑料的控制对策。

法律法规的建立和切实执行是保护海洋环境的重要措施之一，世界各国制定了相应的污染防治公约。例如，为防止倾倒垃圾而造成海洋环境污染，80 个国家于 1972 年签署了《防止倾倒废物和其他物质污染海洋的公约》;《防污公约》附则Ⅴ中显示“限制在海上排放垃圾，禁止在海上处置塑料和其他合成材料，如绳子、渔网和塑料垃圾袋，但有少数例外”。遗憾的是，现行立法仍然被广泛忽视。据估计，船舶每年向海洋倾倒塑料垃圾的量为 650 万 t。停止向海洋倾倒塑料垃圾可能会增加运行成本，因此一些人（或公司）并未停止向海洋倾倒塑料垃圾的举动。当然也不乏执行公约的公司：美国港口和海运公司已经禁止了在海上处置塑料垃圾。

教育是缓解海洋塑料污染的一种非常有力的手段。教育的效力在于，树立企业与个人保护海洋环境的自觉性，良好的教育是执行严格的法律的重要前提。如果每一个企业、每一艘船舶、每一个公民都能严格遵守法律法规，不胡乱排放，那么海洋中的塑料垃圾不会以现在的速率增加。教育可促进垃圾分类和塑料垃圾的回收工作，使民众养成良好的习惯，做好垃圾分类、不胡乱丢弃垃圾。保护海洋环境，人人有责，每个人都可以从自身做起，减少塑料的使用，降低塑料垃圾的排放。每个人在日常生活中都是塑料垃圾的制造者，使用一次性餐盒的人们、渔民、海滩游客、运输或制造塑料树脂的工人等，都可以从自我做起，减少塑料垃圾的排放。在日常生活中，减少塑料袋的使用，改用可多次重复使用的环保袋。海洋塑料垃圾的一个主要来源是陆地人为活动，教育如果能促使每一个公民都意识到这个问题，并愿意采取积极的行动，那么将会带来非常好的效果。政府机构和学校系统的角色则是做好宣传活动和教育工作，让民众认识到海洋塑料污染的严峻程度，掌握垃圾分类知识，养成不乱丢垃圾的习惯。

科学技术的进步是解决海洋塑料污染的又一重要途径，借助企业和研究单位，开发可生物降解的塑料、研究塑料降解方法、革新塑料垃圾处置技术等。《美国国家科学院院刊》刊发了一项最新研究：朴次茅斯大学生物学教授 John 的团队[14]发现了一种新型“超动力”塑料降解细菌：*Ideonella sakaiensis* 201-F6。这种细菌可分解聚对苯二甲酸乙二醇酯，以及与 PET 结构相似的另一种膜——2, 5-呋喃二甲酸乙二醇酯（polyethylene-2, 5-furandicarboxylate，PEF）。可以乐观地估计，科学技术的进步将会为缓解海洋塑料污染产生极大的促进作用。

海洋塑料污染控制和治理需要政府、企业和群众的共同参与。与其他环境问题一样，海洋塑料污染也可以通过立法、教育和创新的协同作用得以控制。政府在海洋生态环境治理中起主导力量，扩大对海洋微塑料污染的认识群体，加强对海洋生态环境安全的关注，制定和完善在海洋塑料污染防控方面的法律法规，加强海洋塑料污染损害的鉴定，督促企业产业升级，与时俱进，实现清洁生产。企业应该提高塑料的回收与利用率，引进环保工艺，加强源头治理，严格控制陆源塑料垃圾进入海洋，降低对海洋环境的污染。企业和研究单位应不断革新技术，生产可降解塑料，或寻求塑料的降解技术。群众应该积极参与海洋生态环境的治理，提高主体意识和自身素养，明确自身与环境息息相关的关系，并对政府和企业的行为进行监督。美国、英国、法国、日本、澳大利亚等国都已结合自身的情况进行了区域性的规划和管理，目前取得了显著的成效。我国也可以结合近海海域的具体情况，引进外国的先进经验、设备和理念，促进国际的合作与交流，共同维护全人类共同的利益。全球化思维和本地化行动相结合是减少海洋塑料污染的基本途径。立法与教育相结合，增强生态意识。

习题与思考题

（1）选择一个滨海城市，收集其人口（包括总数和密度）、GDP、汽车拥有量、废水排放量等最新的数据，并尝试分别对每一组数据进行相关分析。所得结果用图或表展现，并根据结果作简要讨论。

（2）留意日常生活中所使用的塑料产品，并按照其组成和用途进行归纳整理，估算你个人在日常生活中所产生的塑料污染的量，并从你自身出发谈谈如何缓解环境塑料污染。

参考文献

[1] 海洋和海洋法. [2019-02-14]. https://www.un.org/zh/sections/issues-depth/oceans-and-law-sea/index.html.

[2] Benjamin S H，Shaun W，Kimberly A S，et al. A global map of human impact on marine ecosystems. Science，2008，319：948-952.

[3] Ni H G，Shen R L，Zeng H，et al. Fate of linear alkylbenzenes and benzothiazoles of anthropogenic origin and their potential as environmental molecular markers in the Pearl River Delta，South China. Environmental Pollution，2009，157：3502-3507.

[4] Zeng E Y，Tsukada D，Diehl D W，et al. Distribution and mass inventory of total dichlorodiphenyldichloroethylene in the water column of the Southern California Bight. Environmental Science and Technology，2005，39：8170-8176.

[5] Liu L Y，Wang J Z，Qiu J W，et al. Persistent organic pollutants in coastal sediment off South China in relation to the importance of anthropogenic inputs. Environmental Toxicology and Chemistry，2012，31：1194-1201.

[6] Liu L Y，Wang J Z，Wei G L，et al. Polycyclic aromatic hydrocarbons（PAHs）in continental shelf sediment of China：Implications for anthropogenic influences on coastal marine environment. Environmental Pollution，2012，167：155-162.

[7] Liu L Y，Wang J Z，Wei G L，et al. Sediment records of polycyclic aromatic hydrocarbons（PAHs）in the continental shelf of China：Implications for evolving anthropogenic impacts. Environmental Science and Technology，2012，46：6497-6504.

[8] Sul J A I，Costa M F. The present and future of microplastic pollution in the marine environment. Environmental Pollution，2014，185：352-364.

[9] Wang J D，Tan Z，Peng J P，et al. The behaviors of microplastics in the marine environment. Marine Environmental Research，2016，113：7-17.

[10] Hidalgo-Ruz V，Gutow L，Thompson R C，et al. Microplastics in the marine environment：A review of the methods used for identification and quantification. Environmental Science and Technology，2012，46：3060-3075.

[11] Andrady A L. Microplastics in the marine environment. Marine Pollution Bulletin，2011，62：1596-1605.

[12] 贾芳丽，孙翠竹，李富云，等. 海洋微塑料污染研究进展. 海洋湖沼通报，2018，2：146-154.

[13] 孙承君，蒋凤华，李景喜，等. 海洋中微塑料的来源、分布及生态环境影响研究进展. 海洋科学进展，2016，34：449-461.

[14] Austin H P，Woodcockd H L，McGeehan J E，et al. Characterization and engineering of a plastic-degrading aromatic polyesterase. Proceedings of the National Academy of Sciences，2018，115：E4350-E4357.

第三篇　土壤环境问题

第 9 章　土地荒漠化

9.1　土地的基本认知

9.1.1　土地的定义

土地和土壤是两个既存在联系又相互区别的概念。土地是地球表面具有一定面积且边界明确的地理单位，在联合国粮食及农业组织 1976 年出版的《土地评价纲要》中被定义为："土地是地球表面的特定地段，包含此地面以上和以下垂直的生物圈中所有稳定或周期性循环的要素，如大气、土壤及基础地质、水文和动植物群。它还包含这一特定地域内过去和现在人类活动的全部后果，以及这些后果对现在和未来人类利用土地的重要影响"。从这个定义来看，土壤是土地的组成部分，但并非全部，如我们可以将土壤清除，但土地仍然存在，只是土地类型发生了变化。

9.1.2　土地的分类

土地的性状、地域和用途都可以作为类型划分的依据。基于应用目的的不同，土地具有多种不同的分类，具有代表性的两类为基于理论研究而建立的土地自然分类系统和基于应用而建立的应用型分类系统。其中，土地自然分类系统更多地强调的是土地的自然属性，理论性较强。其典型代表如 1985 年中国科学院地理研究所主持制定的"中国 1∶100 万土地类型分类系统"。该系统简便易行，便于生产实践，且充分考虑了中国地域辽阔、自然条件复杂、土地类型多样的基本国情，将土地划分为土地纲、土地类、土地型三个级别。土地纲的划分依据是水分、温度等大尺度分类，如湿润赤道带、半干旱温带草原等。土地类反映了主导分异因素地貌的变化，如滩涂、冲积平地等。土地型则表示植被型、土壤类的组合匹配方式。

与土地自然分类系统不同，应用型分类系统从实际出发，反映具备特定使用目的的土地的社会经济属性和部分自然属性。这种分类系统主要分为三种：土地资源、土地利用方式和城镇土地利用。这种土地划分方式的特点在于多途径满足土地管理需要。为了便于管理，2017 年 11 月中国发布了《土地利用现状分类》（GB/T 21010—2017）。该标准结合土地用途、利用方式和覆盖特征，将土地划分为 12 个一级类和 73 个二级类。中国科学院建立了连续时间序列的土地利用数据库[1, 2]，将中国土地划分为耕地、林地、草地、水域、城乡工矿居民用地和未利用土地共 6 个一级类型，以及 26 个二级类型，其中一级类型土地的空间分布格局可参考《中国 5 年间隔陆地生态系统空间分布数据集（1990—2010）内容与研发》的相关内容[3]，这里不作详细论述。

9.1.3　土地的重要性

土地资源是人类赖以生存和发展的重要物质基础，它储存了人类生产生活所必需的矿物质，保持土壤肥力，提供粮食作物繁殖和动物家禽栖息的环境，是农业生产的基本资料、社会生产的劳动资料及人类生产生活的基础场所。因此，土地同时具有自然属性和社会经济属性。土地的自然属性的特性是不以人类意志为转移，包括不可替代性、土地面积的有限性、土地位置的固定性、土地质量的差异性及土地永续利用的相对性。其中，土地永续利用的相对性是指土地是地球的自然产物，不会消失，可以作为人类的生产资料永续利用。相对地，如果人类活动导致土地丧失其功能，则不可永续利用。土地的社会经济属性即在土地利用的过程中通过生产力和生产关系所表现出的特性，包括土地经济供给稀缺性、土地用途多样性和变更用途困难性、土地增值性和报酬可能递减性、土地的产权和不动产特性。

人类生产和生活中利用的多种类型的土地，如草原、林地和耕地等都是在土地的各种属性作用下形成的。在进行耕种活动时，人们所接触到的土地环境，在土壤之外，还涉及耕种区域的气候条件、地貌位置、地面湿润程度、给排水状况和其他有利或有害的生物条件。因此，土地资源的重要性是多方面的，包括：由地貌、土壤和植被等构成的土资源；由地下水和地表水构成的水资源；由动植物和微生物构成的生物资源；由光、温度和湿度等构成的气候资源。人类活动以土地资源为核心，一切工业、农业和商业活动都离不开土地。土地资源的重要性不仅仅是土壤肥力。然而，土地在各种属性综合作用下形成的重要功能和土壤的本质特征存在共通之处，也可以被认为具有某种“肥力”功能，用以维持和繁衍生命。

9.2 荒　漠　化

9.2.1 土地荒漠化的定义

土地是人类生存的基础资源，土地的合理利用是社会经济发展的重要目标。但是，如果对土地利用不合理会导致土地荒漠化，也称为“土地沙漠化”，即土地退化。“荒漠化”一词于 1949 年由地理学家和植物生态学家奥布雷维莱（Aubreville）在其著作的《热带非洲的气候、森林与荒漠化》第一次提出。20 世纪 60～70 年代，非洲撒哈拉区域持续重度干旱导致了前所未有的重大灾难，由此引起国际社会对全球干旱地区的土地退化问题的密切关注。联合国统计资料表明，全球约五分之一的人口和三分之一的土地受到土地荒漠化的影响。

1977 年联合国防治荒漠化会议提出：“土地荒漠化是由于其生物潜在生产力的下降或破坏，最终沦为荒漠状态的现象”。1990 年地球荒漠化评价会议将土地荒漠化定义为：“人类不恰当的活动导致干旱区、半干旱区和干旱亚湿润区的土地发生退化”。联合国环境与发展会议于 1992 年补充了气候变化对土地荒漠化的影响，并重新定义如下：“土地荒漠化是气候变化和不合理的人类经济活动造成干旱、半干旱和具有干旱灾害的半湿润地区的土地发生退化”。大会同年将防治荒漠化列入国际社会应该优先发展和采取行动的领域。1994 年各国政府颁布《联合国防治荒漠化公约》，该公约进一步将荒漠化定义为：“包括气候变异及人类活动的各种自然和人为因素最终导致干旱、半干旱和亚湿润干旱区域发生的土地退化”。同年联合国大会决议将 6 月 17 日定为“世界防治荒漠化和干旱日”。

土地荒漠化定义不断发展阐明了以下知识点：其一，荒漠化产生的主要因素是气候变化和人类活动的共同作用；其二，荒漠化形成于特定区域，其中亚湿润干旱区指的是年降水量与蒸发量的比值处于 0.05～0.65 的区域，该区域不包含极区和副极区；其三，荒漠化是一种土地退化现象。联合国根据亚太区域的特点，提出亚太区域的土地荒漠化的定义还应囊括人为活动导致的湿润和半湿润区域环境向类似荒漠化转变的过程，并将土地荒漠化进一步定义为：由于人类不合理的经济活动或气候变异破坏了脆弱的生态环境，造成干旱、半干旱、半湿润和湿润区域的土地质量下降，生态恶化甚至于土地生产力全部丧失的土地退化过程[4]。

9.2.2　土地荒漠化的类型和危害

1996 年，联合国公报在第二个“世界防治荒漠化和干旱日”提出：全球土地荒漠化挑战变得更加严重，约有 12 亿人直接受到影响，且约有 1.35 亿人面临短期内失去土地的威胁。在所有环境问题中，荒漠化是人类面临的最为严重的灾害之一，极大地损害了人类生存及发展的基础，给社会带来贫困和不稳定。从体表形态特征和物质构成而言，土地荒漠化包括风蚀荒漠化、水蚀荒漠化、盐渍化、冻融和石漠化（图 9-1）。

（1）风蚀和水蚀带来的水土流失。植被在风和水的破坏作用下，土壤被剥蚀、搬运，纯粹由自然条件导致的地表侵蚀过程十分缓慢，通常可以与土壤自然形成过程之间达到相对平衡。但是在人类活动作用影响下，坡地上的植被受到人为破坏，对自然条件作用导致的地表土壤破坏和土体物质的移动、流失等过程起到了加速作用，由此产生了土壤侵蚀。土壤侵蚀一方面破坏土壤肥力，影响耕地质量和农业生产，同时也对水利、交通、工矿活动造成影响；另一方面，随着侵蚀作用的演化，大量泥沙流入河川，导致河道阻塞，水库淤积，并进一步引起下游河水泛滥成灾，从而冲毁城镇、农田。例如，中国的黄河中游区域，由于森林被过度砍伐，成为水旱灾害频繁和水土流失最严重的地区之一。据有关资料显示，中国水土流失面积达 350 多万平方千米，土壤年损失量逾 50 亿 t，氮、磷、钾等元素流失 4000 多万 t[5]。较大区域范围内的水土流失还进一步损害了区域的气候和水文条件。

(a) 风蚀　(b) 水蚀　(c) 盐渍化　(d) 冻融　(e) 石漠化

图 9-1* 土地荒漠化的主要类型

（2）干旱和半干旱区域的荒漠化。全球陆地生态系统中有三分之一以上面积的土地位于干旱区域，其中大部分为荒漠，且主要是沙质荒漠，而大多数区域荒漠化形成的主要原因是局域气候条件和人类活动[6]。沙漠边缘的干旱和半干旱的草原地区，拥有独特的气候条件，即雨量少（400mm 以上）、蒸发大（2000mm 以下）、风力强，因此草皮极易受损，从而导致土壤较易受到重度风蚀并造成荒漠化。滥垦草原、过度放牧等不合理人类活动和气候变化都是沙漠蔓延的重要原因，快速荒漠化严重威胁农业生产和人民生活。这种独特气候类型区域的沙漠化的基本演化进程为：草场质量恶化→产草量降低→载畜量变少→植被覆盖度缩小→风蚀加剧→沙漠化。20 世纪 30 年代美国、20 世纪 60 年代苏联都曾发生过这种灾害事件，中国因滥垦、滥牧造成全国约一亿亩农田、草场面临荒漠化的风险[7]。

（3）盐渍化损害生物多样性。盐渍土即盐碱土，盐土是地表表层具有 0.6%～2%的易溶盐的土壤，碱土为 Na^+占交换阳离子总量 20%以上的土壤。严重盐渍化的土地上很难存活植物，因此产生了“不毛之地”。盐渍土是在独特的气候、水文和土壤条件下形成的，如干旱和半干旱区域、地下水径流滞缓区域、盐分含量高的土地等。此外，人类不良的观感活动也可以促使盐渍土的形成。

9.2.3　中国的土地荒漠化现状

土地荒漠化是中国最严重、影响最广泛的生态环境问题之一。土地荒漠化造成中国年直接经济损失高达 540 亿元，约等于西北五省（自治区）年财政收入的 3 倍。其中风蚀造成荒漠化区域土壤的年损失有机质和氮、磷、钾等约 5590 万 t；牲畜每年少养 5000 多万只，粮食每年减产 30 多亿吨，风沙常年危害 2.4 万多个村庄和城镇；不仅如此，在中国的大中城市，荒漠化同时影响交通运输、水利设施和工矿企业等活动。为了有效防治荒漠化，中国坚决履行《联合国防治荒漠化公约》，开展持续性的荒漠化监测活动。中国已经组织完成了五次全国荒漠化和沙漠化监测工作。监测结果显示，截至 2014 年，中国荒漠化土地面积共计 261.16 万 km^2，约占监测区面积总和的 79%，占陆地国土总面积的 27%，且主要分布在北京、天津、河北、吉林、山西、山东、辽宁、河南、海南、陕西、四川、云南、西藏、甘肃、青海、内蒙古、宁夏和新疆等 18 个省（自治区、直辖市）的 528 个县。

第三次全国荒漠化和沙漠化监测工作结果显示，全国约有 263.6 万 km^2 的土地为荒漠化土地，占国土总面积的 27.5%，全国约有 174.0 万 km^2 的土地为沙漠化土地，占国土总面积的 18.1%。荒漠化和沙漠化区域主要分布于新疆、内蒙古、西藏等 8 个省（自治区），全国荒漠化和沙漠化总面积的 98.5%和 96.3%在这些区域。就荒漠化成因的贡献因素来看，风蚀、水蚀、盐渍化和冻融荒漠化土地面积分别占荒漠化土地总面积的 69.77%、9.84%、6.59%和 13.80%。2004 年，中国荒漠化土地面积首次缩小，由 20 世纪 90 年代末年均增加 10000km^2 改变为年均减少 7585km^2，沙漠化土地由年均 3436km^2 的蔓延速率转变为年均减少 1283km^2，由此昭示着中国的防沙治沙行动取得了明显的成效，生态恶化的趋势得到了初步遏制。

第四次全国荒漠化和沙漠化监测工作结果显示，荒漠化和沙漠化土地面积持续负增长，总面积分别为 262.4 万 km^2 和 173.1 万 km^2，与 2004 年相比，分别减少 12454 km^2 和 8587km^2，年均减少 2491 km^2 和 1717km^2，分别占国土总面积的 27.3%和 18.0%。荒漠化和沙漠化覆盖范围也实现缩减，主要分布在新疆、内蒙古、西藏、甘肃、青海 5 个省（自治区），占全国荒漠化和沙漠化总面积的 95.5%和 93.7%。陕西、宁夏、河北等三地不再是荒漠化和沙漠化的主要区域。

第五次全国荒漠化和沙漠化监测工作结果显示，至 2014 年，中国荒漠化和沙漠化面积分别为 261.16 万 km^2 和 172.12 万 km^2，相较于 2009 年，荒漠化土地面积 5 年间净减少 $12120km^2$，年均减少 $2424km^2$；沙漠化土地面积净减少 $9902km^2$，年均减少 $1980km^2$。这意味着，中国荒漠化和沙漠化状况从 2004 年以来的 3 个连续监测期实现了“双缩减”的良好趋势。新疆、内蒙古、西藏、甘肃、青海 5 个省（自治区）仍是荒漠化和沙漠化的重灾区，这表明，对于一些“顽固”地区，荒漠化防治的形势依然严峻。该次普查的基本结果的具体信息见图 9-2 和表 9-1。

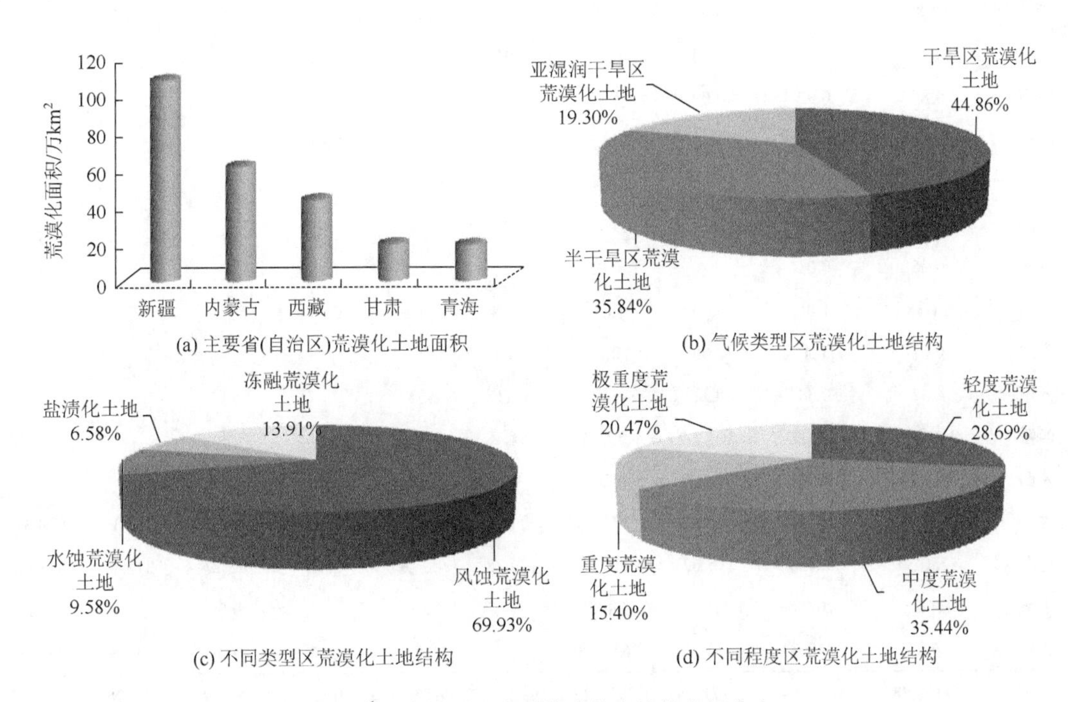

图 9-2* 中国不同类型荒漠化土地的空间分布

表 9-1 各省（自治区、直辖市）沙漠化土地分布　（单位：万 km^2）

区域	沙化土地面积	流动沙丘	半固定沙丘	固定沙丘	露沙地	沙化耕地	非生物工程	风蚀残丘	风蚀劣地	戈壁
北京	5.24			5.24						
天津	1.54			0.73		0.8				
河北	212.53		1.43	99.63		111.48				
山西	61.78		3.23	48.87	0.38	9.29				
内蒙古	4146.83	847.99	585.11	1224.15	587.49	19.61		0.43	174.37	707.69
辽宁	54.95	0.11	0.99	38.09	0.11	15.66				
吉林	70.8		1.48	34.52		34.8				
黑龙江	49.57		0.78	41.42		7.37				
上海										
江苏	58.44			8.06		50.38				
浙江	0.01			0.01						

续表

区域	沙化土地面积	流动沙丘	半固定沙丘	固定沙丘	露沙地	沙化耕地	非生物工程	风蚀残丘	风蚀劣地	戈壁
安徽	12.05			5.05		7				
福建	4.15	0.11	0.05	1.48		2.5				
江西	7.25	0.06	0.28	2.76		4.15				
山东	76.76	0.08	0.9	24.35		51.43				
河南	62.86	0.06	0.9	12.62		49.28				
湖北	18.99	0.12	0.13	7	0.01	11.7	0.03			
湖南	5.88	0.02	0.09	5.42		0.36				
广东	10.03	0.34	0.11	4.29		5.29	0.01			
广西	19.49	0.07	0.03	4.4		14.98				
海南	5.99			4.87		1.12				
重庆	0.25	0.01		0.02		0.22				
四川	91.38	1.06	3.76	19.45	61.64	5.42	0.04			
贵州	0.62	0.1	0.03	0.14		0.35				
云南	4.42	0.34	0.11	1.45	0.11	2.41				
西藏	2161.86	39.03	101.24	39.13	144.78	2.07	0.07			1835.54
陕西	141.32	2.83	12.87	122.16		3.46				
甘肃	1192.24	189.48	120.67	175.18	3.81	6.18	0.17	1.63	15.81	679.31
青海	1250.35	120.11	115.62	118.07	199.28		0.09	73.23	312.1	311.86
宁夏	116.23	10.78	11.44	74.03		10.1		0.09		9.8
新疆	7466.97	2848.64	810.33	656.68		18.53	0.24	13.61	54.98	3063.95
总计	17310.78	4061.34	1771.58	2779.27	997.61	445.94	0.65	88.99	557.26	6608.15

注：表中数据不包括港澳台地区。

9.2.4　全球的土地荒漠化

荒漠化已经成为一个世界性的生态环境问题，引起了世界各国家和地区的广泛关注。联合国环境规划署调查数据显示：世界范围内已存在的和潜在的荒漠化区域占全球土地面积的35%。其中，非洲大部分区域位于干旱和半干旱气候区，其荒漠化土地占本国国土总面积的55%，北美洲和中美洲约占19%，南美洲占10%，澳大利亚占75%，欧洲占2%，亚洲占34%[8]。每年平均有5万～7万 km^2 的土地退化为荒漠化土地，相当于爱尔兰的国土面积。因此，土地荒漠化是当今人类面临的诸多环境问题中最为严重的灾害之一。

（1）亚洲。世界第一大洲——亚洲土地面积的34%位于荒漠干旱区。西亚是荒漠化最为严重的区域，风蚀、水蚀、庞大的人口和不稳定的社会经济条件都令该区域的荒漠化雪上加霜，如俄罗斯亚洲区域荒漠化面积为200万 km^2，其中哈萨克斯坦的荒漠面积为135万 km^2。南亚区域过度放牧和沙丘移动使荒漠面积不断扩大，如巴基斯坦的干旱和半干旱地为70万 km^2，印度的干旱和半干旱地占国土面积的12%[9]。

（2）欧洲和大洋洲。欧洲荒漠化地形区域分异很大，干旱地面积约占10%，地中海沿岸多隶属半干旱地。其中荒漠化比较严重的地区集中在土耳其的安纳托利亚高原及西班牙的东南丘陵区域。此外，耕地土壤受到侵蚀而形成重度荒漠化在北欧表现得较为严重。大洋洲土地面积的 85%是干旱、半干旱地，75%属于荒漠化危险地区，荒漠化加剧的主要因素是自然桉树林的过度采伐及过度放牧和耕作等。

（3）非洲。陆地面积的 58%属于荒漠干旱地，并有 34%属于潜在荒漠化区域。农耕地、草地的荒漠化率皆在 80%以上。撒哈拉沙漠南部的萨赫勒地带，有 65 万 km^2 的农耕地和草地预计 50 年内转变为荒漠。此外，农耕地、草地的荒漠化率在马里、尼日尔、乍得等国高达 86%。其次，突尼斯、摩洛哥等国的土地荒漠化率约占 50%，其中十分之一难以恢复。

（4）美洲。南美洲和北美洲的沙漠呈带状分布。美国约 30%的土地属于干旱区，六分之一为荒漠化区域。南美的阿根廷分布有巴塔哥尼亚沙漠，秘鲁和智利分布有阿塔卡马沙漠。南北美洲的荒漠化形成了不同的地形，其一为内陆沙漠，主要受山脉影响；其二为海岸沙漠，主要受寒流影响；其三为气候沙漠，由信风形成；其四为中美洲区域过度开垦，导致土壤严重侵蚀和灌溉农地盐碱化[9]。

9.2.5　土地荒漠化的防治

土地荒漠化的形成是由自然、生物、政治、社会、经济和文化等众多因素共同作用的结果，其防治也必然需要与环境、经济、社会发展等因素紧密相关。人类和荒漠化多年的“抗争”经验表明，荒漠化的根源在于急剧增长的人口对有限的土地资源造成的压力过大。因此，缓解人地矛盾，减少人口发展压力，提高土地承载力成为关键。荒漠化的治理需要防治结合，对于已经荒漠化的土地进行生态恢复，对潜在荒漠化的土地应预防其进一步恶化，对良好的环境应重视保护，以阻止荒漠化的持续扩张。土地荒漠化的防治措施可以归纳为以下几方面。

（1）结合战略目标，提高植被覆盖率。研究表明，土壤风蚀会在植被覆盖率达到 30%以上时基本消失。土地植被覆盖率不能盲目提高，应当因地制宜，结合区域实际发展情况实施适宜的恢复政策。国家林业和草原局确定的林业发展新思路中将荒漠化区域分为五个，并有针对性地提出生态恢复对策：一是采用封沙育林育草、人工造林种草、退耕还林还草等措施建立风沙灾害综合防治区；二是采取林农水措施综合治理黄土高原重点水土流失；三是恢复北方退化天然草原为治理区，采取措施保护现有林草植被，配合人工种草和改良草场等；四是重点保护青藏高原荒漠化防治区现有的自然生态系统，防止不合理开发；五是以封育保护为主要措施来恢复西南岩溶地区石漠化治理区的植被。

（2）调整产业结构，合理利用资源。根据不同区域的人文地理综合条件，发展具有优势的生态产业。中国传统的畜牧业已经过度消耗草地资源，使得 90%的草原受到了破坏，因此需要实行围栏封育策略，并加快草业的产业化进程，优化土地利用格局。此外，具有区域特色的生态农业也是减少水资源损耗、实现土地资源优化配置的良好途径。例如，中国西部区域以科技促进生产力发展，分地区种植瓜果、沙生植物等，实现以水定发展，以生态定发展。此外，充分利用区域丰富的地下资源，发展天然气、沼气、太阳能和风能。

（3）减缓区域人口压力，全面提高劳动者素质。人口增长过快是生态环境脆弱区域荒漠化的主要压力来源，未来的人口增长也应当以生态原则为基准，一方面采用生态移民等方式缓解区域压力；另一方面，提高国民素质，以质量取代数量促进可持续发展，这就需要国家不断在脆弱生态区发展和促进高新技术产业，以带动教育的发展和人才的流动。

习题与思考题

（1）阐述中国土地荒漠化的现状、产生原因及危害。字数不少于 1000 字。

（2）阐述全球气候变化在土地荒漠化过程中已经和将会起到的作用。字数不少于 1000 字。

参考文献

[1] 刘纪远，宁佳，匡文慧，等. 2010–2015 中国土地利用变化的时空格局与新特征. 地理学报，2018，73：789-802.

[2] Zhao M，Cheng W M，Zhou C H，et al. Spatial differentiation and morphologic characteristics of China's urban core zones based on geomorphologic partition. Journal of Applied Remote Sensing，2017，11：016041.

[3] 徐新良，刘纪远，张增祥，等. 中国 5 年间隔陆地生态系统空间分布数据集（1990—2010）内容与研发. 全球变化数据学报，2017，1：52-59.

[4] 张煜星，孙司衡.《联合国防治荒漠化公约》的荒漠化土地范畴. 中国沙漠，1998，18：188-192.

[5] 谭克龙，高会军，卢中正，等. 中国半干旱生态脆弱带遥感理论与实践. 北京：科学出版社，2007.

[6] 武维华. 植物生理学. 北京：科学出版社，2003.

[7] 王涛. 我国沙漠化现状及其防治的战略与途径. 自然杂志，2007，29：204-211.

[8] Huang J P，Ji M X，Xie Y K，et al. Global semi-arid climate change over last 60 years. Climate Dynamics，2016，46：1131-1150.

[9] 真木太一，等. 砂漠绿化の最前线. 东京：新日本出版社，1993.

第 10 章　土壤污染及其修复

10.1　土壤的基本认知

10.1.1　土壤的定义

土壤是陆地地表具有肥力并能生长植物的疏松表层，介于大气圈、岩石圈、水圈和生物圈之间，厚度一般在 2m 左右。土壤是自然环境的基本组成要素和人类活动的基本自然资源，可以为植物生长发育提供支撑和肥力要素。人类对土壤的认知悠久，但都将土壤作为物质世界的基本组分，如商周时期的“五行学说”。近代地质、地理、生物、物理和化学等自然科学的兴起和发展深化了人类对土壤的认知，使人类逐渐认识到土壤是复杂的物质和能量系统，是由固（矿物质、有机质和活性有机体）、液（水分和溶液）、气（空气）三相物质构成的复杂体系，是由地球表面的岩石经过生物圈、大气圈和水圈长期的综合演变而成。

10.1.2　土壤的分类

土壤分类以土壤的自然属性为研究对象，在认清土壤发生、发育和演替规律的基础上，系统地研究土壤不同发育阶段所形成的特征和形状，通过比较不同土壤之间的相似性和差异性，从而对土壤进行区分和归类。国际上主要的土壤分类体系包括：美国土壤系统分类、中国土壤系统分类、苏联土壤发生分类、西欧土壤形态发生学分类、联合国世界土壤图图例单元及世界土壤资源参比基础。本节将对中国土壤分类系统进行介绍。

中国土壤分类系统依据成土过程的自然属性，把成土因素、成土过程和土壤属性相结合进行综合考量，并以属性作为分类基础。此外，考虑到土壤是人为活动的产物，将耕种土壤和自然土壤作为统一的整体来度量，并统一分析土壤受到的自然和人为要素影响。1992 年出版的《中国土壤分类系统》包括 12 个土纲、29 个亚纲、61 个土类和 231 个亚类等高级分类单元，土属为中级分类单元、土种和亚种为基本分类单元和辅助分类单元，其中土类和土种最为重要。土类是高级分类的基本单元，划分原则较为稳定。土类强调发生学的基本原则，即成土条件、成土过程和土壤属性三者的统一。土类具有独特的形成过程和土地构型，是由同一生物、母质、气候、水文、耕作制度等自然和社会条件共同作用形成的[1]。土壤发生分类系统的基本框架见表 10-1。

表 10-1　土壤发生分类系统的基本框架[1]

土纲	亚纲	土类
铁铝土	湿热铁铝土	砖红壤、赤红壤、红壤
	湿暖铁铝土	黄壤
淋溶土	湿暖淋溶土	黄棕壤、黄褐土
	湿暖温淋溶土	棕壤
	湿温淋溶土	暗棕壤、白浆土
	湿寒温淋溶土	棕色针叶林土、漂灰土、灰化土

续表

土纲	亚纲	土类
半淋溶土	半湿热半淋溶土	燥红土
	半湿暖温半淋溶土	褐土
	半湿温半淋溶土	灰褐土、黑土、灰色森林土
钙层土	半湿温钙层土	黑钙土
	半干温钙层土	栗钙土
	半干暖温钙层土	黑垆土
干旱土	干温土	棕钙土
	干暖温干旱土	灰漠土
漠土	干温漠土	灰漠土、灰棕漠土
	干暖温漠土	棕漠土
初育土	土质初育土	黄绵土、红黏土、龟裂土、风沙土、粗骨土
	石质初育土	石灰土、火山灰土、紫色土、磷质石灰土、石质土
半水成土	暗半水成土	草甸土
	淡半水成土	潮土、砂姜黑土、林灌草甸土、山地草甸土
水成土	矿质水成土	沼泽土
	有机水成土	泥炭土
盐碱土	盐土	草甸盐土、滨海盐土、酸性硫酸盐土、漠境盐土、寒原盐土
	碱土	碱土
人为土	人为水成土	水稻土
	灌耕土	灌淤土、灌漠土
高山土	湿寒高山土	草毡土（高山草甸土）、黑毡土（亚高山草甸土）
	半湿寒高山土	寒钙土（高山草原土）、冷钙土（亚高山草原土）、冷棕钙土（山地灌丛草原土）
	干寒高山土	寒漠土（高山漠土）、冷漠土（亚高山漠土）
	寒冻高山土	寒冻土（高山寒漠土）

除发生分类外，中国也形成了一套土壤分类系统。1984 年，中国科学院南京土壤研究所组织开展了中国土壤系统分类的研究，全国 30 多家高等学校和研究机构的土壤分类学者经过 10 余年的不懈努力，于 1999 年和 2001 年分别出版了《中国土壤系统分类——理论·方法·实践》和《中国土壤系统分类检索》等学术专著[2, 3]，标志着中国土壤分类学进入定量化分类的新阶段。这种分类体系被广泛地应用于科研、教学和生产活动中，并被国际土壤学会土壤分类委员会认为可以作为亚洲的土壤分类的基础。中国土壤系统分类同样建立在发生学理论基础上，不同的是，该系统分类依据土地本身所具有的诊断层和诊断特性进行土壤鉴定，由此可以为分类体系提供相同的基础。诊断层是指在性质上有一系列定量规定的特定土层，可以用作土壤类别鉴别；而采用具有定量说明的土壤性质作为鉴别土壤类型的依据，则被定义为诊断特性，土壤的水分和温度状况是常用的诊断特性。

10.1.3　土壤的重要性

土壤的肥力和自净能力是它的本质属性，由此衍生的土壤的重要生态环境功能包括以下五个方面。

（1）土壤肥力。作为土壤的基本属性和功能，土壤肥力可以为植物正常生长发育提供和协调营养物质与环境条件，包括自然肥力和人为肥力，前者是自然条件综合作用的产物，后者则是人类活动影响后形成的，如土壤改良、施肥和耕作等土壤熟化过程。

（2）土壤的养分循环和净化功能。土壤中囊括了复杂的物质循环过程，生产者和各级消费者的代谢产物多集中于土壤上层，并在土壤微生物作用下逐级分解为生物养分和腐殖质，从而满足植物生长发育对养分的需求。同时，人类活动所产生的废弃物也进入土壤，土壤通过物理、化学和生物净化等过程来降低土壤中污染物的浓度和毒性。

（3）土壤的水分调节和养蓄功能。土壤可以调节区域水资源并机械过滤水流。区域内所有水资源，包括大气降水都流经土壤或经过土壤调节而进入地表和地下水系统中。经由该过程，土壤可以调节大气降水的分配。土壤涵养水体的功能对缓解区域干旱、洪灾和水土流失都有显著功效。

（4）土壤的生物栖息地功能。土壤是具有生命活力的有机复合体，其中生活着成千上万的生物个体，包括分解者、生产者、消费者等。此外，土壤多样化的结构和区域差异为各种微生物的生存提供良好的环境。

（5）土壤的基质功能。土壤在支撑地表植被生长的同时，还是人类各种基建活动的支撑者。土壤种类很多，差异较大，因此建筑工程师需要从土壤性状出发综合考量土壤的承载力和稳定性。

10.2　土 壤 污 染

10.2.1　土壤污染的定义

目前学术界对土壤污染尚无统一定义，有学者提出由人为活动导致的土壤有害化合物增加，即土壤污染[4]。中国科学院土壤背景值协作组提出，以背景值加两倍标准差为临界值，如超过此值即土壤污染。《中国农业百科全书》将土壤污染定义为“人为活动将对人类和其他生命体有害的物质施加到土壤中，致使某种有害成分含量明显高于土壤本底值，而引起土壤环境质量恶化的现象”。这些定义都强调了土壤中特定物质含量高于原有水平。通常人们将土壤污染定义为：人类活动产生的污染物进入土壤，发生积累并超过土壤的自净能力，引起土壤恶化的现象。

工业革命前的数千年时间里，人类活动强度低，输入土壤的物质并未超过土壤的自净能力，土壤污染不易发生。工业化和城市化促使经济和人类社会快速发展的同时，也向环境中排放了大量的废水、废气、废渣及生活废弃物，这些物质包括农业活动的农业残留越来越多地进入土壤，使土壤中原有物质的含量增加，并增添了一些本来不存在的有害化合物。土壤的自净能力无法消纳这些物质，全球范围内土壤污染的面积已经达到 235.8 万 km^2。例如，1968 年日本农田土壤重金属镉污染造成的痛痛病事件，20 世纪中期美国拉夫运河土壤污染事件等。

10.2.2 土壤污染的类型与危害

土壤是地球表面的开放介质，是联系不同环境要素及人类活动的枢纽。按照污染源形态，土壤污染可以分为点源污染、线源污染和面源污染。点源污染如工厂排放和意外事故污染，线源污染多指交通和河道等，面源污染如农业化肥、农药污染等。土壤污染可以按照活动属性分为人为土壤污染和自然土壤污染，前者主要源于工业化和城市化的“三废”及农业残留等，后者主要源于自然界矿床或者物质富集而形成的自然扩散。按照土壤污染物的性质，土壤污染可分为无机污染和有机污染两大类（图 10-1 和图 10-2）。无机污染包括有害的重金属、放射性物质、营养元素和其他无机物。常见的重金属包括汞、镉、铜、砷等；放射性物质如铀、铯等；营养元素包括氮、磷、硫；其他无机物包括一些酸、碱等。按照污染发生途径，土壤污染又可以分为大气污染型、水污染型、固体废弃物污染型和农业污染型。大气中的污染物经由大气沉降和降水进入土壤表层，城乡工业企业废水和生活

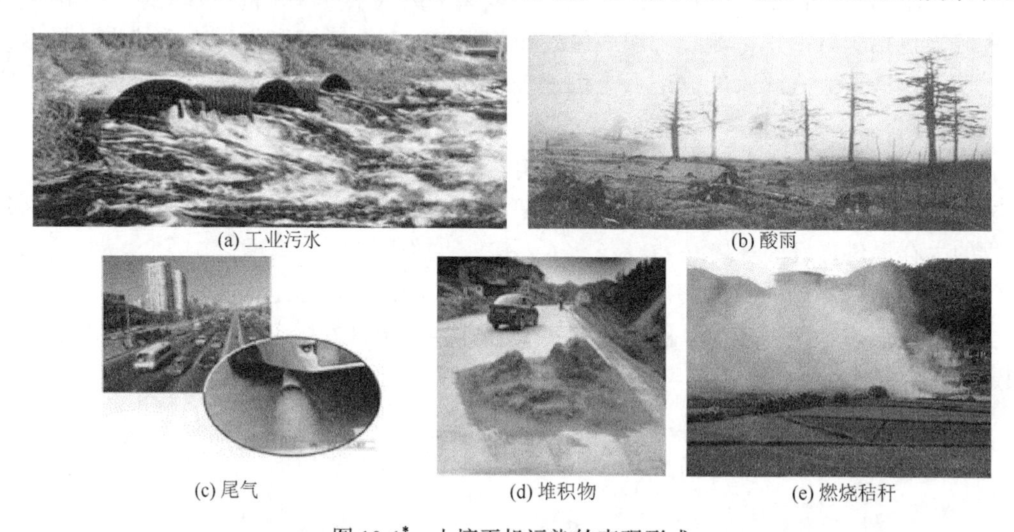

(a) 工业污水　(b) 酸雨　(c) 尾气　(d) 堆积物　(e) 燃烧秸秆

图 10-1* 土壤无机污染的表现形式

(a) 工业污水　(b) 有机废气　(c) 化肥　(d) 农药　(e) 白色垃圾

图 10-2* 土壤有机污染的表现形式

污水直接排放进入土壤，矿山尾矿、废渣和污泥等通过扩散和降水淋洗等过程进入土壤，残留在农田中的农药和营养物质通过地表径流或者土壤风蚀进入土壤。以上土壤污染并不是孤立存在的，而是相互作用，形成复杂的污染机制，同时它们在一定条件下相互转化，加深了土壤污染治理的难度。

土壤污染具有滞后性和隐蔽性，前文从产生污染到爆发问题往往会经历一个较长的阶段，因此不像大气和水污染一样直观。例如，上面提到的痛痛病直到 10～20 年后才引起人们重视。此外，土壤污染的累积性也不容忽视，有别于水体和大气中物质易于迁移，污染物在土壤中不断累积直至超标，并不易转移，也不会逆转，如土壤受到某些重金属污染可能需要 100～200 年才能恢复。这就导致土壤污染成为一类难以治理的污染，水和大气污染靠切断污染源的方式会起到一定成效，而土壤污染通常只能依靠自身净化、换土、淋洗土壤等方式，不仅成本高，而且治理周期长。

污染的土壤不但因为土质发生损害而影响耕种价值，更加重要的是其中的有害物质及其分解产物不断累积在土壤中，并通过土壤、植物、人体的传递过程，或通过土壤、水、人体等过程间接被人体吸收，从而危害人类健康。土壤污染的危害可以归结为三个方面：其一，土壤品质降低导致农产品产量和质量下降，在带来直接经济损失的同时，也间接消耗人类生存的根基；其二，污染物在土壤中富集累积，对人类和动物的健康造成影响，威胁生命安全；其三，土壤污染物在土-水-气等多界面迁移，导致其他介质的污染，并导致地表物质循环的异常，从而引起区域生态系统的崩溃及生物多样性衰退。

常见的土壤污染物及其危害如下。

（1）重金属。汞（Hg）、镉（Cd）、铅（Pb）等是土壤中典型的重金属污染物。Hg 可以破坏中枢神经，麻痹肢体以致瘫痪，并造成新生儿缺陷。Hg 中毒早期的症状主要表现为抑郁、沮丧、情绪冲动等。Cd 是剧毒性的重金属污染物，它经由工业废物排放和磷肥施用等过程通过污水灌溉和大气沉降进入土壤并累积。Cd 在人体中的半衰期高达 20～40 年，其在人体内不断富集并最终损害人体健康。Pb 为蓄积性有毒物，当血液中 Pb 含量达到 $0.6 \sim 0.8 mg \cdot kg^{-1}$ 时就会发生中毒，尤其是对神经系统、循环系统、消化系统及造血系统造成损伤。Pb 中毒情况严重者可导致血管管壁抗力衰减、动脉内膜炎及血管痉挛等。

（2）农药。农药对生态圈的影响是全方位的，植物、动物乃至人体都受到显著影响。植物的叶、果、花、根及种子在农药作用下会产生叶斑、焦枯、落果、畸形、发芽率低等症状；农药可以直接灭杀动物，包括昆虫、鸟类，还有无脊椎动物、节肢动物等，从而破坏生态平衡，导致种群突变，防治对象产生抗药性等。残留农药可以经过消化道、呼吸道和皮肤进入人体，引起急性和慢性中毒。引起急性中毒的农药包括有机磷农药和氨基甲酸酯农药等，其症状表现为头晕头痛、恶心、呕吐、无力，甚至昏迷、抽搐、肺水肿、呼吸困难、便溺、死亡。慢性中毒的发病慢，累积长，症状不易鉴别。

（3）化肥。化肥的不合理使用是导致土壤质量下降的主要因素之一，同时，化肥残留物通过地表循环进入水体、农作物、大气和人体会造成一系列不良反应。水体中藻类滋生导致的富营养化是常见的表现形式，此外化肥还可以渗入浅层地下水，使地下水中硝酸盐含量增加，在人体中被还原为亚硝酸盐后，诱发高铁血红蛋白症，可使人窒息而亡，同时硝酸盐还可转变为强致癌性物质亚硝胺。氮肥还可以一氧化二氮的形式进入大气环境，成为温室效应和臭氧空洞的重要推力。

10.2.3 中国的土壤污染现状

中国快速的城市化进程带来了一系列环境污染问题，土壤污染的问题随着工业化、城镇化、农业集约化发展，土壤污染已经成为一个日益恶化的环境问题，对生态环境、食品安全、人体健康及人类社会的可持续发展都可造成重大危害。公众环保意识随着土壤污染事件频发而日渐提高，中国在2014年提出“向污染宣战”，打好大气、水、土壤污染防治“三大战役”，土壤污染防治作为中国政府为应对环境问题发起的三大战役之一，可见国家对土壤环境问题的重视。2016年5月，国务院发布了《土壤污染防治行动计划》，即“土十条”，明确了我国土壤污染的防治目标：到2020年土壤污染加重趋势得到初步遏制，2030年全国土壤污染质量稳中向好，到21世纪中叶，土壤环境质量全面改善。“土十条”同时提出了土地修复的主要指标，即到2020年，受污染耕地安全利用率达到90%左右，污染地块安全利用率达到90%以上；2030年受污染耕地安全利用率达到95%以上，污染地块安全利用率达到95%以上。

为了实现国家战略性目标，摸清我国土壤污染状况至关重要。从2005年开始，环境保护部和国土资源部连续9年实施了全国土壤污染状况调查。对中国境内多种土地类型进行广泛监测，调查面积约为630万km^2，并覆盖全部耕地及部分林地、草地、未利用地和建设用地。《全国土壤污染状况调查公报》（简称《公报》）显示，中国的土壤污染现状较为严重。《公报》将土壤污染程度划分为5级，分别为：无污染（即污染物含量未超过评价标准）、轻微污染［即污染物含量为评价标准的1～2倍（含）］、轻度污染［即污染物含量为评价标准的2～3倍（含）］、中度污染［即污染物含量为评价标准的3～5倍（含）］、重度污染（即污染物含量为评价标准的5倍以上）。目前，调查范围内土壤总超标率为16.1%，并以轻微污染土地为主，约占全部土地面积的11.2%，轻度、中度和重度污染土地所占比例分别为2.3%、1.5%和1.1%。调查的不同土地类型中，耕地土壤和工矿业废弃地土壤污染最为严重，主要是由于工矿业和农业等人为活动及土壤本身具备的相对较高的环境背景值。其中，耕地土壤污染问题更为突出。耕地质量的维系是我国食品安全的重要保障，《公报》指出目前中国耕地退化面积比例远高于40%，劣质耕地比例为27.9%，耕地土壤的污染超标率高达19.4%。耕地及其他土地类型的污染状况见表10-2。

表10-2 不同土地类型污染现状

土地类型	超标率/%	不同程度污染土壤所占比例/%				主要污染物
		轻微	轻度	中度	重度	
耕地	19.4	13.7	2.80	1.80	1.10	镉、镍、铜、砷、汞、铅、滴滴涕和多环芳烃
林地	10.0	5.90	1.60	1.20	1.30	砷、镉、六六六和滴滴涕
草地	10.4	7.60	1.20	0.90	0.70	镍、镉和砷
未利用地	11.6	8.40	1.10	1.10	1.00	镍和镉

中国的土壤污染主要为无机型污染，占82.8%，其次为有机型污染，复合型污染所占比例相对较小（表10-3）。就土壤污染的区域分布特征来说，中国南方普遍比北方污染严重，并以“长三角”、“珠三角”、东北老工业基地三大区域问题最为严重，西南、中南地区重金属污染问题十分突出，土壤中镉、汞、砷、铅浓度分布从西北到东南、从东北到西南方向呈现

增加的趋势。砷作为土壤主要污染物，已引起国内外广泛关注。中国贵州独山县、湖南辰溪县、云南阳宗海地区、邳苍分洪道地区、河南大沙河地区、广西河池市都是砷污染的集中发生地。据统计，中国占有全球砷矿资源探明储量的 70%，其砷渣年产量为 50 万 t，累积囤积的砷渣达 200 万 t[5]。广东省连南县炼砷遗址向环境中堆放的含砷 214%～518%的废渣尾砂共计 2147 万 t，污染土地面积达 1128hm^2[6]。含砷尾矿中砷浓度在 1000$mg\cdot kg^{-1}$ 以上，含砷尾矿库堆放促使砷进一步释放进入土壤，对生态圈造成大范围污染。中国和瑞士研究人员联合研究结果表明，中国有近 2000 万人生活在土壤砷污染高风险区，包括新疆塔里木盆地、内蒙古额济纳地区、甘肃省黑河地区、华北平原的河南和山东等，中国土壤砷浓度超过 10$\mu g\cdot L^{-1}$ 的地区总面积为 58 万 km^2[7]。湖南、湖北等省份都存在砷超标土壤，上海、天津、广州和南京等城市也都存在远超背景值的含砷土壤。

表 10-3　无机和有机土壤污染现状

污染物	超标率/%	不同程度污染土壤所占比例/%			
		轻微	轻度	中度	重度
镉	7.0	5.2	0.8	0.5	0.5
汞	1.6	1.2	0.2	0.1	0.1
砷	2.7	2.0	0.4	0.2	0.1
铜	2.1	1.6	0.3	0.15	0.05
铅	1.5	1.1	0.2	0.1	0.1
铬	1.1	0.9	0.15	0.04	0.01
锌	0.9	0.75	0.08	0.05	0.02
镍	4.8	3.9	0.5	0.3	0.1
六六六	0.5	0.3	0.1	0.06	0.04
滴滴涕	1.9	1.1	0.3	0.25	0.25
多环芳烃	1.4	0.8	0.2	0.2	0.2

土壤作为开放系统，其环境污染受到多重因素叠加影响。中国局域性土壤重度污染主要源于工矿企业的污染物排放，耕地土壤污染主要来自农业生产活动，大区域及流域土壤重金属超标则是工矿生产与自然环境背景共同作用的结果。作为局域污染主要来源的工矿企业主要包括金属矿冶活动、重污染企业生产活动、工业废弃地及废弃物堆放活动和燃煤等。20 世纪 90 年代以来，社会经济结构调整导致大批工业企业搬迁或关闭，成为大范围或区域性的土壤污染的又一要因。研究资料表明，中国每年约有 60 万 t 石油通过“跑冒滴漏”等途径排放到环境中，并主要积累在土壤中。中国燃煤年均释放汞的排放量高达 220t 以上，占排放总量的 38%[8]。

农业生产过程中的污水灌溉，农药、化肥、农膜等产品使用，秸秆燃烧，畜禽养殖，污泥施用等是大范围耕地土壤污染的主要原因。六六六和滴滴涕等有机氯农药于 20 世纪 80 年代被全面禁止使用，但由于它们的稳定性和持久性特征，目前仍能够在土壤中普遍检出，并在个别区域残留较高的浓度。中国化肥施用量占据世界前列，其中仍逐年增加的磷肥施用量，30 年累积量高达 1.63 亿 t，由此进入耕地中的镉含量达数百吨。全国农用塑料薄膜年消耗总量为 176 万 t，从塑料中解吸的酞酸酯释放进入土壤环境，导致大面积污染。截至 2010 年底，污水处理厂含水污泥的 45%用于农业灌溉，中国年污泥产生量约 3000 万 t（含水率 80%），导致大量重金属、多氯联苯、二噁英等污染物进入土壤并持续累积。中国耕地单位面积的化肥、农药、农膜的施用量，皆比世界平均水平高出几倍，其中化肥的有效使用率仅为 35%，农药的有效利用率为 30%，农膜残留率高达 40%。我国的高投入和低效率利用是制约农业可持续发展的主要因素。

中国西南、中南地区丰富的有色金属成矿带也导致了重金属或类金属元素的自然背景值较高，如镉、汞、砷、铅等元素。金属矿冶、高镉磷肥施用活动进一步加剧了区域土壤重金属污染。而长江中下游两岸土壤镉的富集带可能是流水搬运或者洪水冲击形成的。此外，森林火灾也是增加自然背景值的主要因素，中国由森林火灾导致的多环芳烃和挥发性有机污染物的年排放量分别为 40t 和 9.5 万 t，这些污染物通过大气沉降进入地表土壤[9]。中国由土壤污染导致农产品减产和重金属超标的年经济损失高达 200 亿元。湖北省大冶地区土壤镉污染严重，并受到有色金属冶炼活动的长期影响，稻谷和蔬菜中镉严重超标。

10.2.4 全球土壤污染

目前，全球土壤污染面积已经达到 235.8 万 km^2，土壤污染已经成为全球重点关注的环境问题。欧美第二次工业革命及随后的快速工业化和城市化发展，以及粗放的资源利用和环境管理模式、无序的“工业三废”排放，都对各国土壤造成严重污染。例如，1975 年日本东京土壤的六价铬污染事件，1968 年日本农田土壤镉污染引起的痛痛病事件，20 世纪中期美国拉夫运河污染土壤造成的大范围污染事件。欧洲环境署预计净化欧洲已经污染的土壤需要的资金高达 590 亿～1090 亿欧元，这是发达国家都无法承受的高昂代价。2015 年是联合国大会认定的第一个国际土壤年，宗旨为“健康土壤带来健康生活”，以提高人们对土壤环境的安全意识。下面就土壤中主要污染物进行介绍。

（1）农药。早在公元前 7～5 世纪，中国就有使用莽草、牧鞠灭杀害虫的记录，10 世纪就有使用雄黄来防治园艺害虫的记录，18 世纪中期尼古丁提取物被用于灭杀蚜虫，19 世纪中期石硫合剂、波尔多液等被人工制备并用于杀菌活动。1874 年，滴滴涕诞生，并于 1939 年开始用于制备杀虫剂，在二次世界大战期间得到广泛应用。目前化学农药种类繁多，注册过的农药商品就有 2000 个以上。有机氯农药因其价格便宜、长效杀虫而受到农业生产的青睐，但其累积性和难降解特性又使其逐渐为有机磷农药取代。目前全球农药的年总产量约为 220 万 t，其中美国和中国为农药生产大国，分别为 66 万 t 和 60 万 t；德国、印度和日本的农药产量也相对较高，分别为 14 万 t、10 万 t 和 8 万 t。农药使用量的 80%～90%最终排放到土壤，其中 80%以上残留在 0～20cm 的表土层。中国化工信息中心的调查报告指出，目前农药施用导致全球每年约有 35%的农作物损失，但是不使用农药，粮食的损失将会达到 70%。农药对于人类是一把“双刃剑”，至少在今后几十年内化学农药的施用仍然不可避免。

（2）重金属和类金属。地球表层的重金属元素循环与生物体代谢在未受到人类活动干扰之前是相互适应的，多数重金属被埋藏于地层之中。人类将储存于地层的重金属元素及其矿物挖掘出来投入冶金、化学、机械和电子工业中，自然界原有的重金属循环被打破，并造成区域性的土壤污染。例如，土壤中铜含量大于 $250mg \cdot kg^{-1}$ 时，水稻会枯死；砷含量大于 $8mg \cdot kg^{-1}$，水稻生长受到抑制，大于 $40mg \cdot kg^{-1}$ 则减产 50%；铅含量为 $250mg \cdot kg^{-1}$ 时，水稻减产超过 20%。有学者在关于土壤金属污染的一书中展示了 2003 年和 2008 年全球重金属的开采量[10]，其中汞的开采量分别为 1530t 和 950t，镉的开采量分别为 1.7 万 t 和 2.1 万 t，铅的开采量分别为 300 万 t 和 380 万 t，铬的开采量分别为 1583 万 t 和 2150 万 t，砷的开采量分别为 2.8 万 t 和 3.6 万 t。该书以砷为例阐述了土壤污染程度：全球每年向土壤中输入的砷总量为 0.94×10^8kg，约 42%来自采矿和冶金活动的“三废”排放。世界各区域土壤砷污染程度不同：欧洲表层土壤中砷平均浓度为 $7.0\text{mg}\cdot\text{kg}^{-1}$，而在富含金矿的波兰西南部下西里西亚省，土壤中的砷浓度达到 $18100\text{mg}\cdot\text{kg}^{-1}$，孟加拉国、印度的西孟加拉邦、越南和阿根廷，砷污染导致超过 3900 万人受到不同程度的毒害，其中 700 万人遭到严重伤害。

（3）持久性有机污染物。土壤中的持久性有机污染物主要来自有机氯杀虫剂。PCBs 于 1881 年初次合成，并于 1929 年在美国孟山都公司开始工业生产，随后法国、德国、日本等国家开始规模化生产。20 世纪 60 年代，PCBs 的全球产量达到高峰，年产 10 万 t。目前全球投入使用的 PCBs 已超过 100 万 t，其中至少有四分之一释放进入环境。土壤中 PAHs 主要来自大气沉降、生活污水和工业废水及固废输入。图 10-3 为全球 12 个区域表层土壤中 20 种 PAHs 总和的平均浓度，为 $4.8\sim186000\mu\text{g}\cdot\text{kg}^{-1}$。平均而言，城市土壤中污染物浓度高于森林、草原和农田。

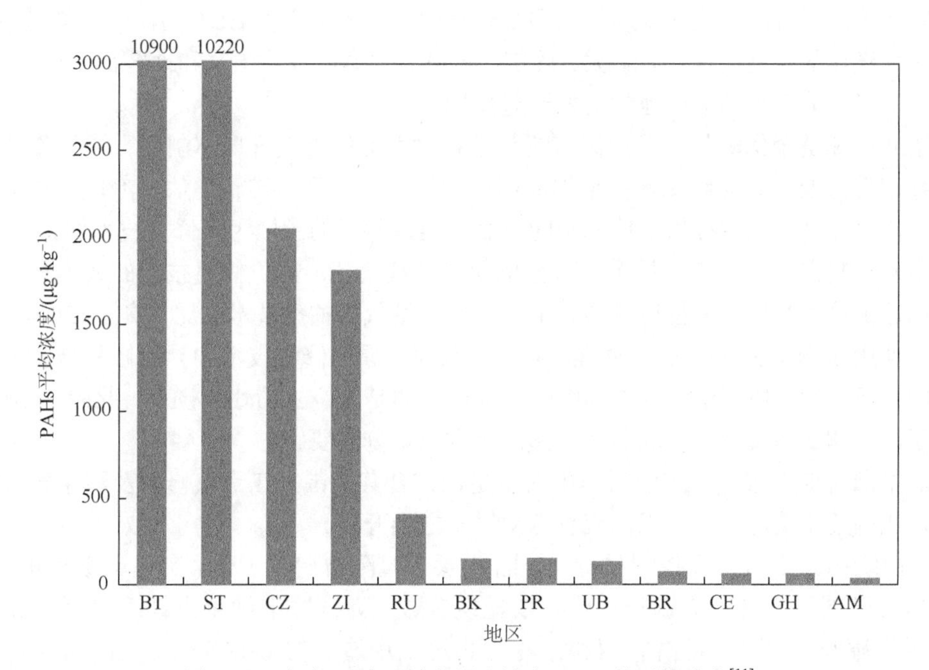

图 10-3　全球 12 个区域表层土壤中 PAHs 的平均浓度[11]

n 代表采样点个数；BT，德国拜罗伊特城市土壤，$n=48$；ST，德国施特凡斯基尔兴城市土壤，$n=5$；CZ，捷克波西米亚山森林土壤，$n=9$；ZI，斯洛伐克铝冶炼厂附近森林土壤，$n=3$；UB，巴西乌贝兰迪亚城市土壤，$n=18$；BK，泰国曼谷城市土壤，$n=30$；RU，俄罗斯莫斯科城市土壤，$n=35$；GH，加纳阿克拉郊区的农业土壤，$n=4$；PR，北美天然牧场土壤，$n=18$；BR，巴西六个不同生态区表层土壤，$n=47$；CE，巴西塞拉多草原土壤，$n=3$；AM，巴西亚马孙热带雨林土壤，$n=4$

10.3　土壤污染防治

中国是世界土壤污染最为严重的国家之一，同时也面临着诸多土壤环境保护的挑战：其一，中国较大规模重工业的迅猛发展使区域性和流域性的污染物将持续增加；粗放型的资源开发和利用体系也将继续向土壤中排放大量的有机污染物和重金属；同时为了保证粮食供给，农药、化肥等附属产品仍在源源不断地进入土壤。其二，多年累积的土壤问题集中爆发，抗生素、激素、放射性核元素等物质进入土壤，土壤污染呈现交叉性复合污染，进一步增加了修复难度。其三，中国还未建立完善的土壤监管体系，现有环境法律法规不能保证土壤监管的顺利有效实施。其四，科技支撑能力不足，基础研究薄弱，土壤污染治理投入不足。

相比而言，发达国家的土壤污染修复发展得较为成熟。欧美等国的土壤修复可以追溯到20世纪70年代，环境立法是防治土壤污染的有效手段。

美国于1980年颁布《综合环境反应、赔偿与责任法》（又称《超级基金法》），强调土壤污染防治，旨在保障无法确定责任主体或责任主体无力承担治理费用情况下的土壤污染治理。加拿大设立环境部长理事会，并于1989年发布《国家污染场地修复计划》，制定了土壤和水体环境质量标准指南，此外，2005年又发布《联邦污染场地行动计划》。1987年荷兰实施《土壤保护法》，明确历史性污染和新污染的处置方式，并于2008年颁布《土壤质量法令》，确定新的土壤质量标准框架。1970年日本颁布《农用地土壤污染防治法》，又于2002年通过《土壤污染对策法》用于管理城市工业用地的土壤污染。土壤修复的生命周期需要资金投入以保证运行。就美国而言，土壤修复周期的四个时段中，投入资金占GDP的比例先增长后下降，从投入资金变化的角度而言，加拿大、美国、西欧、日本等发达国家和地区都已进入稳定期，而印度、中东、非洲等国家和地区则处于起步期。

除了立法和资金保障外，发达国家还具备相对完善的土壤管理体制和土壤修复技术。美国从联邦、地方及非政府组织等三个层面形成土壤管理体系，实施评估、治理、再评估的治理流程，政府和私人共同提供土壤修复的资金。美国常用的土地污染修复技术中，约60%的污染源修复项目采用原位修复技术，该比例保持持续增长。原位修复技术的成本相对较低，不需要挖运土壤。在所有原位修复项目中，采用土壤气相抽提技术的比例高于30%，多相萃取技术的使用比例也呈现明显增加的趋势。在欧洲，原位修复技术和异位修复技术所占比例大致相同，但实际土壤污染修复工程中应用最广泛的是原位生物处理技术。此外，因地制宜，根据土壤污染和土壤质地，采取适宜的修复技术也十分重要。

针对中国目前土壤污染防治工作中的不足，结合其他国家在土壤修复及污染管理中的先进经验，我国的土壤污染防治工作应重点从以下方面开展。

（1）围绕国家土壤污染控制目标，全面开展土壤污染调查工作，实现土壤污染信息化。目前我国已开展了土壤污染调查工作，依托现有数据，同时继续重点针对农用地和重点工业企业污染源开展调查，摸清农业和工业污染对土壤造成的影响范围、空间布局及对社会经济发展的影响。在此基础上，构建土壤环境的监测网络和信息化管理平台，形成持续性的土壤监测工作，发挥土壤环境数据在污染防治、城乡规划、农业和工业生产及土地规划中的作用。

（2）完善土壤污染防治政策法律法规。因地制宜制定与污染防治、农产品质量安全、城乡规划、土地管理相关的法律法规，补充土壤污染防治相关法律。确定污染土壤治理与修复工作所应用的一系列相关标准，推进土壤环境质量评估和等级划分，土壤污染环境调查和风险评估及土壤污染治理与修复等技术规范。

（3）确定土壤环境保护优先区域，保障食品安全和人居环境安全。土壤污染防范的重要措施主要在于农用地的分类管理和建设用地的准入管理。按照污染程度的不同，将农用地划为优先保护类，包括未污染和轻微污染区；安全利用类，包括轻度和中度污染区；严格管控类，包括重度污染区。结合土壤污染监测信息网络，保障耕地的存续质量和数量。推行秸秆还田、少耕免耕、粮豆轮作、增施有机肥、农膜减量与回收利用等技术，减少农业附属产品进入和滞留土壤。同时还需严格控制优先保护区新建污染严重的工业企业，并积极推进新技术和新工业的升级改造。

（4）强化未污染土壤保护，严控新增土壤污染。有规划有秩序地开发和利用土地资源，强化空间布局的管理和控制。未利用地应严格防止土地污染，待开发未利用地不符合相关标准者不允许耕种食用农产品，并禁止向未利用地排污和倾倒有毒有害污染物。建设用地应严格排查重点污染物的建设项目，重视环境影响评价工作的开展，地方人民政府应与重点行业企业签订土壤污染防治责任书。加强区域规划和建设项目的合理布局，依据土壤的环境承载能力，合理进行功能区划分及空间定位，实现产业集团式发展，提高土地的集约利用水平和污染的集中处理水平。

习题与思考题

（1）以多环芳烃为例，阐述中国不同地区土壤中多环芳烃的含量、分布及来源，字数不少于 1200 字。

（2）列举 3 条国际上常用的土壤修复技术，并阐述其原理和优缺点，字数不少于 800 字。

参 考 文 献

[1] 全国土壤普查办公室. 中国土壤分类系统. 北京：农业出版社，1992.

[2] 龚子同. 中国土壤系统分类——理论・方法・实践. 北京：科学出版社，1999.

[3] 中国科学院南京土壤所土壤系统分类课题组，中国土壤系统分类课题研究协作组. 中国土壤系统分类检索. 第 3 版. 合肥：中国科学技术大学出版社，2001.

[4] Fairbridge R W， Finkl C W. The Encyclopedia of Soil Science. Pittsburgh：Academic Press，1979.

[5] Chao S，Jing L Q，Zhang W J. A review on heavy metal contamination in the soil worldwide：Situation，impact and remediation techniques. Environmental Skeptics and Critics，2014，3：24-38.

[6] 朱昌洛，沈明伟，李华伦. 含砷矿产开发中砷害防治现状. 矿产综合利用，2005，5：331-341.

[7] Eodriguez-Lado L，Sun G F， Berg M，et al. Groundwater arsenic contamination throughout China. Science，2013，341：866-868.

[8] United Nations Environment Programme（UNEP）. Global mercury assessment：Sources，emissions，releases and environmental transport. UNEP Chemicals Branch：Geneva，Switzerland，2013.

[9] United Nations Economic Commission for Europe（UNECE）. Protocol to 1979 convention on long range transboundary air pollution on persistent organic pollutants. Cenevese：UNECE，1998.

[10] Kabatapendias A. Trace Elements in Soils and Plants. Boca Raton：CRC Press，2010.

[11] Wolfgang W. Global patterns of polycyclic aromatic hydrocarbons（PAHs）in soil. Geoderma，2007，141：157-166.

第四篇　环境健康问题

第 11 章　环境污染与生态风险

11.1　生 态 系 统

人类活动导致的环境污染，包括工业生产中有毒有害物质的释放、农业生产中化肥和农药的施用、日常生活中化学品的使用、固体废物填埋及泄漏等，在大气圈、水圈和土壤圈都造成了不可忽视乃至不可修复的损害。这些环境污染所引发的生物效应也逐渐引起了人们的重视，如城市中苔藓植物的退化消失、水体中生物的连锁病变反应和消亡、区域生物多样性的降低等。

生物包括动物、植物和微生物，这些生物与其生活相关的无生命物质环境共同构成了生态系统。生态系统是指在一定时间和空间范围内，生物体（动物、植物、微生物）和非生物之间，通过物质循环和能量流动等交换作用，相互依存，具有一定结构、功能和服务的统一整体。地球整体可以看作一个生态系统，而根据空间区域和功能的不同，也可分为不同的生态系统。在生态系统中，环境为生物提供必要的生存生活条件，影响并改变着生物，使生物体不断发展进化，而与此同时，生物体也持续改变着其周围环境。环境与生物形成了相互作用、相互依赖和相互制约的对立统一关系。一个完整的生态系统包括生产者、消费者、分解者和无生命物质。生产者包括绿色植物和自养微生物，它们可以利用太阳能和化学能将无机物转化为有机物；消费者主要指各种动物；分解者包括各种具有分解能力的微生物，可以将复杂有机体逐步分解成简单的化合物；无生命物质则指生态系统中的各种无机物、有机物的综合体。生态系统内部各单元间存在着基本的物质循环和能量流动，而在健康的生态系统中生产者、消费者和分解者保持着相对完整性和平衡状态（稳态），以维系正常的物质循环和能量流动。

环境污染作为一种外界干扰可能会打破生态系统的平衡状态。当这种外来干扰控制在一定程度时，生态系统的自净能力可以重新恢复系统平衡状态，然而，随着人类活动对环境的干扰强度和范围的增加，以及环境胁迫对生物体的不良影响的积累，可能导致生态系统的平衡状态被打破，结构发生明显改变，最终丧失其生态功能和服务能力。例如，湖泊系统中由于营养盐过度输入，藻类暴发，水质发生改变，最终引起湖泊中浮游动物和鱼类等水生生物数量和生物多样性下降等。在保证社会和经济发展的同时，有效维护健康、可持续发展的生态系统是环境管理的基本目标。这需要对环境污染对生态系统造成的不良效应开展科学评估，对其潜在生态风险进行科学预测，为环境污染引起的不良生态效应的防控和管理提供科学依据。

本章主要介绍环境污染引起的生态风险问题及其评价方法框架，并着重讨论生物积累和生物可利用性的环境意义。

11.2　生态风险和生态风险评价

生态风险（ecological risk，ER）是指非人类的生物个体、种群、群落和生态系统受到外界胁迫，导致生态系统内部组分或系统整体的正常结构和功能受到损伤，最终危害生态系统安全和健康的可能性或概率[1]。暴露（exposure）和效应（effect）是风险的两个重要参数。生态风险评价是指通过实验和观测数据等来表征外界胁迫对生态系统及其内部组分的不良影响，开展暴露和效应的分析，综合阐释风险的可能性和程度。生态风险评价可以为风险管理者提供生态风险程度的科学依据，协助管理者做出合理的风险管控决策，提高保护生态系统健康的成效。

从 20 世纪 70 年代初风险评价的概念进入环境领域以来，经过近半个世纪的发展，生态风险评价已经具有相当的规模。例如，在前期美国国家研究委员会（National Research Council，NRC）提出的健康风险评价四步法框架（危害识别、剂量-效应关系、暴露评价和风险表征）的基础上[2]，1992 年美国环境保护署（United States Environmental Protection Agency，USEPA）提出了生态风险评价框架[3]，并在此基础上，于 1998 年正式颁布《生态风险评价指南》[1]。此后，多个国家和地区先后制定和颁布了系列生态风险评价方法框架和技术指南，为生态风险评价的开展提供了方法依据和技术支持。

图 11-1 展示了美国环境保护署提出的生态风险评价框架，主要由三个步骤组成，包括问题提出、问题分析和风险表征。另外，往往在问题提出步骤之前还有计划阶段，在风险表征之后还有风险管理与其对接。计划阶段的工作主要为风险评价者和风险管理者及其他利益相关者开展讨论，以便更清楚风险管理的目的和确定评价手段。问题提出是生态风险评价的正式开始，是建立评价计划的阶段，通常进行可用信息的整合、设定评价终点、选择分析模型等；问题分析阶段是分别对所获取的暴露和效应的数据进行评估，如污染物的环境行为、确定暴露-效应关系和分析结论等内容；风险表征阶段，则根据暴露和效应的分析结果进行风险表征，并对风险表征结果和不确定性进行描述，提供有效的风险评价证据。风险评价者和风险管理者在整个评价过程中不断交流沟通，并根据生态风险评价结果，管理者可及时、有效地做出防控和修复等行动的决策。数据获取、验证和监管将一直贯穿于整个生态风险评价和风险管理过程，以便有效开展过程控制，减少风险评价的不确定性。

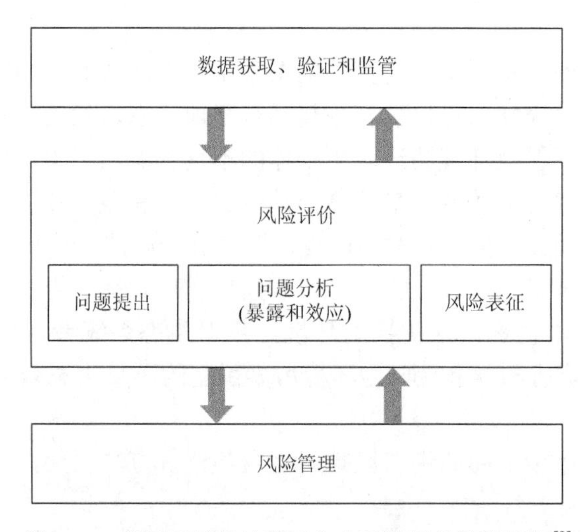

图 11-1 美国环境保护署对生态风险评价的框架图[2]

在此生态风险评价框架的基础上，现有的评价方法主要分为商值法和多级概率生态风险评价法[4]。商值法通过风险商（risk quotient，RQ）对研究目标进行评价，首先计算 RQ，即污染物的环境暴露浓度（环境监测或模型估算）与可能产生效应的阈值（如该污染物对模式生物的半数致死浓度、半数效应浓度和无不良效应浓度等）的比值，然后将 RQ 与评价标准对比，初步判断该污染物的生态风险。商值法是使用时间最长、目前使用最广泛的生态风险评价方法，其最大的优势是简单、快速且对数据要求相对较少，而其最主要的不足是作为单点评估，难以考虑暴露或效应的分布概率，评价不确定性高。故此，商值法多用于低层次的定性筛选评价。多级概率生态风险评价法包括了以商值法为代表的定性筛选评价方法，以及以概率风险评价为基础的高级评价方法。低层次筛选评价法多以假设和简单模型为基础，往往得到比较保守的评价结果。因此，如果低层次筛选评价结果显示可能具有生态风险，则进一步综合考虑暴露和效应分布概率，进行更高层次的风险评价。目前常用的高层次生态风险评价方法包括物种敏感性分布（species sensitivity distribution，SSD）、暴露浓度分布（exposure concentration distribution，ECD）、联合概率曲线（joint probability curve，JPC）和风险商分布等。

进行生态风险评价，需要综合分析环境污染物对生态系统中测试受体的暴露和效应信息。暴露分析可以通过实验监测或模型模拟等实现，而效应分析则可通过毒性测试和生态调查等完成。在生态风险评价中，环境污染物的生物积累和生物可利用性对暴露指标的表达具有重要影响，直接影响外源污染物在生物体内的富集量，从而影响其毒性效应。因此，接下来将对生物积累和生物可利用性进行讨论。

11.3　生物积累与生物可利用性

11.3.1　生物积累的定义和影响因素

生物积累是指生命有机体通过水、空气、土壤、食物等途径从环境中吸收、吸附、吞食外源性物质，同时该外源性物质的吸收速率超出体内的清除速率（呼吸道/体表、排泄物、生物代谢及生物稀释），并且在一定时间内不断积累，从而造成外源性物质在生物体内的净累积现象。

生物浓缩特指生物体通过非吞食方式，如呼吸系统、体表/表皮、植物根部的吸收等，从外界环境介质中吸收并蓄积外源性物质的现象。

生物放大特指生物体通过摄食过程，所形成的生物体内的外源性物质的浓度随着营养级（某一捕食者和一个特定的被捕食者）的升高而逐步增大的现象。

当外源性物质在生物体及其环境介质中达到稳态时，可以用生物积累因子来描述生物积累的程度。生物浓缩的程度可用生物浓缩因子（BCF）来描述，即生物体内该化合物与其在环境介质中浓度的比值（$BCF = C_{biota}/C_{environment}$）。该系数可以在稳态阶段利用浓度比进行计算，一般称为稳态的生物浓缩系数（BCF_{SS}），另外也可采用动力学参数进行估算，为吸收和消除速率常数之比，也称为动力学生物浓缩系数（BCF_K）。由于疏水性强的有机物在水体和生物体中的浓度达到平衡所需的时间较长，BCF_{SS} 的测定较为困难，实验方法中多以 BCF_K 为度量指标。生物放大过程可用生物放大因子（BMF）来描述，即捕食生物与被捕食生物中该污染物的浓度比（$BMF = C_{biota}/C_{diet}$），或可以用该化合物的逸度比（f_{biota}/f_{diet}）进行表示。

其中，严格意义上的生物浓缩因子，只可通过实验室内控制实验获得，避免摄食途径的干扰。目前国际上已有相关标准的操作要求，但受试生物多为水生生物（主要是鱼类），唯有严格按照相关标准进行所获取的生物浓缩因子才具有可比性。同样，生物放大因子也可通过严格的控制实验获取，以排除生物浓缩作用。而在野外观测获得的数据，难以区分污染物进入生物体的途径，因此，从野外观测获得的数据计算得到的是生物积累值，而非生物浓缩因子或生物放大因子。

由上可知，生物积累、生物浓缩和生物放大既有关联，又有所区别，它们描述了生物体从外界环境中摄取外源性物质的不同途径。生物积累过程包括生物体对外源性物质的所有摄取途径（如饮食、呼吸和皮肤接触等），因此包含了生物浓缩和生物放大过程，是二者综合的结果。通过生物浓缩和生物放大的积累过程，环境中某些污染物的浓度在食物链高端生物体内可以被显著地放大。例如，某湖水中有机氯农药 DDT 的浓度为 0.000003$\mu g \cdot mL^{-1}$，通过生物浓缩，DDT 在浮游生物体内可达到 0.04$\mu g \cdot mL^{-1}$，再进一步通过食物链传递的生物放大，在小鱼和大鱼体内分别达到了 0.5$\mu g \cdot mL^{-1}$ 和 2$\mu g \cdot mL^{-1}$，而最后在捕食鱼类的水禽中检出 25$\mu g \cdot mL^{-1}$ 的 DDT，也就是说，通过生物积累（包括生物浓缩和生物放大），DDT 的浓度被放大了约 1000 万倍。影响生物积累、生物浓缩和生物放大的因素多而复杂，往往需要通过严格的控制实验来研究，直接使用野外观测数据时需谨慎分析，综合考虑不同影响因素。此外，模拟估算的方法也常用于描述和预测生物积累等过程，虽然方法行之有效，但是模型构建的细节需要仔细推敲。

影响外源物质在生物体内的积累有多种因素，主要包括生物自身特性、外源性物质本身的理化性质及环境条件等因素。不同化合物的生物浓缩系数可以有多个数量级的差异，从个位到万位，甚至更高。不同种生物或同一种生物的不同器官、组织和生物发育阶段等，对同一种物质的积累能力，以及污染物在生物体内达到平衡时的时间，也都有所不同。例如，两种鱼类虹鳟鱼（rainbow trout，*Salmo gairdneri*）和黑头呆鱼（fathead minnow，*Pimephales promelas*）在 15℃时对六氯苯的生物浓缩系数分别是 5500 和 16200[5]。影响生物积累的外源性物质的理化性质，主要包括该物质的水溶性、脂溶性和降解性等。一般而言，水溶性低、脂溶性高和降解性小的物质，其生物浓缩系数高；反之，则相对较低。一般而言，重金属元素、卤代烃类，以及稠环、杂环等有机物具有较高的生物浓缩系数。例如，黑头呆鱼在 25℃下对多氯联苯混合物 Aroclor 1260（卤代烃类）的生物浓缩系数为 194000，而对 1, 2, 4-三氯苯是 2800，5-溴吲哚为 29[5]。不同的环境条件也会显著影响外源性物质在生物体内的积累，主要影响因素包括温度、水的硬度、pH、氧含量、盐度和光照状况等。例如，蓝绿鳞腮太阳鱼对水体中多氯联苯的生物浓缩系数，在水温为 5℃时为 6000，而在水温升到 15℃时变为 50000，也就是说随着水温升高，生物浓缩系数显著增加[6]。

11.3.2 生物可利用性的定义及定量表征

由 11.3.1 小节中生物浓缩的概念可知，唯有自由溶解态的外源性物质才能通过鱼鳃或者体表的上皮细胞等扩散转运至体内，并在生物体内通过毒代动力学过程到达毒性作用靶位。这就涉及了生物可利用性的概念。在实际环境介质中，外源性物质常与颗粒物等结合或被溶解性的有机物吸附，影响外源性物质被生物体吸收，并最终可能降低该物质在生物体内的富集和毒性作用靶器官的浓度。也就是说，生物可利用性与外源性物质通过一系列体外和体内过程到达生物体靶器官中毒性作用靶位的浓度相关。然而，在实际测量与操作过程中，存在难以准确测定污染物在水体或暴露生物的靶器官的浓度等问题，且在不同研究领域对生物可利用性的关注点各有所侧重，致使有关生物可利用性的定义缺乏统一标准。同时，与生物可利用性密切相关的另一概念是生物可及性，在不同场合，这两个不同的概念常被交替使用。

1. 生物可利用性的定义

目前，在环境学科中就生物可利用性的定义，多采用 2004 年由 Semple 等所提出的观点[7]。也就是说，唯有可自由通过生物膜并被生物体所利用的那部分物质才是生物可利用性；而外源性物质在环境介质中束缚态与自由态之间相互转换或被运输至生物膜附近，则为生物可及性。

在此定义的基础上，国际标准化组织（ISO）将生物可利用性分为三个步骤（图 11-2）[8]。第一步，环境有效性（environmental availability）或生物可及性，主要涉及污染物的束缚态与自由态之间的相互交换等环境行为，描述环境污染物的潜在可及性；第二步，环境生物可利用性（environmental bioavailability），是环境污染物穿过生物膜为生物体所吸收的过程（生物吸收过程），该过程与污染物的化学活性直接相关；第三步，毒性生物有效性（toxicological bioavailability），是一个毒代动力学过程，包含污染物在生物体内的转运（transportation）、分配（distribution）、代谢（metabolism）和消除（elimination）等，此外，该步骤也涉及外源污染物在生物体内的作用靶位点所产生的不良效应，以及污染物在生物体内的富集量等。

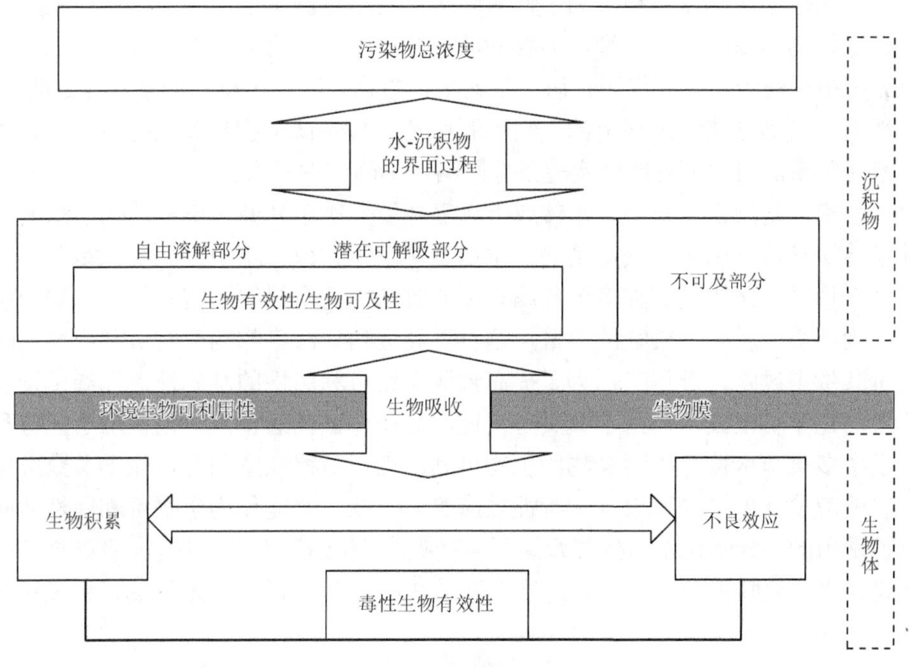

图 11-2　生物可利用性的定义[9, 10]

从上述生物可利用性的定义可知，影响环境中外源污染物的生物可利用性的因素与影响生物积累的因素类似，主要包括三个方面：环境介质的特性、外源污染物的理化性质和受试生物的生理特性。有效地理解环境介质中外源污染物的生物可利用性的定义，明确其影响因素，为发展定量表征生物可利用性的方法提供科学依据。

2. 定量表征

测量生物可利用性的方法根据其表征类型可分为四类：直接生物指标法、间接生物指标法、直接化学指标法和间接化学指标法。其中，直接生物指标法中最典型的应用是将受试生物体直接暴露于含有污染物的环境介质中，待生物积累达到稳态后，直接测定生物体内富集的外源污染物的含量。当生物吸收环境污染物于体内时，可将其转运分配到生物体内不产生毒性作用的位点（如脂肪组织），或分配在能产生毒性效应的靶位点（如靶器官）上，也会发生代谢和消除。在生物积累测试方法中，受试生物体内的外源污染物浓度低于毒性阈值，不足以引发毒性作用。同时，临界体内残留的测量则是将受试生物暴露于可产生含有致死或亚致死剂量的污染物的环境介质中，一定时间下，在毒性作用的靶位点上积累了可致死的临界污染物浓度的污染物，该方法能有机地将外源污染物的毒性效应与其生物积累作用结合在一起。生物积累量和临界体内残留，二者反映了生物体内污染物的连续积累量。这种方法将影响生物可利用性的生物因素（如生物习性、生物代谢等）与非生物因素（如 pH、离子强度、有机质种类和含量等）综合考虑，可以较准确地测定受试生物对外源污染物的生物可利用性。然而，直接生物指标法还必须考虑由于体内生物转化和排泄所损失的污染物的量，才能真正获得生物可利用的量。此外，直接生物指标法还需要和沉积物/土壤的地球化学性质及其与化合物的相互作用等因素结合考虑，才能准确表征沉积物/土壤中外源污染物的生物可利用性。尽管直接生物指标法是生物可利用性的最直观表达方式，但是由于需要开展生物暴露实验，测试周期长、耗费大、实验精度相对较低，限制了该方法的大规模应用。

近年来生物标记法用作生物可利用性的间接生物指标测量也受到了广泛的关注。生物标记法是将受试生物体暴露于含外源污染物的环境介质时，生物体内的大分子、细胞或其他生理生化组分和指标受到污染物作用，所产生的不良生物效应与污染物的暴露量之间的剂量-效应关系。然而，这类方法测定获得的生物可利用性，与受试生物种类，甚至同一种类的不同个体皆有密切关系，同时也可能受实验条件影响，不确定性较大。

间接化学指标是指在沉积物、水体或土壤等环境介质中外源污染物的化学浓度，可以通过多种化学方法获得。例如，采用某些化学溶剂从沉积物或土壤中提取受试污染物，再与生物体内的暴露量进行比较。这种多为耗竭式提取方法，完全提取了沉积物或土壤中所有形态的污染物，为环境介质中污染物的总量，这将过高地估计污染物的生物可利用性，因此难以客观地评价其生态风险。近年来，为了提高预测生物可利用性的准确性，发展了以非耗竭提取方式为主的化学仿生技术，由于其具有快速、简便、低耗的特点，已被用于评价和预测不同环境介质中多类疏水性有机污染物的生物可利用性。值得注意的是，化学参数必须与某些特定的生物响应值（如生物积累量和毒性效应等）关联，才能作为生物可利用性的间接化学指标。目前常用的非耗竭化学仿生技术主要包括吸附-解吸模拟（如 Tenax 吸附剂辅助萃取）和被动采样技术（如固相微萃取）两大类（图 11-3）。尽管这两类技术的测量手段和测定目标

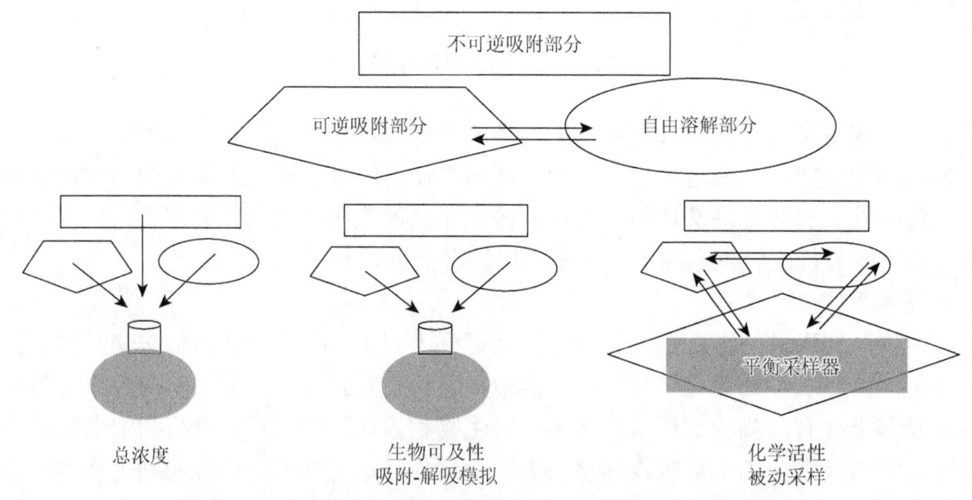

图 11-3　常见的生物可利用性的间接化学指标定量表征方法[11]

是不一样的，但是大量的研究数据表明这两类技术所获得的测定指标都与受试生物体内外源污染物的积累量密切相关（图 11-4），因此它们可以作为生物可利用性的间接化学指标。

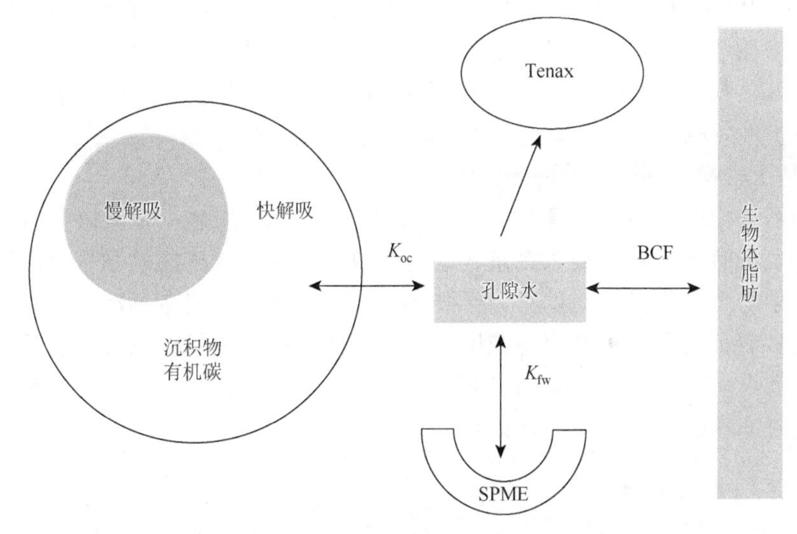

图 11-4　定量生物可利用性的间接化学指标与生物富集量的关系[12]

K_{oc} 代表有机碳-水分配系数；K_{fw} 代表 SPME-孔隙水分配系数；BCF 代表生物浓缩因子；SPME 代表固相微萃取

直接化学指标是通过污染物的理化性质和生态系统特性等参数，将模型计算方法应用于生物可利用性的评价中。其模拟过程是建立在大量的理想假设上，并选择某些间接化学指标与某些直接生物指标反复进行拟合，建立相关关系。然而，因为只有生物体本身才能决定有多少污染物是生物可利用的，所以直接化学指标所预测的生物效应是个相对理论参量。

应该指出，在上述的测量方法中，大多数间接化学指标法测量的是生物可及性，而其他定量方法目前仍然不能很好地表征沉积物和土壤中外源污染物的生物可利用性。寻找更好的表征技术和手段，将会是环境科学家今后一段时期内努力的目标。也就是说，到目前为止，生物可利用性依然是一个无法准确定量的环境参数。正如 Semple 等[7]所感叹的：某生物体 y 利用某一物质 x 的部分到底能否被测量？如果能的话，又该怎样去测量呢？

11.3.3　生物可利用性的环境意义

合理表征外界环境介质中污染物的生物可利用性是设定理解污染物环境迁移行为、有效开展毒性效应和生态风险评价、制定基于生物可利用性的环境管理指标、设定合理修复目标的前提条件。

1）拥有相关沉积物/土壤的生物可利用性指标

随着时间的推移，化合物与沉积物或土壤颗粒牢固地结合，其可提取性与生物可利用性降低，显著降低。例如，在控制条件下，土壤中菲、芘的可萃取量随着时间的延长逐步下降，同时在蚯蚓体内的菲、芘富集量也显著降低。另外，Oleszczuk[13]在采用 Tenax 吸附剂辅助的单点提取实验中，发现污泥中多环芳烃的提取率随环数的增加而减少。其他一些相关研究也发现蚯蚓体内蓄积的多环芳烃主要为低中环（2～4 环）多环芳烃，而相对较高疏水性的化合物则残存于土壤中，难以解吸。此外，利用固相微萃取纤维研究沉积物中不同种类的黑炭对沉积物中不同结构化合物对夹杂带丝蚓的生物可利用性的影响，发现黑炭可显著降低具有平面结构的化合物的生物可利用性，而对非平面结构的化合物无显著影响[14]。此外，沉积物颗粒粒径、生物敏感性等也影响其生物可利用性。

2）建立生物可利用性的间接化学指标与生物毒性效应之间的剂量-效应关系

测定污染物在环境介质中的浓度/逸度，如沉积物孔隙水中污染物常用孔隙水自由溶解浓度表达，推断其生物可利用性，预测生物体内该污染物的积累量。同时，利用生物体内污染物浓度和产生毒性效应的阈值之间的关系，进行毒性效应的预测。

3）建立基于生物可利用性的环境管理指标

在相关的基准（如沉积物/土壤中生物最大允许效应的沉积物/土壤质量准则）设定过程中，提供不产生不良或有害影响的最大剂量（最大无效应剂量）或浓度的参考值，以保护特定生物免受特定化学物质的危害。相对基于沉积物/土壤总浓度或有机碳标准化浓度，基于化合物的生物可利用性表征的生物可利用态浓度，可以降低相关实际暴露量、生态效应和生态风险评价等所产生的误差。此外，如图 11-5 所示，考虑生物可利用性对于制定准确有效的修复目标、降低修复时间和成本具有现实意义。

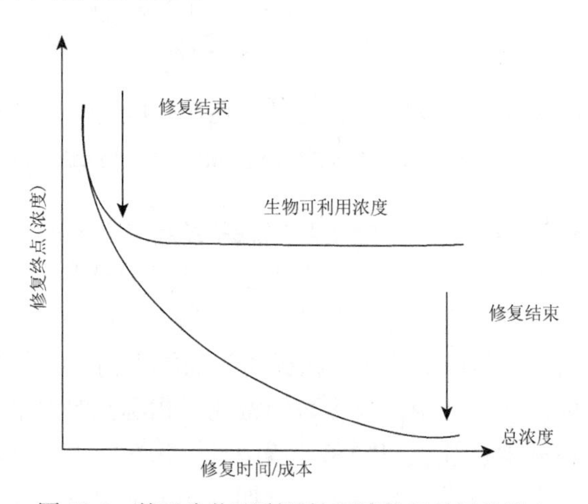

图 11-5　基于生物可利用性环境修复目标的设定

习题与思考题

（1）请列出生态风险评价的基本框架。

（2）请举一例测量生物可利用性的方法，详细介绍其研究思路、技术特点、应用范围等，字数不少于 500 字。

参 考 文 献

[1] United States Environmental Protection Agency. Guidelines for ecological risk assessment. EPA/630/R-95/002F. 1998，63：26846-26924.

[2] National Research Council. Risk Assessment in the Federal Government：Managing the Process. Washington：National Academy Press，1983.

[3] United States Environmental Protection Agency. Framework for ecological risk assessment. EPA/630/R-92/001. 1992.

[4] United States Environmental Protection Agency. Generic ecological assessment endpoints（GEAEs）for ecological risk assessment. EPA/630/P-02/004F. 2003.

[5] Veith G D，de Foe D L，Bergstedt B V. Measuring and estimating the bioconcentration factor of chemicals in fish . Journal of the Fisheries Research Board of Canada，1979，36：1040-1048.

[6] Barron M G. Bioconcentration. Will water-borne organic chemicals accumulate in aquatic animals? Environmental Science and Technology,

1990，24：1612-1618.

[7] Semple K T，Doick K J，Jones K C，et al. Peer reviewed：Defining bioavailability and bioaccessibility of contaminated soil and sediment is complicated. Environmental Science and Technology，2004，38：228A-231A.

[8] International Standardization Organization. Soil quality-requirements and guidance for the selection and application of methods for the assessment of bioavailability of contaminants in soil and soil materials. 2008，ISO 17402：2008.

[9] Harmsen J. Measuring bioavailability：From a scientific approach to standard methods. Journal of Environmental Quality，2007，36：1420-1428.

[10] 王春霞，朱利中，江桂斌. 环境化学学科前沿与展望. 北京：科学出版社，2011.

[11] Reichenberg F，Mayer P. Two complementary sides of bioavailability：Accessibility and chemical activity of organic contaminants in sediments and soils. Environmental Toxicology and Chemistry，2006，25：1239-1245.

[12] You J，Harwood A D，Li H，et al. Chemical techniques for assessing bioavailability of sediment-associated contaminants：SPME versus Tenax extraction. Journal of Environmental Monitoring，2011，13：792-800.

[13] Oleszczuk P. The Tenax fraction of PAHs relates to effects in sewage sludges. Ecotoxicology and Environmental Safety，2009，72：1320-1325.

[14] Pehkonen S，You J，Akkanen J，et al. Influence of black carbon and chemical planarity on bioavailability of sediment-associated contaminants. Environmental Toxicology and Chemistry，2010，29：1976-1983.

第 12 章　环境污染与人体健康

12.1　生命与环境

“生命是蛋白体的存在方式，这个存在方式的基本因素在于和它周围的外部自然界的不断新陈代谢，而且这种新陈代谢一旦停止，生命就随之停滞，结果便是蛋白质的分解”——恩格斯。人与环境在长期共存的过程中，形成稳定的对立统一关系。一般情况下，物质在生物体和环境之间维持着动态平衡。20 世纪 70 年代，英国地球化学家汉密尔顿对 220 名患者体内的化学元素含量及地壳中各相应元素的含量进行测定，研究结果表明人体血液中除一些主要成分（碳、氢、硅）以外，其他元素的丰度与地壳中的元素丰都相似，如图 12-1 所示[1]，由此可以说明人体化学组成与地壳演化具有亲缘关系。这一地壳丰度控制生命元素必需性的现象称为“丰度效应”。人体微量元素丰度与地壳元素丰度呈正相关，这是物质在环境与生物之间传递的结果。地壳中的元素在流体和生物的共同作用下，被植物吸收并蓄积，通过食物链被草食性动物或微生物进一步吸收和富集，最后逐步传递到人体。

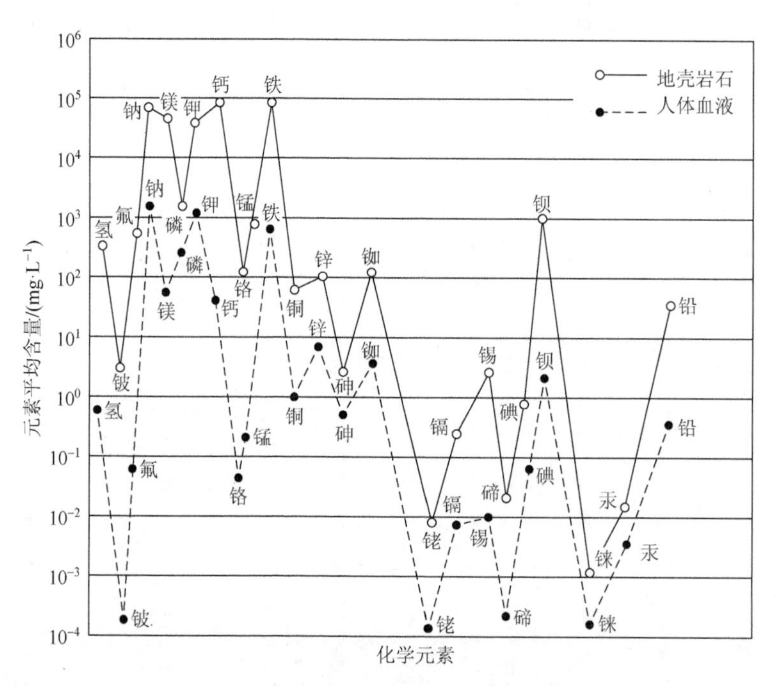

图 12-1　人体血液元素与地壳中元素丰度曲线比较

环境包括人类生存的全部空间，包括自然环境和社会环境。世界卫生组织将人体的健康定义为不仅躯体没有疾病，还要具备身体健康和良好的社会适应能力。现代人体的化学成分是人类长期在自然环境中吸收交换元素并不断进化、遗传、变异的结果。人体中某种元素的含量与地壳元素标准丰度曲线发生偏离，就表明环境中该元素对人体健康产生了不良影响。由于人为活动的影响，环境被迫接受有害物质并可能被污染，污染物对生物和人类的正常活动，如生长繁衍，都可能产生有害影响。环境的一切异常改变都会对周围的生物体产生影响。

如人在某一地方长时间居住，就会发展自己体内的种种代谢或代偿功能，从而能够从环境中获取适量的微量元素以便维持正常的生理功能。而一旦当他到新的地点进行生活时，由周围环境通过饮食进入体内的微量元素的含量会有变化，此时人就会重新调节自己体内的各种机能，并适应在这过程中所出现的一系列不适的反应。

人体受到外界刺激，导致内部元素分布失衡，从而影响了人体健康。微量元素深刻地影响着人体的生长发育及内部代谢。例如，元素碘是产生甲状腺素的必需元素，甲状腺素能够促进新陈代谢和生长发育。缺乏碘的摄入，会影响人体生长发育，出现发育缓慢停滞，甚至会引起小脑发育障碍、大脑萎缩等不良结局。此外，微量元素摄入必须适量，不足或过量都有可能干扰人体内分泌的功能。人体摄入不适量的铁、铜、锌等微量元素，有可能造成免疫力下降，受细菌感染的概率增加。基因对人类慢性疾病的影响可能小于 10%，而《世界卫生报告》列出的 102 类慢性疾病和伤害中，有 85 类都受到环境因素的影响。据统计，5 岁以下儿童所患的各种疾病中，由水污染和大气污染等外部环境因素造成的疾病约占三分之一。某些疾病的发病率，如癌症、心血管疾病、下呼吸道感染、肌肉骨骼疾病等，在环境较好的发达国家要低于一些环境污染严重的国家。由此可见，环境污染对人体的影响是至关重要的。

地球上的气候、水文、生物、土壤等都与温度的变化密切相关。伴随地表热能的纬度分布规律，气候、水文、植物等都呈现明显的地带性分布规律。而元素的化学活动与这些因素也具有密切关系。因此，元素分布具有地球化学分带特征（表 12-1）[2]。

表 12-1　中国的自然地带与地球化学环境带

位置	气候带	植被带	土壤带	地球化学环境带
东部地区	寒温带	落叶针叶林	棕色针叶林土	酸性、弱酸性还原和中性氧化的地球化学环境
	温带	落叶阔叶林	暗棕壤、棕壤褐土	
	亚热带	常绿阔叶林	黄棕壤、黄红壤、砖红壤性红壤、砖红壤	
	热带	季雨林		
西、北部地区	温带	森林草原	黑钙土、黑垆土	中性氧化和碱性、弱碱性氧化的地球化学环境
		草原	栗钙土、灰钙土	
		荒漠、半荒漠	灰棕漠土、风沙土	
		荒漠、裸露荒漠	棕漠土、风沙土、盐土	
	高寒带	森林草甸	高草甸土	中性、碱性、弱碱性还原的地球化学环境
		草原	高山草原土	
		荒漠	高山寒漠土	

不同的地球化学环境的理化性质差异导致对人类的影响的差异。酸性、弱酸性还原的地球化学环境带气候寒冷而湿润，植被茂盛，腐殖质大量堆积，沼泽发育，泥炭堆积，多属还原环境。该类环境以灰化土、棕色森林土、草甸沼泽土、泥炭沼泽土等为主，pH 为 3.5～4.5 的酸性环境不利于好氧细菌的生长繁殖，故植物残体往往不能被彻底分解，从而使多数元素被禁锢在植物残体中。植物残体长期处于不完全分解状态，导致环境中的矿质营养日益贫乏。中性氧化的地球化学环境带热量较充分，蒸发作用不强，土壤湿度适中，为氧化环境，植物残体能够被彻底分解，腐殖质堆积较少。该区人、畜患地方病的概率较小，只有在山区和平原的局部地区有地方性甲状腺肿大和龋齿流行。碱性、弱碱性氧化的地球化学环境带气候干旱，主要的土壤为灰钙土、栗钙土，在低洼处可见盐土和碱土，地表水和潜水多属碱性，大部分地区的生物元素过剩，流行地方病包括氟斑牙、氟骨症、硒中毒、痛风病（钼过剩），或

因环境中砷过剩而产生皮肤癌。在牲畜中也流行某些地方病，如氟中毒、硒中毒、腹泻（钼过剩）、贫血（铜过剩），或因硼过剩而患肠炎等。酸性氧化的地球化学环境带热量丰裕，水分充沛，元素的生物地球化学循环强烈，风化壳中的钙、钠、镁、钾、硫、锂、硼、碘等元素大量被淋洗流失。典型的砖红壤和红壤，缺乏盐基，土壤呈酸性，各种环境介质和食物中碘十分缺乏，地方性甲状腺肿大的发病范围广泛，且由于钠摄入不足而形成的侏儒、缺铁性的热带贫血症、心血管病也十分广泛。

12.2 环境污染的种类、来源和特点

环境污染按照不同的标准可划分为不同类型。根据受污染物影响的环境介质可分为大气污染、土壤污染、水体污染等；根据人为活动划分为工业环境污染、城市环境污染、农业环境污染等；根据来源属性划分为化学污染、生物污染、物理污染（噪声污染、放射性污染、电磁波污染等）、固体废物污染、液体废物污染、能源污染等。我国根据环境污染的时空分布特性又将其分为点、面环境污染，固定、移动环境污染，恒定、间歇和瞬时环境污染等。

环境污染源于社会生活的方方面面，从工业生产排出的废烟、废气、废水、废渣，噪声，放射性物质，农业生产大量使用的化肥、杀虫剂、除草剂及农田灌溉的地表渗流，到人们日常生活产生的废烟、废气、噪声、污水、垃圾，人们出行使用的交通工具带来的废气和噪声等。2013 年统计的各种环境污染事件及其来源见表 12-2[3]。

表 12-2 不同类型环境污染事故发生频次

污染源	污染物	事故频次	百分比/%	总百分比/%
工业废水	N、P 等营养物	59	17.15	7.09
	有机物	148	43.02	17.79
	重金属	102	29.65	12.26
	除重金属离子外的酸碱性无机盐	80	23.26	9.62
	其他	13	3.780	1.56
	合计	402	116.86	48.32
工业废气和粉尘	含重金属的颗粒	50	43.10	6.01
	硫化物	42	36.21	5.05
	氮氧化物	23	19.83	2.76
	二噁英等次生污染物	6	5.17	0.72
	不含有害成分的颗粒物	11	9.48	1.32
	其他	3	2.59	0.36
	合计	135	116.38	16.22
工业固废	一般固废	5	6.41	0.60
	含重金属的废渣	71	91.03	8.53
	含有机物的废渣	2	2.56	0.24
	其他	65	83.33	7.81
	合计	143	183.33	17.18
生活污水	无机盐类（含 N/P/S/Cl 等）	95	68.84	11.42
	有机物（脂肪、蛋白质、淀粉等）	62	44.93	7.45
	其他	4	2.90	0.48
	合计	161	116.67	19.35
医疗废物	医疗废物	32	103.23	3.85

有害物质进入环境介质中，并且种类和数量超过了正常环境可调控的弹性区间时，就造成了环境污染，可能会对人体造成危害。从人体健康的视角出发，环境污染的基本特征可以归结为公害性、潜伏性和长久性。

（1）环境污染属于区域型公害，在特定的污染物和环境条件下，甚至可以形成全球公害，它不受地域、种族、经济发展的影响，涉及的区域广泛，人口众多，污染对象除了直接从事污染行业的青壮年外，还包括老弱病幼孕。例如，大气污染可能造成城市、地区、全球的环境污染。

（2）环境污染的潜伏性是指有些污染较难及时察觉，一旦爆发后果往往很严重。污染物进入环境后，在区域大气和水等介质的稀释之下，浓度往往相对较低，但由于种类繁多的污染物通过不断的生物和理化变化进行转化、代谢、降解和富集，产生了复杂的联合作用，如相加、协同和拮抗作用等。很多环境污染的危害往往在公害发生后才找到原因，如美国的洛杉矶化学烟雾事件。而慢性危害则需要污染物在体内积累多年，直至晚期无法医治时才被获悉，如日本的水俣病。有些环境污染甚至通过遗传导致下一代畸胎突变。

（3）环境污染对人体的作用时间可以存续很长时间，在特定的环境污染中，接触者甚至可能每天 24h 暴露在污染环境中。有些污染物不易被降解，毒性持续时间长，如有机氯农药滴滴涕在土壤中的半衰期长达 4～30 年。在各种污染物、污染环境、污染情景长期连续不断的影响下，人们的健康与生命受到危害，且很难消除。污染容易治理难，环境想要恢复至未污染前的状态，所花费的时间和金钱是不可计数的，更多的时候环境污染无法修复，甚至造成二次污染。

12.3　环境污染物在人体内的迁移转化

从大气、水、土壤，到膳食、药物和个人护理品，人类所接触的一切物质都可以通过不同途径进入人体，从而对人体代谢造成影响。空气中的气态毒物或悬浮颗粒物，经由呼吸道进入人体；水和土壤中的有毒物质，主要是通过饮用水和食物经由消化道被人体吸收；一些农药、汞、砷等有害物质通过皮肤被人体吸收。污染物进入人体主要通过呼吸、摄食和表皮接触三种途径。暴露指人体可见边界（皮肤、口和鼻腔等）与环境污染物进行接触，使人体暴露在污染之中，这种途径取决于人与环境接触的行为和特征。摄入指污染物通过机体可见边界通道的物理迁移（呼吸、饮食和饮水），穿透人体到达靶器官的过程。吸收指污染物穿越了吸收屏障而被人体所吸收的过程，或直接通过皮肤或其他暴露器官（如眼睛）而吸收污染物的过程。空气、水、食物、土壤中的这些环境污染物经过人体的吸收和代谢过程，最终对人体造成影响（图 12-2）。

呼吸是人体暴露于污染中的最常见的途径。人体肺泡总表面积为 90～160m^2，每天可吸入空气约 12m^3，折合 15kg。肺泡内具有大量的毛细血管，当空气在肺泡内流经时，空气中的气态污染物和极小颗粒物可以穿透毛细血管的壁，从而被迅速吸入血液中，由血液运输到全身各个器官进一步蓄积或者降解。统计数据表明，约有 95%的工矿企业职业中毒事故是由工作环境空气中的有毒物质以蒸气、烟雾、粉尘等形式经呼吸道进入人体造成的。

经皮肤侵入人体的一些有毒物质需要经过三道屏障，第一道是皮肤的角质层，无损伤的皮肤角质层对人体的防护较强，相对分子质量较大的物质不易穿透。第二道是位于表皮角质层下面的连接角质层。连接角质层可以阻碍水溶性毒物的通过，但无法阻挡脂溶性有毒物质。

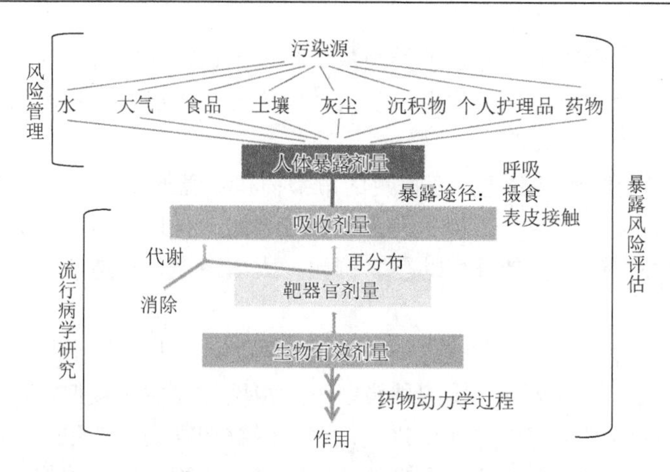

图 12-2　污染物人体暴露来源、途径、作用及相关研究

脂溶性污染物通过表皮以后，其水溶性决定了是否可以进一步扩散和吸收。因此，兼具水溶性和脂溶性的物质（如苯胺）容易通过皮肤进入人体。如果表皮屏障的完整性被破坏（外伤、灼伤），那么可促进毒物的吸收。第三道屏障是表皮与真皮连接处的基膜。基膜属于半透膜，允许小分子通过，对较大的分子有阻碍作用。

相对于皮肤吸收，很多有毒物质都可以通过口腔进入消化道并被人体吸收。对于普通群众而言，所处环境中污染物浓度低于职业人群所处环境，污染物侵入人体的主要途径也随着污染物的种类不同而改变。如对于高分子邻苯二甲酸酯增塑剂而言，膳食暴露为其进入人体的主要途径。表 12-3 展示了中国普通人群对邻苯二甲酸酯的暴露途径，人体每日摄入邻苯二甲酸酯的途径主要源于食品和个人护理品。

表 12-3　中国普通人群对邻苯二甲酸酯的暴露途径（单位：$\mu g \cdot kg\_bw^{-1} \cdot d^{-1}$，平均值）

项目	食品	灰尘	个人护理品	呼吸	总量
邻苯二甲酸二甲酯	0.09	0.0001	0.09	0.02	0.20
邻苯二甲酸二乙酯	0.05	0.0003	134	0.02	134
邻苯二甲酸二丁酯	1.21	0.03	0.50	0.60	2.34
邻苯二甲酸二（2-乙基己基）酯	1.60	0.16	0.65	0.10	2.51

污染物进入人体后，其母体或者代谢产物通过血液传输到人体各组织，与组织结合蓄积或者转化，此过程的产物又由血液进行运输，如此的过程反复进行，最终形成污染物及其转化物在人体内的分布。进入人体的污染物，除一部分水溶性强、相对分子质量极小的污染物被排除人体外，绝大部分都会发生生物转化，在某些酶的作用下进行代谢，从而改变其属性。生物代谢可以对污染物进行降解和排除，一方面可以使污染物变为低毒或无毒的惰性物质，从体内排除；另一方面，生物代谢也可以使污染物质的毒性更强，变为致突变或致癌物。

污染物经过体内循环后可以通过排泄由人体转向环境中，也可以通过生物蓄积效应集中在有机体的某些部位。生物体长期暴露于某种污染物，若进入生物体的量超过排泄及其转化的量，就会造成该污染物在体内含量逐渐增加，该现象就是生物蓄积。蓄积量是机体吸收、分布、代谢转化和排泄各量的总和。污染物在生物体的蓄积常表现为在某些部位相对集中的方式。图 12-3 展示了不同元素在人体内不同的蓄积位置。

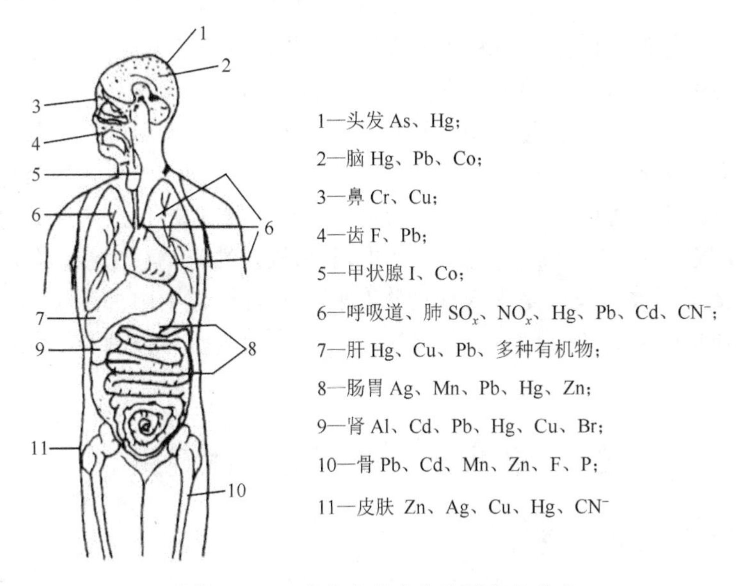

图 12-3　元素在人体内生物蓄积的分布

12.4　环境污染物对机体的影响因素

环境污染物对机体的影响因素包括作用时间、多种因素的联合作用、个体敏感性。污染物进入人体的蓄积量达到中毒阈值时，污染物暴露就会对人体产生危害。人体暴露于污染物的时间越长，污染物的危害就越大。环境污染物对于人体的作用通常不是单一的，与其他环境条件同时作用于人体，这些物理、化学因素的联合作用对人体产生复杂的影响。此外，人体的健康状态、生理状态、遗传因素等，均可以影响人体对环境变换的反应强度和性质。例如，1952 年的伦敦烟雾事件中，年龄在 45 岁以上的居民死亡人数为一般情况的 3 倍，1 岁以下婴儿死亡数比平时也增加了 1 倍。在环境污染的综合作用下产生的人群健康效应如图 12-4 所示。人群对环境污染的响应是存在差异的，大多数人群会出现轻度的生理负荷增加和代偿功能状态，但少数人会产生病理性变化，出现疾病，甚至死亡。

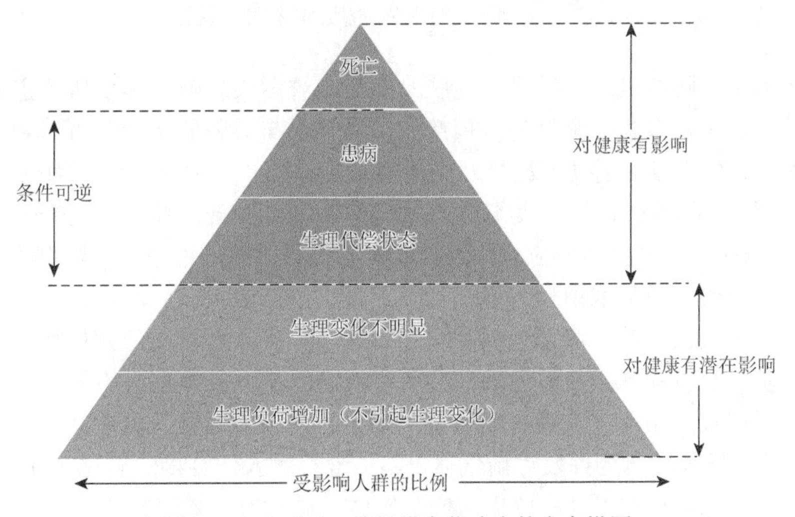

图 12-4　人群对环境异常变化响应的金字塔图

环境污染物对人体健康的最典型和最严重的危害即“三致”作用：致突变、致癌和致畸。致突变作用是指污染物导致生物细胞内染色体及其 DNA 的构成和排序发生改变，从而引起的遗传性特性突变作用，这种突变可以遗传给后代。具有致突变作用的污染物称为致突变物。致癌作用体现为污染物致使体细胞不受控制的生长。能在生物体中引起致癌作用的物质称为致癌物。致癌物根据性质可以分为化学性致癌物、物理性致癌物和生物性致癌物。资料显示，人类致癌因素中，仅有不超过 5%是病毒等生物因素和放射性等物理因素，绝大部分（约 90%）是由于化学物质暴露。致畸作用是指人或动物在胚胎发育过程中由外源性物质或干扰引起的形态结构异常。遗传因素、物理因素、化学因素、生物因素、母体营养缺乏或内分泌障碍等都可引起致畸作用。

12.5　各种污染类型与人体健康

12.5.1　土壤污染与人体健康

土壤污染又称作“看不见的污染”，是不同于大气污染、水污染等通过观察即可察觉的污染形式。土壤污染常被忽视而不能及时治理或者遏制，造成较为严重的污染。根据暴露方式的不同，土壤污染对人体健康的影响包括直接和间接两种方式（图 12-5）。

图 12-5* 土壤污染对人体健康的直接和间接影响

（1）直接影响。膳食摄入、呼吸和皮肤暴露是土壤污染影响人体健康的主要方式。人体在进行室内外活动时，口腔与空气的直接接触，以及手与口腔的接触都可以导致土壤中污染物的吸入和摄入。由于接触活动的减少及生活方式的成熟，年龄 6～12 岁小孩的土壤吸入量是 1～6 岁小孩吸入量的四分之一。尽管土壤的无意摄入可以直接补充一定的矿质营养素（铁、锌等），但是也带来了很多负面效应。在人类口腔与外界接触过程中，土壤中的细颗粒物质会通过大气被人体吸入，在肺泡中积累引起支气管炎、癌症等疾病。土壤灰尘中含有细菌、病毒及霉菌，其通过大气扩散，可以导致呼吸道疾病（如哮喘病）的急剧增加。土壤中还有一些有毒害的挥发性有机物，如土壤中残留的有机农药，进入人体后会引起急、慢性中毒，神经系统紊乱及“三致”作用。土壤（尤其是水稻田）中的硫化物、硫酸盐及有机硫在适宜条件下，部分能够分解和转化为挥发性硫气体，其中含有对人体有毒的硫化氢和二氧化硫气体。土壤中有些放射性元素衰变时会释放出同位素气体，对人的身体健康有一定的危害作用。

环境污染作用于受损肌肤也可以危害人体健康。例如，表层土壤含有破伤风杆菌，当皮肤创伤、烧伤及破损时暴露于含有破伤风杆菌的土壤，就有可能引起破伤风。土壤中的污染物和皮肤频繁接触暴露严重时，人体会产生一些反应症状，如皮肿、贫血、肠胃功能紊乱等。皮肤表面还会吸附一些污染物，如二噁英、有机氯杀虫剂、多环芳烃、多氯联苯等，部分污染物会通过皮肤吸收进入人体从而影响人体健康。土壤在人类生存环境中无处不在，皮肤接触是土壤中污染物质影响人体健康的一个重要途径。

（2）间接影响。土壤和大气、水等其他环境介质进行物质循环，从而影响人体健康，这称为间接影响。土壤中含有大量的有机物，能够在好氧微生物及甲烷菌的作用下分解释放出二氧化碳、甲烷和氮氧化物等温室气体，影响气候的变化，而这种变化又可以反过来影响有机质的分解速率，进而影响温室气体的排放。此外，大气中的污染物质也会转移到土壤中。例如，二氧化硫和氮氧化物通过酸雨的形式进入土壤，使土壤中硫化物和氮元素增加。土壤所含的各种物质成分，经过雨水冲刷后能够经过地表径流、渗流、地下径流，其中一部分最终汇入饮用和娱乐水体中。土壤中的各种元素和物质通过多种渠道进入饮用水体，其含量过高或者过低都会对人体健康产生不良影响。例如，钙离子和镁离子的增加会引起心血管病。此外土壤中氮肥的大量使用及粪便的排放，会导致硝酸盐和氨态氮进入地表水或渗入地下水，人体内的硝酸盐可通过细菌还原为亚硝酸盐，而过多的亚硝酸盐能够使动物中毒缺氧，从而发生正铁血红蛋白血症，特别严重时会导致死亡。

土壤污染还可以通过土地耕种的植物进入人体，从而影响人体健康。土壤中含有各种矿物质、营养元素及污染物，不同地域的土壤中，这些物质的分布特征各有差异。耕种植物从土壤中吸收这些物质，进行蓄积或者转化，最终伴随食物的摄食进入人体，从而对人体健康造成影响。通常情况下，土壤中某些物质的含量会影响当地居民人体中该物质的含量，不适量摄入可能威胁身体健康。例如，典型的缺碘元素导致甲状腺素分泌异常，形成“大脖子病”；缺硒元素不利于体内某些代谢酶合成从而造成代谢紊乱、肌肉变性、营养不良性肝硬化、全身水肿、腹泻等，形成克山病、大骨节病。另一个最直接的例子就是日本发生的“痛痛病”。该病的起因是土壤中镉元素被稻米吸收后进入人体，造成镉元素在人体内的蓄积，最终引发各关节疼痛、骨骼变形、多发骨折等病症。此外，各种农药的大量施用使得土壤中农药残留或者转化物残留严重，特别是一些脂溶性的农药（如有机氯农药滴滴涕）和土壤中的有机质吸附，不仅难以降解，迁移也会受到影响，易造成在植物中的蓄积。综上，植物从土壤中吸收蓄积的有害物质会最终通过食物链影响人体健康，从这个角度来说，土壤污染对人体健康产生的影响要高于水污染和大气污染。

12.5.2　大气污染与人体健康

良好的空气质量是健康生活的重要环境因素。人体每天需要吸入 10～12m^3 的空气来维持正常的生理机能。空气的成分往往受到工业和交通运输行业的影响。在城市化日益发展的今天，越来越多的污染物质被排放到大气中，有些污染物浓度超过了大气环境的自净能力而改变了空气的组成，造成空气污染。大气气溶胶、细颗粒、灰霾及其中吸附的各种污染物都会造成污染，破坏自然环境的理化性质和生态平衡。大气气溶胶、细颗粒、灰霾可以通过呼吸系统进入人体，其中粒径小于 2.5μm 的细颗粒物（$PM_{2.5}$）可以到达细支气管和肺泡。细颗粒物进入肺泡后，机体肺部通气功能被影响，易形成缺氧状态。需要注意的是，细颗粒物一旦进入肺泡，就会不可逆转地吸附在肺泡壁上，不能够被清除出体外。表 12-4 展示了不同粒径的大气颗粒物进入人体的过程。大气颗粒物可通过多种方式对人体健康尤其是心血管疾病的发生产生影响。进入呼吸系统的颗粒物可引起肺部和全身的氧化应激、炎性损伤，激活凝血系统，削弱血管功能，促进动脉硬化；颗粒物还可刺激肺部交感神经产生次级神经反射，导致自主神经系统失衡，引发心律不齐等；颗粒物中的一些可溶性成分还可能穿过肺泡上皮细胞进入循环系统，引起心血管毒性作用。

表 12-4　不同粒径颗粒物进入人体的过程

分类	粒径范围/μm	进入人体的过程
1	＞10	大部分撞击上呼吸道黏膜而被吸附
2	5～10	大部分阻留在气管和支气管
3	1～5	随气流进入呼吸道深部，并有部分达到肺泡
4	＜1	可在肺泡内扩散并沉积下来

我国大气中 $PM_{2.5}$ 的含量在全球范围内处于较高水平。根据世界卫生组织的规定，$PM_{2.5}$ 小于 $10\mu g\cdot m^{-3}$ 是安全值。不同浓度的 $PM_{2.5}$ 都可以引起人体支气管上皮细胞 DNA 的损伤，且短时间内暴露损伤就可以产生，随着浓度的增加，损伤程度加剧。在多种来源的 $PM_{2.5}$ 中，机动车来源的 $PM_{2.5}$ 对人群非意外死亡的影响较大，由于它多在高于地面 1m 左右的层面排放，正处在人体呼吸带附近，容易被人体吸入，从而引起呼吸系统疾病，导致肺功能损害。研究表明，交通干道旁 300～500m 最易受到机动车尾气 $PM_{2.5}$ 的污染。$PM_{2.5}$ 首先通过刺激呼吸道表面的迷走神经末梢，引发支气管痉挛，使呼吸道阻力增加，从而减缓肺部空气的流速，致使肺通气功能下降；$PM_{2.5}$ 还可以引发呼吸道及肺部炎症反应，并最终导致机体呼吸功能受损。

灰霾是近年来我国最严重的大气环境问题之一。灰霾天气时大气浑浊，水平能见度一般低于 10km。由于灰霾是悬浮在大气中的大量微小尘粒、烟粒或盐粒的集合体，各种呼吸疾病和心血管疾病的发生在灰霾天气下会加剧。处于灰霾天气中不利于慢性支气管炎和哮喘患者的康复；心脏病和肺病患者的症状会显著加剧，健康人群会感到不适。灰霾中的“大气气溶胶”中的亚微米颗粒会在呼吸道和肺泡中沉积，可引发鼻炎、支气管炎等病症，长期暴露在含大量细颗粒的灰霾环境中会诱发肺癌。

12.5.3　水污染与人体健康

水是生命之源，人一生要饮用 60t 水才可以维系正常的代谢活动。地面径流和地下径流进入水体中的污染物量超过了水体本身自净能力或纳污能力，使水生生物不同程度地受害并中毒，对人体健康产生了不同的影响。据统计，我国有约有 3 亿人口使用的饮用水不达标，我国江河湖海中发现污染物有 2221 种，其中已确认是致癌物质和可疑致癌物质的有 97 种，还有 133 种是致突变的有毒物质。近年来，我国每年爆发各种规模水污染事件超过 7000 例。人们开始呼吁健康饮水！世界卫生组织提出的好水标准包括：①不含对人体有毒、有害、有异味的物质；②人体所需矿物质和微量元素的含量及比例适中；③水中溶解氧及二氧化碳适中；④pH 呈弱碱性；⑤小分子团水；⑥带负电势，可以清除自由基。而我国大部分居民饮用水无法达到此标准。

水污染中的生物污染最早被发现，其特点是持续时间长、危害大。使用或者接触被生物污染的饮用水或者水产品可能产生的危害称为生物性污染危害，如由病原性微生物而导致的霍乱、痢疾等肠道传染病的发生。通过水传播而发生的传染病、瘟疫等曾夺走了无数人的生命，现今在一些偏远落后的地方仍然会暴发水体生物污染导致的流行病。除此以外，水体污染通常会影响水体的物理或者化学性质，使水体外观看起来很脏。例如，一些污染物会使水体散发出臭味，改变水体颜色，使水体表面形成油膜；一些化学物质会抑制或者加剧水中微生物生长，影响水体的自净能力和水质状况。

水体中各类化学污染物会对人体造成伤害，这是水污染对人体健康危害的主要方面。水体中的化学污染物通过饮用水或者食物链进入人体，有可能造成慢性中毒和急性中毒，如甲基汞中毒（水俣病）、砷中毒、氰化物中毒、农药中毒、多氯联苯中毒等。2010 年，福建紫金矿业集团有限公司的 9100m^3 铜酸污水流入汀江，造成当地渔民数百万千克网箱养殖鱼死亡，直接经济损失达 3187 万元。2012 年，广西龙江河周围工厂违法排放含镉工业污水，引发龙江河镉重度污染，水中的镉含量高达 20t。该水体镉污染事件给龙江河沿岸众多渔民和柳州三百多万市民的生活造成严重不良影响。

此外，工业过程的冷却水、原子能工业排放的辐射废水皆会对人体造成损伤。主要污染物来源于工业，特别是发电厂的冷却水。大量高温废水持续排入水体可使水体温度升高，一是使水中原有部分毒物的毒性增强；二是使水中细菌的分解能力增强；三是使水中藻类生长繁殖加快，加快了水体富营养化，降低了水流速度；四是增加了水中悬浮物的沉降速度，影响了河流排污能力[4]。

12.5.4　食品污染与人体健康

食品污染对人体健康的影响通常表现为污染物直接摄入引起中毒。目前，由食品污染而引起的食源性疾病发病率已居各类疾病的第 2 位。食品的生物性污染包括细菌、病毒、寄生虫等，食品的化学性污染包括农药、金属、多环芳烃等，此外，还包括在畜牧业中滥用抗生素、饲料添加剂等新型食品污染及放射性污染。一次性大量摄入被污染食品会引起急性中毒（食物中毒），如细菌性食物中毒、农药食物中毒和霉菌毒素中毒等。而长期（一般指半年到一年以上）低剂量摄入被污染的食物会引起慢性中毒。慢性中毒一般较难察觉，原因不易追查，但影响广泛。例如，前面提到的水俣病，就是长期食用含有甲基汞大米而引起的慢性食物中毒；长期摄入微量黄曲霉毒素污染的粮食，能引起肝细胞变性、坏死、脂肪浸润和胆管上皮细胞增生，甚至发生癌变。慢性中毒还可表现为一些生殖功能障碍，如生长迟缓、不孕、流产、死胎等，有些污染物还会穿过胎盘屏障导致母体内的胎儿发育畸形。

我国学者从中国主要养鱼区收集了 13 个食用鱼品种（共 390 个个体），并测定了鱼体中持久性卤代烃（PHHS）的浓度[5]。在所有样品中，DDT、HCHs、PCBs 和 PBDEs 是主要的 PHHS 残留物，其含量（湿重）分别为 6 $ng \cdot g^{-1}$（0.14～6989 $ng \cdot g^{-1}$）、0.50 $ng \cdot g^{-1}$（0.13～24.06 $ng \cdot g^{-1}$）、0.10 $ng \cdot g^{-1}$（0.02～7.65 $ng \cdot g^{-1}$）和 0.15 $ng \cdot g^{-1}$（0.001～3.85 $ng \cdot g^{-1}$）（图 12-6）。由此估算，在城市区域人体通过食用鱼类及其相关产品所摄入的 DDT、HCHs、PCBs 和 PBDEs 摄入量的上限分别为 45.5$ng \cdot kg^{-1}_bw \cdot d^{-1}$（表示假设典型体重为 60kg 的人每天的摄入量）、1.35$ng \cdot kg^{-1}_bw \cdot d^{-1}$、0.46$ng \cdot kg^{-1}_bw \cdot d^{-1}$ 和 0.30$ng \cdot kg^{-1}_bw \cdot d^{-1}$，而在农村这些污染物的摄入量分别为 15.9$ng \cdot kg^{-1}_bw \cdot d^{-1}$、0.47$ng \cdot kg^{-1}_bw \cdot d^{-1}$、0.16$ng \cdot kg^{-1}_bw \cdot d^{-1}$ 和 0.10$ng \cdot kg^{-1}_bw \cdot d^{-1}$。

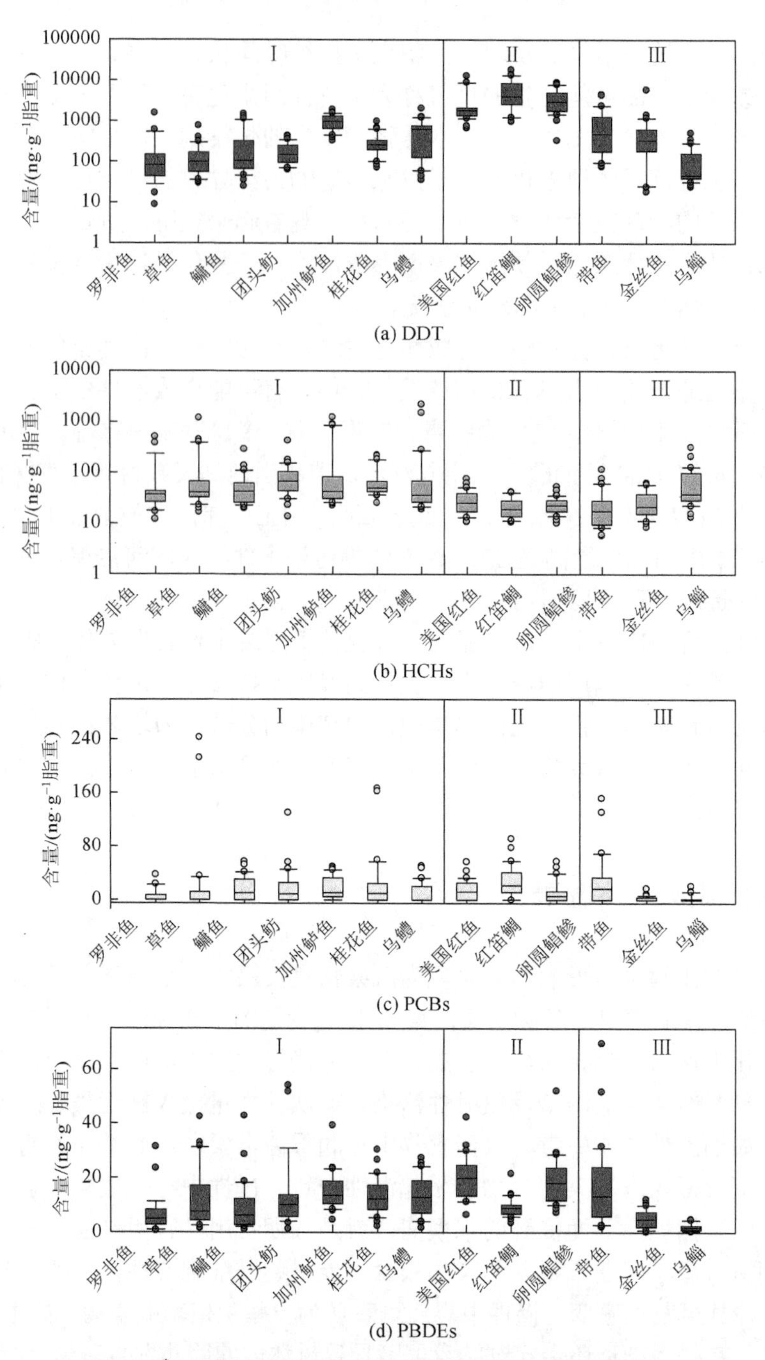

图 12-6* 中国南方食用鱼体内持久性有机污染物的含量

该研究同时也根据 DDT、HCHs 和 PCBs 浓度监测数据给出了以风险为基准的消费建议（图 12-7）：（Ⅰ）淡水养殖鱼；（Ⅱ）海水养殖鱼；（Ⅲ）野生海鱼（消费量：8 盎司/顿 · 70kg 体重）。建议指出，食用海水养殖鱼的健康风险比淡水鱼和海鱼要高。如果以每月食用 16 顿鱼（每顿为 0.227kg）为界限（每月食用超过 16 次表示基本上没有健康风险），对平均体重为 70kg 的食用者而言，鳙鱼（淡水鱼）和金丝鱼（野生海鱼）不会带来健康问题，但其他种类的鱼每月食用次数不宜超过 16 次。致癌风险最大的是卵圆鲳鲹（海水养殖鱼），每月食用建议不超过一次。

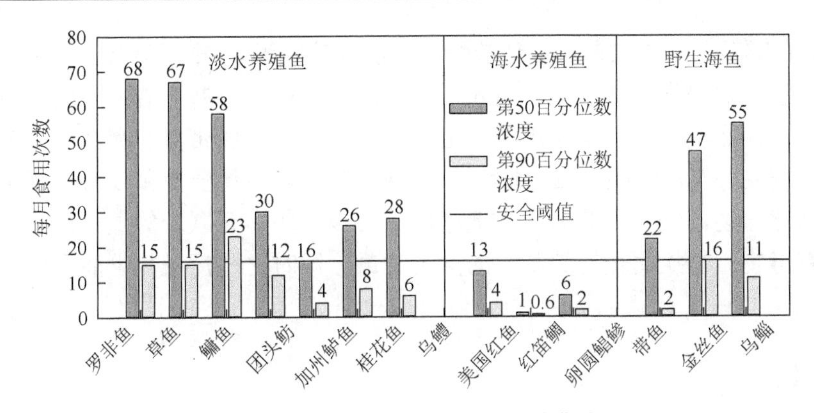

图 12-7　以风险为基础的食用鱼消费建议

12.5.5　噪声污染与人体健康

环境噪声的存在大大降低了人们的生活品质。在人们的正常休息、学习和工作中，常会受到来自各种噪声的干扰，如街道上的汽车鸣笛噪声、建筑工地施工噪声、机械操作噪声及商场喧闹噪声等，这些噪声不仅会影响人类的正常生活，还会对人类的身心健康产生极大的危害，如造成人听力受损、精神状况下降、心情烦躁等，严重者甚至会诱发各种致癌疾病。

长期暴露于噪声能够引起持续性的症状，如高血压和局部缺血性心脏病，影响人们的阅读能力、注意力、解决问题的能力及记忆力。这些在记忆和表达方面的缺陷有可能引发事故，造成不良后果；噪声使人心情烦躁，自控能力变差，增加了寻衅滋事的行为。噪声与精神卫生问题方面的相互关系已经被证实和重视。研究调查显示，城市中婴儿畸形情况的增加也和城市环境噪声有一定的关联性，研究也表明长时期生活在噪声污染中的儿童，其智力水平显著低于正常环境下的儿童。由此可见，噪声污染对人体的伤害不仅在当代，还体现在子代中。

12.5.6　辐射污染与人体健康

磁辐射可以造成强烈电磁干扰，并且给人类的身心健康带来威胁。电磁辐射能够影响人体的视觉系统、机体免疫功能、内分泌系统、心血管系统、生殖系统和遗传、中枢神经系统等。尤其是高频波和较强的电磁场作用人体的直接后果是在不知不觉中导致人的精力和体力减退，使人的生物钟发生紊乱，记忆、思考和判断能力下降，可能会造成白内障、白血病、脑肿瘤、心血管疾病、大脑机能障碍及妇女流产和不孕等，甚至引起癌症等病变。目前，电磁辐射与许多疾病的关系已进入研究阶段，神经变性、生殖疾病、抑郁症等症状与辐射污染之间的关联还需要更多的研究来进一步验证。

12.5.7　电子垃圾与人体健康

电子垃圾拆解过程中产生的重金属和有机物会通过经口摄入、直接吸入、皮肤暴露等途径进入人体。目前电子垃圾的 70%都流入中国，尤其是偏远地区，这些区域中粗放式的回收方式仍然占据主导地位，如露天焚烧、酸洗、显像管粉碎、塑料溶解等。电子垃圾拆解后产生的污染物进入人体可造成内分泌、呼吸、神经、生殖等多个系统损伤，并具有遗传毒性。电子垃圾回收处理中产生的有毒污染物主要是重金属（如 Cd、Pb、Cr、Hg 等）和持久性有机污染物（如二噁英、多氯联苯、多环芳烃、多溴联苯醚等）。电子垃圾污染和人群暴露与健康效应的研究已经取得了一些成果，引起了社会广泛关注。一些学者在电子垃圾拆解地采集地下水、河水、河底沉积物、稻田土壤、稻米、鸡蛋、鱼、脐带血和婴儿胎尿等不同样品进行测定，实验结果表明，这些样品中均含有 6 种多氯联苯的化合物和 3 种非邻位似二氧化杂芑的多氯联苯化合物，经过估算后，当地居民每天吸入的多氯联苯的量已经超过了世界卫生组织和美国有毒物质与疾病登记署制定的参考剂量。同时这些污染物可能会通过母体进一步传递给婴儿。

习题与思考题

（1）结合自身情况，简单计算每天通过呼吸暴露于多溴联苯醚的量（可参考“珠三角”地区大气中多溴联苯醚的含量）。

（2）你最关注的环境污染是什么？你给环境带来的污染有哪些？怎样改善？

参考文献

[1] Hamilton E I，Minski M J，Cleary J J. The concentration and distribution of some stable elements in healthy human tissues from the United Kingdom an environmental study. Science of the Total Environment，1973，1：341-374.

[2] 潘懋，李铁峰. 环境地质学. 北京：高等教育出版社，2003.

[3] 韩玉婷，班婕，翁素云，等. 我国环境污染事故源解析研究. 环境保护科学，2013，39：56-60.

[4] 于玲红，王越，李卫平，等. 水污染对人体健康的损害. 安徽农业科学，2015，(13)：224-225，228.

[5] Meng X Z，Zeng E Y，Yu L P，et al. Persistent halogenated hydrocarbons in consumer fish of China：Regional and global implications for human exposure. Environmental Science and Technology，2007，41：1821-1827.

第 13 章　室内空气污染与人体暴露

13.1　室内空气污染的严重性

室内环境通常指家、办公室、汽车、酒店、饭店等人们生活的相对封闭的环境。城镇人口一生中大部分时间（约 90%）是在室内环境中度过的，其中老人和小孩在室内的时间还要更长一些。良好的室内环境质量是保证人体健康的重要条件。室内污染可分为化学性污染（各种化学污染物）、物理性污染（噪声、振动）、生物性污染（细菌、病毒、花粉、尘螨等）、放射性污染（建筑材料）及电磁辐射污染（家用电器、供电设备等）。从环境介质来看，主要是室内空气污染（颗粒物）和灰尘污染。

高速的城市化进程，密集的城市人口，繁多的工业化日用品，多变的室内装修，使得一些污染物在室内空气中的浓度达到了一定的水平，超过环境可以自己净化的极限，造成室内空气污染。室内空气污染是继煤烟型污染、光化学烟雾型污染后出现的第三代城市大气污染问题。一些研究已经证明室内空气污染程度可高出室外 5～10 倍。以阻燃剂 PBDEs 为例，研究表明，部分广州市普通居民家庭室内空气中该污染物的浓度水平甚至高于电子垃圾拆解地（表 13-1）。不同程度的室内空气污染会对人体构成不同程度的健康危害，如不良建筑物综合征、建筑相关疾病和多种化学物质过敏症。长时间暴露于高度污染的空气中，会提高人体呼吸系统障碍疾病的发病率，5 岁以下儿童的死亡率，鼻炎、咽炎、喉癌和肺癌等疾病的发生率等。

表 13-1　室内与室外大气中持久性有机污染物多溴联苯醚浓度对比

采样地点	国家或城市	BDE-209/($pg \cdot m^{-3}$)	$\sum$non-209BDEs/($pg \cdot m^{-3}$)	采样年份	参考文献
办公室	斯德哥尔摩	2400（57～3600）	900	2006～2007	[1]
家庭	广州	250（39～11000）	630（125～2900）	2004～2005	[2]
办公室	广州	170（80～14000）	520（181～8300）	2004～2005	[2]
家庭	美国		440（76～2100）	2001	[3]
工作场地	伯明翰		1100（82～16000）	2001～2002	[4]
家庭	伯明翰		125（60～1600）	2001～2002	[4]
室外电子垃圾拆卸地	广东清远	3600（2500～4100）	2200（2000～2300）	2012	[5]

注：括号内的数值代表范围值。

世界卫生组织公布的报告显示，每年因室内空气污染导致缺血性心脏病、非传染性呼吸系统疾病而过早死亡的人口高达 380 万。从全球范围来看，室内空气污染在对疾病负担的危险因素中排序靠前，与香烟和酒的影响相当，占据第四位，导致的年均疾病率已占全球疾病率的 4%，且其影响高于室外空气污染的两倍。在中国，根据中国室内装饰协会室内环境检测中心 2006 年调查数据显示，每年由室内空气污染引起的门诊数达 22 万人，急诊数达 430 万人，死亡数达 11 万人，室内空气污染造成的经济损失高达 107 亿美元。室内空气污染与 37%的呼吸道疾病、22%的慢性肺病及 15%的气管炎和肺癌的发生有关。中国的室内空气污染形势严峻，对北京、上海、天津三大城市居室空气抽检发现，接近 80%的居室甲醛超标。室内污染对人体健康的影响引起了越发广泛的关注。

13.2　室内空气污染的产生和特点

室内空气污染与室外环境污染特征不尽相同，尽管室内空气污染也包含生物、物理和化学性质的污染。室内空气污染具有来源广泛、不宜排除和超长暴露的特点。室内环境污染物的种类多，如居民所使用的各类家用电器、办公及娱乐电子产品、沙发等家具、建筑材料、装饰材料、生活使用化学品、烹饪燃料等均可释放不同浓度、不同类型的有机污染物（图 13-1）。如果室内通风条件不好，则会导致这些污染物的室内浓度不断升高，排放周期变长。此外，现代都市高楼林立，这使得室内缺乏阳光照射，短波长光照不足，室内化学污染物光化学反应不剧烈，污染物一旦进入室内环境就很难被排除，污染物能长期滞留，而人们长时间的室内活动会导致室内污染更持久，危害更大。

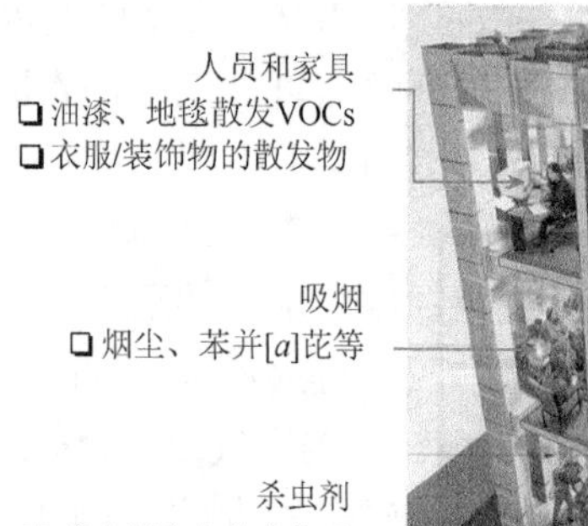

图 13-1*　室内污染的来源和主要污染物

室内空气污染物主要源于燃料燃烧生成物，室内装饰材料、建筑材料释放或产生的有害污染物，厨房油烟，人体体味，香烟烟雾，细菌及微生物，以及室外空气与室内空气的交换等。目前室内过度装修是室内空气中污染物的重要来源之一。许多消费者在室内摆放过多的家具，一方面增加了污染物的释放源，另一方面也导致室内空气不流通。装修装饰材料和家具往往是这种有害的化学物质来源。市场上家装产品质量参差不齐、家装产品未达标处置就流入市场以及绿色环保标志产品价格昂贵、购买者少等都是目前家装污染的主要原因。大多数居民认为在入住前两三个月装修好房间相对安全，而事实是，室内装修造成的化学污染通常可持续 3～15 年。

人们日常活动和一些不良生活习惯都对室内空气污染做出了极大贡献。化石燃料燃气燃烧时会产生一氧化碳、二氧化碳、二氧化硫、氮氧化物、醛类、多环芳烃等有毒气体及细颗粒物，其中一些有毒气体和颗粒物会刺激眼角膜和呼吸道黏膜，一些多环芳烃的单体如苯并[*a*]芘还具有潜在的致癌性；食用油在高温下的裂解产物有 200 多种，多数为半挥发性有机污染物；室内吸烟产生的烟雾和化学物质不仅对人体呼吸系统黏膜有严重的损害作用，还会形成二手烟、三手烟，对家人的健康产生危害；长期处于室内外环境相差悬殊的环境中会引发室内“空调综合征”，这主要是由于空调、复印机等电器的使用会产生正离子，当室内空气和室外交换不充分时，就会使室内空气中负氧离子数目大量减少。研究表明，空气负离子有催眠、降血压、镇静作用，经常处于缺少负离子的室内环境中的人缺乏舒适感，易造成人体自主神经和内分泌功能紊乱，出现头晕气胀、头疼失眠、多梦心悸、记忆力下降、食欲下降、困倦疲乏等症状。

此外，室内外大气的交换、人为移动也会给室内环境造成污染。例如，马路旁边的居民的室内大气中颗粒物浓度水平、多环芳烃浓度水平、重金属浓度水平要高于远离马路居民的室内污染水平。人为移动会带来细菌、粉尘、微生物污染等。

室内空气中危害最大的污染物包括氡、氨、甲醛、苯、挥发性有机污染物。氡是放射性惰性元素，主要存在于含铀或钍的矿物中，也存在于近地面大气中，具有强烈的放射性，对人体的辐射伤害占人体一生所受全部辐射的一半以上，其危害仅次于吸烟，是排名第二的肺癌诱因。氡的辐射主要来自瓷砖、混凝土、大理石等建筑材料、屋建地基等。氨具有刺激性，长时间暴露于低浓度氨中会引起喉炎、声音嘶哑、肺水肿等不良反应。新装修的房子往往存在高浓度甲醛。甲醛由于价格低廉，在工业上大量用于生产树脂，如隔热板材料、室内装修装饰板材、黏合剂、塑料地板砖、涂料等。长期暴露于甲醛中易引起各种慢性呼吸道疾病，引起鼻咽癌、结肠癌、新生儿染色体异常，甚至可引起白血病。甲醛被世界卫生组织认定为一类致癌物质。长期吸入苯能导致再生障碍性贫血。长期暴露于挥发性有机污染物中会引起头晕、头痛、嗜睡、无力、胸闷等症状。我们通常监测的室内 VOCs 主要包括甲醛、苯、甲苯、二甲苯、氯乙烯、苯乙烯等有机物。VOCs 浓度与室内温度、相对湿度、空气流通情况等条件相关。

半挥发性有机污染物也是室内环境下人体健康的重要杀手。半挥发性有机污染物是指沸点在 240～400℃，蒸气压在-10^{-7}～0.1mmHg（$1\text{mmHg} = 1.33322\times10^{2}\text{Pa}$）的有机物。室内半挥发性有机污染物主要源于化石燃料燃烧、吸烟、烹饪油烟、家用电器、装修装饰材料等。室内典型的半挥发性有机污染物包括烃类、卤代烃类、氧烃及氮烃类，如苯、多环芳烃、多溴联苯醚及新型阻燃剂、杀虫剂、全氟化合物、邻苯二甲酸酯、二噁英等。

邻苯二甲酸酯是一类人工合成的化合物，作为增塑剂和溶剂使用的历史已经有五十多年，其主要作用在于改善塑料成品的柔韧性和强度，或者溶解有机物。邻苯二甲酸酯造价较低，使用效果明显，被应用于各类塑料产品和日用品中，如合成地板、黏合剂、润滑油等装修装饰材料，血袋等医疗用品，电子产品、汽车产品塑料外壳，纺织品及个人护理品（如沐浴露、润肤露、指甲油）等。由于这类增塑剂属于添加型，只有范德华力的束缚，很容易逃逸到环境中，邻苯二甲酸酯在环境中被广泛地检出，包括大气、食品、室内灰尘、个人护理品、衣物等，这些介质中的污染物都可通过各种途径进入人体，造成暴露。目前有关人体对增塑剂暴露的研究在各个国家都有展开，并指出人体对该类物质的暴露具有普遍性。美国疾病控制与预防中心已就普通人群对邻苯二甲酸酯的暴露发布了四次国家报告，指出其在妇女和 6～11 岁儿童体内的含量最高。邻苯二甲酸酯目前被列为典型内分泌干扰物，进入人体后可与相应的激素受体结合，对内分泌系统和生殖系统具有一定的毒性作用，特别是对男性的生殖毒性更明显一些。此外，邻苯二甲酸酯的暴露与肥胖、心血管疾病、某些过敏症状有一定的相关性。

PBDEs 是一类使用广泛的添加型溴系阻燃剂，在阻燃剂中占有较大的比例，主要用于电子产品的塑料外壳、建筑材料、家具、泡沫、纺织品和衣物等。其中应用最广的为电子电器设备，占溴化阻燃剂使用量的一半以上。由于没有化学键的束缚，PBDEs 在产品使用过程中会进入室内环境，通过大气和室内灰尘进入人体，其中后者为主要途径。研究发现，暴露于PBDEs中会造成实验动物的内分泌紊乱，如果婴幼儿在大脑发育期间（出生后到两岁之间）暴露于该类化学物质会损害神经细胞。此外，PBDEs的化学结构与多氯联苯十分类似。多氯联苯作为较早被关注的持久性有机污染物，已经被证明具有内分泌干扰效应，其毒性效应包括造成胎儿先天缺陷、诱发癌症、甲状腺功能紊乱和神经损伤等。

此外，室内环境中的重金属污染也不可小视。室内环境中的重金属（如铅、镉、铬等）主要来自家庭装饰装修材料、家居用品和玩具等，如木器涂料、内墙涂料都含有铅。80%的儿童铅污染与儿童的居住环境、室内环境和饮水有关。空气中的铅主要以粉尘和烟雾的形式通过呼吸道和消化道进入人体。铅污染不仅直接危害儿童，还危及胎儿，甚至通过母体进入胎儿体内，北京曾经发现一个出生仅一天的婴儿出现重度铅中毒症状病例。

13.3 室内人体暴露与健康风险

人体长时间暴露于室内污染环境中会有不良反应。如果你清晨起床后胸闷、恶心、眩晕；免疫力下降，易感冒咳嗽；在室内有不适症状离开后就消失；新买家具、新装修房间异味长时间不散；家中宠物不明原因死去或者健康出问题；夫妻长时间不孕不育，或者正常孕妇体内胎儿出现畸形等，那么就需要警惕室内空气污染，找出相应污染来源，对室内空气质量进行改善。

人体通过呼吸空气（颗粒物）、皮肤接触空气（颗粒物）、吸入灰尘等多种途径暴露于室内污染之下。按照赋存状态，室内空气的污染物可分为气态污染物和颗粒态污染物，前者可以直接以分子形式呼吸而进入人体，后者则随呼吸进入呼吸道，有可能沉积于肺部，从而引起呼吸系统的疾病。人体在室内环境污染的暴露机制与室外相似，但室内环境污染物质的成分更为复杂。以可吸入颗粒物为例，居室内空气中的可吸入颗粒物能进入人体下呼吸道的主要是一些粒径小于10μm的悬浮物，粒径小于2.5μm的颗粒物可进入肺泡。除去室外环境的常规污染物外，室内环境中，颗粒物上还可能附着花粉、头发、皮屑、螨虫、螨粪等可致过敏物质。

人体健康风险评估往往包括危害鉴别（hazard identification）、暴露评估（exposure assessment）、剂量-反应分析（dose-response analysis）和风险表征（risk characterization）四部分，通过鉴定风险源的性质和强度，对人群暴露于风险因子的方式、强度、频率和时间等进行定性描述和定量评估，确定暴露与其所导致的健康影响的定量关系，并最终对产生的健康风险强度、概率和可靠性进行评估。在对致癌和非致癌风险进行评估时，污染物的摄入量及暴露时间都是需要着重考量的重要因素，从这个角度而言，营造健康的室内环境也可以从这些方面进行规避，即源头控制和污染排除机制。从源头上控制室内污染可以通过减少室内装修材料的释放，使用更清洁的能源等途径来实现，而污染排除机制则需要更好的净化技术和通风系统。近年来为了应对雾霾，不少家居环境都安装了空气净化器来减少室内污染物。

由于长期处于室内环境，室内环境中污染物的浓度水平及其人体暴露健康风险评估，是人体暴露科学的重要组成部分。评估室内环境中污染物对人体健康的影响，一般先测定污染物在室内空气、灰尘中的浓度水平，结合人体暴露参数，通过外暴露模型来估计暴露量，并在此基础上进行健康风险评估。

空气中的颗粒物及其上的污染物，在呼吸过程中并不是所有的都可以到达肺泡，伴随粒径变化，颗粒物在呼吸道内逐步沉积（图 13-2）。想要更为准确地衡量空气污染给人体带来的污染物暴露，需要考虑空气颗粒物的粒径。此外，近期的一些研究表明，对于某些小分子污染物而言，如空气中低相对分子质量的多环芳烃，其经由皮肤进入人体的暴露量与经由呼吸进入的量相当，在某些特殊暴露场景（高温、烧烤等）下可能更为重要。因此，评估室内空气中污染物的人体暴露时，不仅需要考虑颗粒物及其上污染物在呼吸道的沉积情况，还需要考虑人体皮肤对污染物的吸附吸收情况，如还能够获得人体对这些污染物的内暴露情况，就能比较全面地理解室内环境对人体污染物暴露的贡献或者影响，为切断和减少暴露来源提供可靠数据。

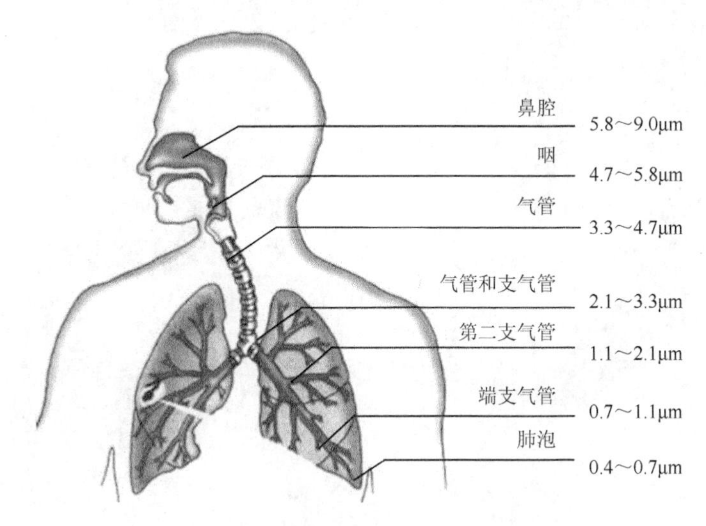

图 13-2　颗粒物在人体呼吸道沉降位置示意图

13.4　室内空气污染研究实例

13.4.1　北京市区室内空气中的细颗粒物

已有研究者针对室内空气中的颗粒物进行了调查研究。该团队在北京市海淀、朝阳、昌平和丰台四个区选择 19 个家庭，对其厨房、卧室和客厅内空气中 TSP、PM_{10}、$PM_{2.5}$和 PM_1 的浓度进行了测试分析，结果表明，在所测试的 19 个家庭中，无论是厨房、卧室还是客厅，PM_{10}的平均浓度均接近或超过 $150\mu g\cdot m^{-3}$，其中客厅是 PM_{10} 的主要污染场所。室内 TSP 中大部分属于可吸入物（PM_{10}），43%以上的颗粒物属于 $PM_{2.5}$。而对于室内各种行为而言，吸烟和通风不充分可以明显增加室内空气中各种颗粒物的浓度，采用真空吸尘器过于频繁的清扫虽然可以降低室内空气中 TSP 的浓度，但是很可能增加细颗粒 $PM_{2.5}$和 PM_1 的浓度。室外空气中颗粒物的浓度较高（如位于交通繁忙的公路旁）时，将直接影响室内空气中颗粒物的浓度[6]。

13.4.2　广州典型功能区室内空气中的细颗粒物

室内外空气中污染物交换对研究室内空气污染意义重大。Hu 等就此问题开展了实际调研[7]。他们分别在 2014 年的旱季（10～11 月）和 2015 年的雨季（5～8 月），在广东省的天河区（TH）、萝岗区（LG）、增城市（ZC）设点，代表学校（S）、办公区（O）和住宅区（R）（图 13-3），分析了颗粒物在室内外的浓度时空分布情况。所采用的仪器为扫描电迁移粒径谱仪［图 13-3（b）］，粒径范围设为 14～660nm，间隔 300s 采集一个样，采样流量为 $0.3L \cdot min^{-1}$。此外还使用 11 级分级大气颗粒物采集装置（图 13-4）采集了不同粒径的颗粒物样品。

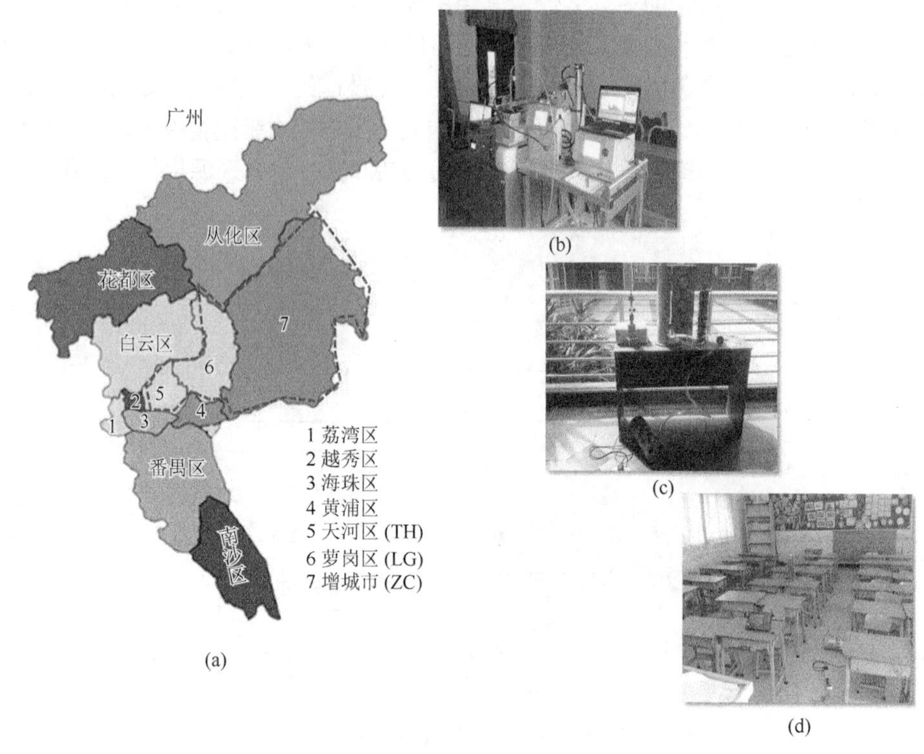

图 13-3* 室内空气污染调查实践采样区域

图 13-4* 分级大气颗粒物采集装置

不同时段和季节的采样结果显示旱季颗粒物的质量浓度略高于雨季，说明雨季湿沉降对于颗粒物的去除作用明显。颗粒物质量浓度粒径分布基本呈双峰型（0.56～1.0μm 和 3.2～5.6μm），主要是由颗粒物的集聚作用和地表机械过程造成的（图 13-5）。两个季节颗粒物数浓度变化显示雨季和旱季颗粒物数浓度没有显著性差异（$p>0.05$），湿沉降对于 14～660nm 的细颗粒没有显著的去除效果（图 13-6）。

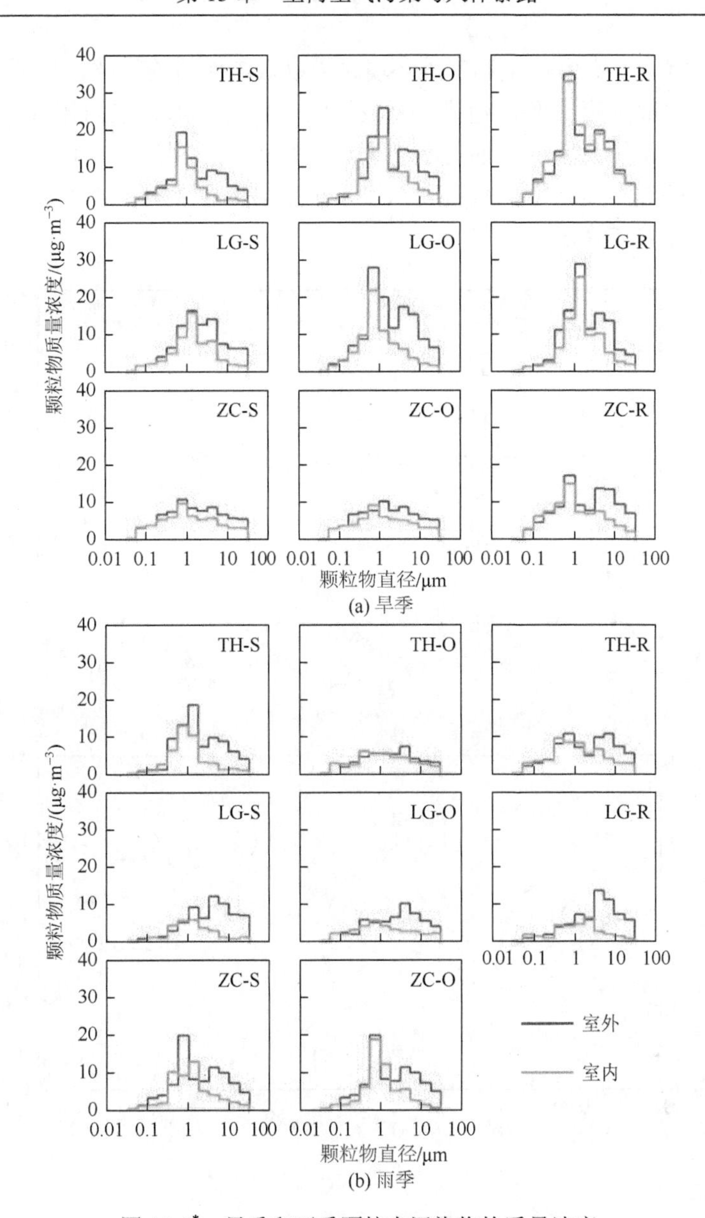

图 13-5* 旱季和雨季颗粒态污染物的质量浓度

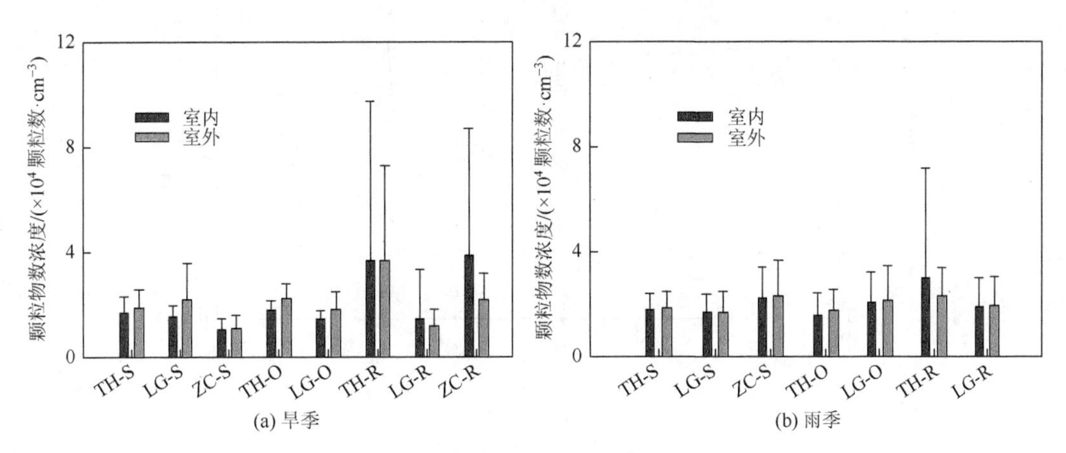

图 13-6　旱季和雨季空气中颗粒物数浓度变化

课题组还同时测定了室内环境和室外环境颗粒物数浓度日均变化，如图 13-7 所示。该结果显示室内外颗粒物数浓度日变化趋势具有较好的一致性，当无室内排放源时，室外大气成为室内污染的主要贡献值。室内外的监测数据也证实了各采样地点室内、室外之间污染物交换明显，但室内源排放期间，室内颗粒物浓度水平明显高于室外，尤其是烹饪和吸烟活动，可以导致室内颗粒物浓度骤升（图 13-8）。

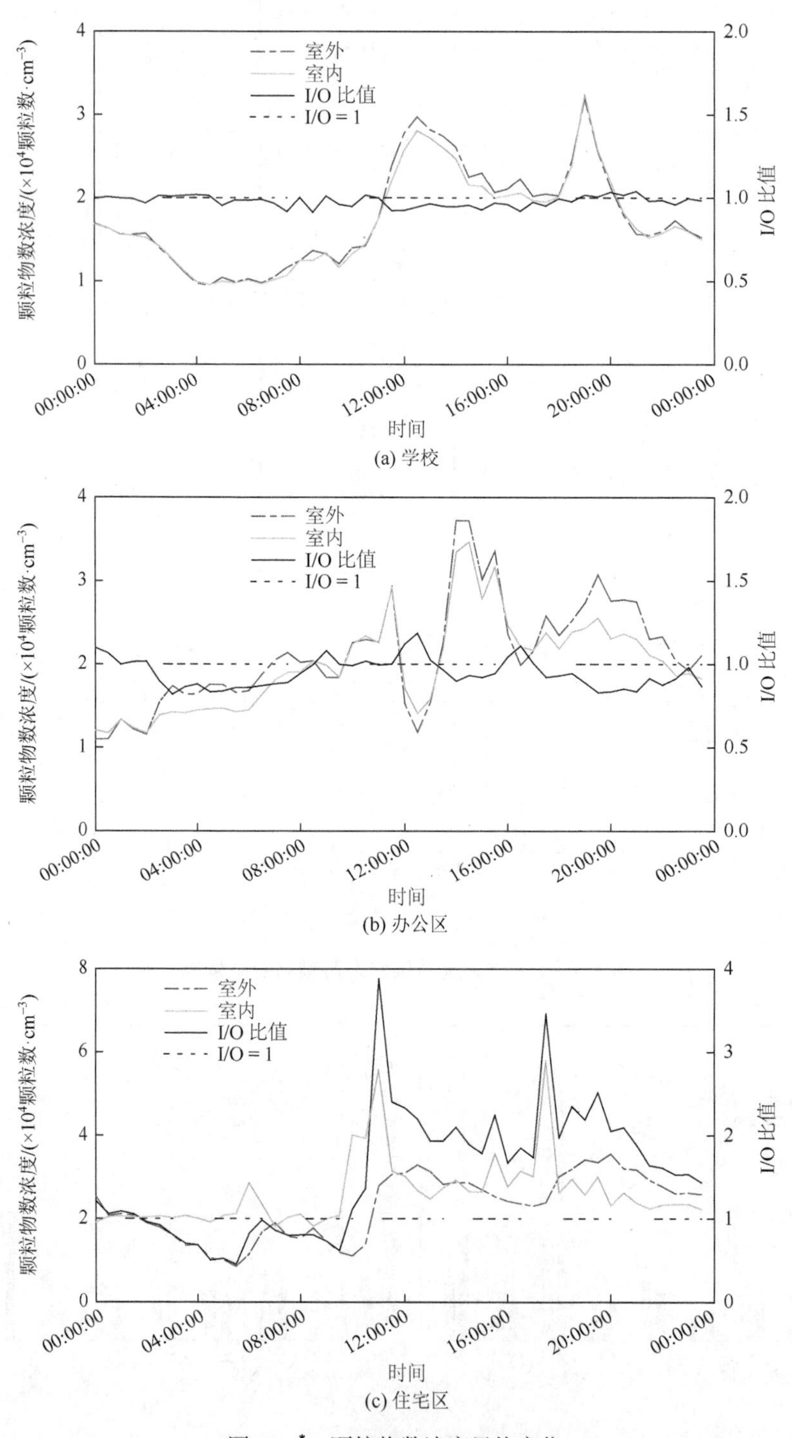

图 13-7* 颗粒物数浓度日均变化

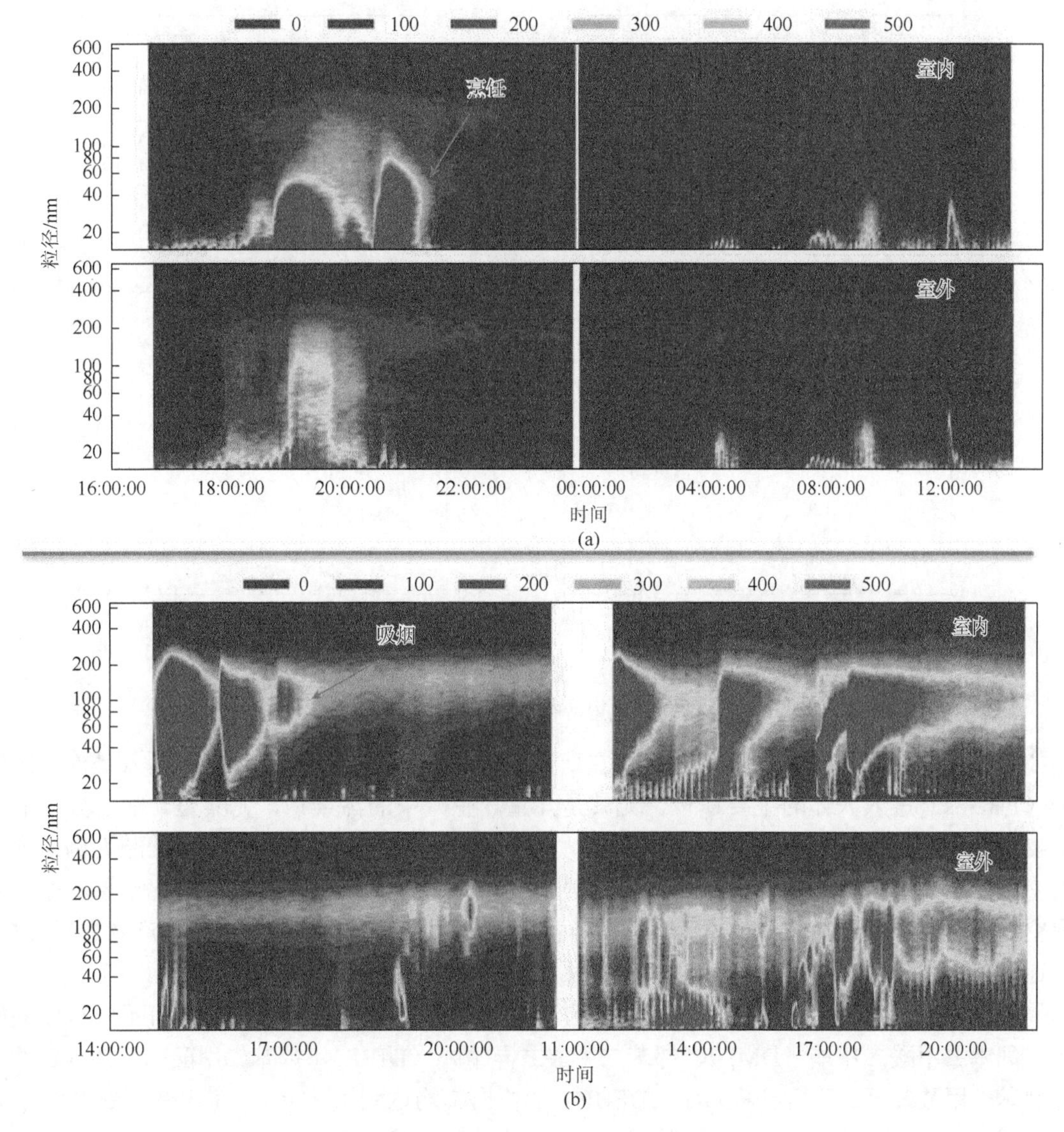

图 13-8* 室内源排放时内外颗粒数对比

室内源排放颗粒物的扩散衰减（图 13-9）结果显示，细颗粒在室内停留时间长（大于 1h），从而加剧室内空气污染，在室内门窗紧闭的情况下，人为活动产生的污染物不便于稀释扩散，不同排放源的颗粒物粒径有差异（做饭期间浓度峰值对应粒径约 100nm，吸烟期间浓度峰值对应粒径约 60nm）。

本次室内污染调研结果证实，室内环境并不是一个可以有效阻隔室外大气污染的绝对安全屏障，由于室内环境的复杂性，各种人为活动产生的其他污染物对公众健康安全威胁等诸多方面还需要进一步的研究。

13.4.3 广州市空气中的邻苯二甲酸酯及人体暴露

根据污染物在环境介质中的浓度水平、污染物本身的化学性质及暴露人群的特点，污染物进入人体的主要途径不尽相同。

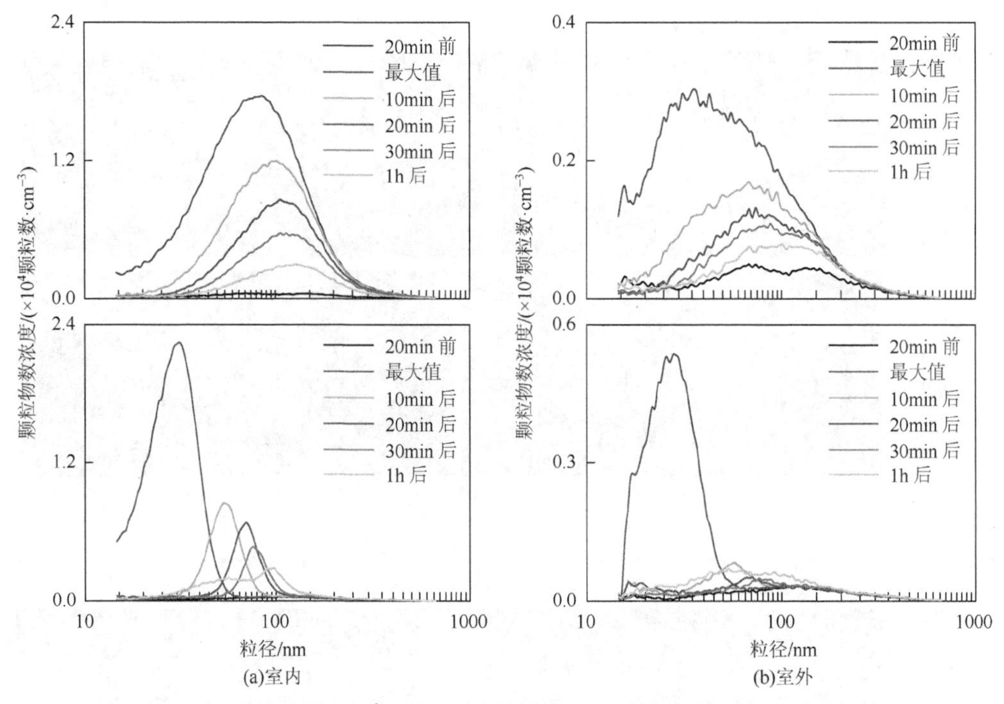

图 13-9* 室内源排放颗粒物的扩散衰减

例如，饮食是持久性有机污染物有机氯农药进入人体的最主要途径，灰尘的摄入是溴代阻燃剂（PBDEs）进入人体的主要途径，尤其是儿童。空气中的污染物，尤其是一些小分子的污染物，有可能对人体总暴露做出主要贡献。郭英等以内分泌干扰物邻苯二甲酸酯为例研究室内空气污染物对人体暴露的贡献情况。该研究团队以 100 户广州市居民为研究对象，取其室内空气样本及家庭成员尿液样本，对环境样本中邻苯二甲酸酯及尿液中的代谢产物进行分析，并通过内、外暴露模型估计空气中污染物对人体总暴露量的贡献。

广州市居民室内空气中邻苯二甲酸酯的污染情况见表 13-2，所有样品均有不同程度的检出。邻苯二甲酸二甲酯（DMP）、邻苯二甲酸二异丁酯（DIBP）、邻苯二甲酸二丁酯（DBP）和邻苯二甲酸二（2-乙基己基）酯（DEHP）的检出率均达到了 100%。室内空气中 8 种邻苯二甲酸酯（∑PAEs）浓度为 279～5080ng·m^{-3}，中位值为 1920ng·m^{-3}。DBP、DIBP 和 DEHP 为三种最主要的污染物，占比分别为 52.3%、28.1%和 10.0%。根据邻苯二甲酸酯在室内空气中的浓度水平及人体暴露因子，可以得到经由空气进入人体的污染物暴露量，而通过人体尿液中邻苯二甲酸酯的代谢产物，可以从内暴露角度估计人体对该物质的暴露总量，从而可以比较两种暴露量之间的关系（表 13-3）。

表 13-2　室内空气中邻苯二甲酸酯浓度概况

统计参数		DMP	DEP	DIBP	DBP	BZBP	DEHP	DCHP	DNOP	∑PAEs
气相	最小值/(ng·m^{-3})	14.5	5.48	1.67	34.1	nd	6.38	nd	nd	140
	最大值/(ng·m^{-3})	1270	1170	1620	2510	18	558	nd	863	3920
	中位数/(ng·m^{-3})	72.3	100	443	803	nd	32.0	nd	nd	1640
	检出率/%	100	100	100	100	42	100	0	17	100

续表

统计参数		DMP	DEP	DIBP	DBP	BZBP	DEHP	DCHP	DNOP	∑PAEs
颗粒相	最小值/($ng\cdot m^{-3}$)	0.214	nd	2.62	9.56	nd	nd	nd	nd	42.3
	最大值/($ng\cdot m^{-3}$)	15.4	14.2	262	775	2.19	871	0.490	3.38	1160
	中位数/($ng\cdot m^{-3}$)	0.944	1.06	40.2	127	nd	103	nd	nd	318
	检出率/%	100	91	100	100	9	100	7	38	100
空气	最小值/($ng\cdot m^{-3}$)	18.0	5.59	40.6	82.1	nd	6.38	nd	nd	279
	最大值/($ng\cdot m^{-3}$)	1280	1180	1690	2743	18	945	0.49	863	5080
	中位数/($ng\cdot m^{-3}$)	74.8	101	500	932	0.34	174	nd	0.22	1920

注：DEP 代表邻苯二甲酸二乙酯；BZBP 代表邻苯二甲酸二（2-乙基己基）酯；DCHP 代表邻苯二甲酸二环己酯；DNOP 代表邻苯二甲酸正二辛酯；∑PAEs 代表邻苯二甲酸酯；nd 指未检出或低于检出限。

表 13-3　不同年龄阶段人群通过室内空气及人体总的邻苯二甲酸酯日暴露量（单位：$\mu g\cdot kg\_bw^{-1}\cdot d^{-1}$）

暴露体		DMP	DEP	DIBP	DBP	DEHP	合计
空气吸入	婴儿（<1 岁）	0.065	0.087	0.432	0.805	0.150	1.539
	幼儿（1～3 岁）	0.028	0.037	0.184	0.343	0.064	0.656
	儿童（4～10 岁）	0.025	0.033	0.165	0.308	0.058	0.589
	青少年（11～18 岁）	0.017	0.023	0.116	0.217	0.040	0.413
	成年人（>18 岁）	0.012	0.017	0.083	0.155	0.029	0.296
总暴露量	婴儿（<1 岁）	1.04	2.47	15.4	13.3	30.2	62.4
	幼儿（1～3 岁）	0.275	0.651	4.06	3.49	7.95	16.4
	儿童（4～10 岁）	0.180	0.427	2.66	2.29	5.21	10.8
	青少年（11～18 岁）	0.254	0.601	3.75	3.22	7.34	15.2
	成年人（>18 岁）	0.214	0.506	3.16	2.71	6.17	12.8

结果表明，与每日总摄入量相比，通过空气吸入的邻苯二甲酸酯暴露量为 2.3%～5.5%。通过空气吸入的 DMP、DEP、DIBP、DBP 和 DEHP 分别占总暴露量 5.6%～13.9%、3.4%～7.7%、2.6%～6.2%、5.7%～13.4%和 0.5%～1.1%。可以看出，由于相对分子质量的不同，空气中污染物对人体暴露的贡献是有差别的，低相对分子质量的占比要高一些。

由于长时间在室内活动，室内环境污染对人体健康的影响不容忽视。上述内容主要论述了室内空气中化学污染物对人体健康的影响及一些具体研究。室内空气质量与室外环境、室内空气自净化能力、室内人为活动、室内装饰装修等关系密切。提高空气质量，需要从以下几点入手：改善周围环境质量，采用环保装修装饰材料，形成良好的个人生活习惯等，注重生活质量。

习题与思考题

（1）选择你熟悉的某一室内环境，指出该环境中最主要的污染源是什么？有哪些污染物？分别有什么特点？

（2）根据你自身的情况（每天在室内外活动的时间、室内环境、饮食习惯等），描述一下你可能面对的暴露风险及如何应对的措施。

参考文献

[1] Thuresson K，Björklund J A，Wit C A D. Tri-decabrominated diphenyl ethers and hexabromocyclododecane in indoor air and dust from Stockholm microenvironments 1：Levels and profiles. Science of the Total Environment，2012，414：713-721.

[2] 陈来国. 广州市夏季大气中多氯联苯和多溴联苯醚的含量及组成对比. 环境科学学报，2008，28：150-159.

[3] Wilford B H，Harner T，Zhu J，et al. Passive sampling survey of polybrominated diphenyl ether flame retardants in indoor and outdoor air in Ottawa，Canada：Implications for sources and exposure. Environmental Science and Technology，2004，38：5312-5318.

[4] Harrad S，Wijesekera R，Hunter S，et al. Preliminary assessment of U.K. human dietary and inhalation exposure to polybrominated diphenyl ethers. Environmental Science and Technology，2004，38：2345-2350.

[5] Luo P，Ni H，Bao L，et al. Size distribution of airborne particle-bound polybrominated diphenyl ethers and its implications for dry and wet deposition. Environmental Science and Technology，2014，48：13793-13799.

[6] 刘阳生，陈睿，沈兴兴，等. 北京冬季室内空气中 TSP，PM_{10}，$PM_{2.5}$ 和 PM_1 污染研究. 应用基础与工程科学学报，2003，11：255-265.

[7] Hu Y J，Bao L J，Huang C L，et al. Exposure to air particulate matter with a case study in Guangzhou：Is indoor environment a safe haven in China？Atmospheric Environment，2018，191：351-359.

第五篇　新兴环境问题

第 14 章　电子垃圾回收

14.1　电子垃圾的产生与转移

电子垃圾即电子废弃物，是指各种废旧的家用和办公电器或电子产品，如废弃电冰箱、电视机、复印机和投影仪，以及现在非常普及的计算机和手机等（图 14-1）。电子垃圾中的主要成分是塑料、金属和玻璃，如废弃计算机中塑料含量为 23%，金属含量为 48%，玻璃含量为 25%（表 14-1）。电子垃圾中的金属包括铅、镉、汞和铬等有毒有害重金属，这些金属虽然具有一定的回收价值，但同时对环境和人体健康具有潜在威胁。此外，电子垃圾中还含有大量的持久性有机污染物，如聚氯乙烯塑料、溴代阻燃剂（多溴联苯和多溴联苯醚）等，这些物质进入环境后都会对生态和人体健康造成不利影响。

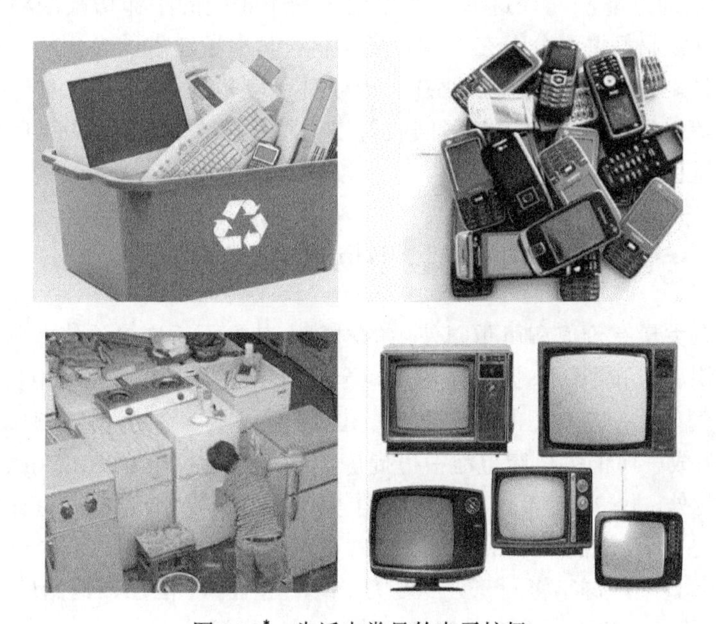

图 14-1* 生活中常见的电子垃圾

表 14-1　电子废弃物的材料组成（%）[1]

所含成分	电子产品			
	计算机	电视机	手机	家用电器
线路板	23	7	11	15
塑料	22	10	69	
含铁金属	32	20		51
不含铁金属	3	4	4	4
玻璃	15	41		
其他	5	18	16	30

由于科技的进步，电子产品更新换代速度快，电子垃圾已经成为增长最快的固体垃圾。据报道，全世界每年产生电子垃圾大约5000万t。其中，美国是电子垃圾的“最大制造国”，每年有3000多万台计算机废弃。而在欧洲，每年有1亿部电话废弃，电子垃圾以每年3%～5%的速度增长。在中国，每年产生大约230万t的电子垃圾，仅次于美国的300万t。近年来，随着各式各样的新型家用电器不断上市并且逐渐普及，以及高新技术产品的更新换代不断加速，计算机、智能手机、平板计算机等产品的使用寿命大幅削减。据估计，到2030年发展中地区的废弃个人计算机将达到4亿～7亿台，远远超过发达地区的2亿～3亿台。

除了本身产生大量电子垃圾外，发展中国家还会以进口的方式从发达国家接收电子垃圾。美国和欧盟等发达国家和地区将产生的电子垃圾出口至发展中国家，由发展中国家进行处理。然而，很多发展中国家对电子垃圾的回收采用的仍然是比较简陋和粗放式的技术，大量包含有害物质的电子垃圾被直接倾倒在开阔的土地上，通过露天焚烧的方式回收贵金属。尽管这些粗放式的回收技术给当地的环境和人体健康带来了重大危害，但是其中的利益仍然驱使电子垃圾回收业务形成了相当大的规模。我国是一个主要的电子垃圾废弃场，全球每年有70%的电子垃圾通过非法途径进入，然后由一些不正规的小作坊采用粗放的方式回收处理。我国的电子垃圾业务主要分布在东部沿海地区，其中浙江省的台州和广东省的贵屿是两大电子垃圾拆解地。电子垃圾回收产业链的形成对环境和从业者的健康产生了严重的危害，近年来随着广东等沿海地区对电子垃圾回收打击力度的增大，电子垃圾回收业务开始逐渐向内地（如重庆等地区）转移。

14.2　电子垃圾回收的经济价值

电子垃圾含有大量有价值和可重复使用的材料，其中不乏许多价值非常高的有色金属，如铂、金、钯、锡、银和铜等。据保守估算，全球每年产生的电子垃圾中贵重金属的价值高达300亿美元。例如，一个典型的印刷电路板由16%的铜、4%的焊料、3%的铁素体、2%的镍和0.05%的银组成。1t旧手机废电池中可提炼100g金、130kg铜、3.5kg银和140g钯，相当于72000元。此外，仅2007年一年，全球销售的手机和个人计算机加起来就可能占全球矿山供应的金和银的3%、钯的13%和钴的15%。如果按照中国每年处理全球电子垃圾的70%（2800万t）来计算，中国每年将回笼近500万t铜，相当于中国已知铜储量的19%，约10倍于2009年进口的总量（53t），可支撑9000万城镇居民生活。

电子垃圾中稀有重金属是最具回收价值的成分，因此受到极大的关注。其中，金、银、铂、钯等贵金属在电子垃圾中的含量远大于原生矿石。例如，1t电子垃圾中的金含量可能达到200～1000g，甚至更高，远高于1t黄金矿石中的金含量。印刷电路板、显卡和中央处理器等电子元件都是金含量非常高的电子垃圾。中国经常被认为是资源匮乏的国家，因为中国的人均自然资源只有全球平均水平的58%。此外，中国快速增长的制造业需要大量的材料和零部件。因此，回收材料是有利的，并已成为制造商的利润驱动因素。电子垃圾如果能够分类回收利用是最理想的，但是据公开资料显示，受拆解成本等方面的制约，被个体户回收的电子垃圾的无害回收面临多重挑战。

除了经济利益外，电子垃圾的回收还有显著的环境效益。据美国环境保护署的估算，回收100万台笔记本计算机所节约的能源，相当于3000多个家庭一年使用的电能。此外，回收1kg铝仅释放2kg二氧化碳和0.11kg二氧化硫，消耗能量为冶炼生产的1/10。回收75000t金属（70000t 铅/铜/镍、1100t 银、32t 金、4100t 其他金属）可减少 100 万 t CO_2 的排放（估计回收排放 28 万 t；冶炼等方式排放 128 万 t）。因此相比于冶炼等方式，电子垃圾的回收在能源利用和排放上更加环保。

14.3　电子垃圾回收对环境的影响

14.3.1　电子垃圾的物质流

电子垃圾形成过程中的物质流如图 14-2 所示。电子和电器设备进入市场后，流入家庭、公司或公共机构使用。例如，电视机、电冰箱、洗衣机等家用电器家用；计算机、打印机、投影仪等办公设备商用；而智能手机、平板计算机和移动电源等新型电子设备几乎每个人都在使用。在达到使用周期之后，这些电子和电器设备成为电子垃圾。一般电视机的使用寿命为 8～10 年，电冰箱为 15 年左右，计算机为 6 年左右，而智能手机等新型个人电子设备，由于更新换代的速度快，一般使用寿命仅为 2～3 年。

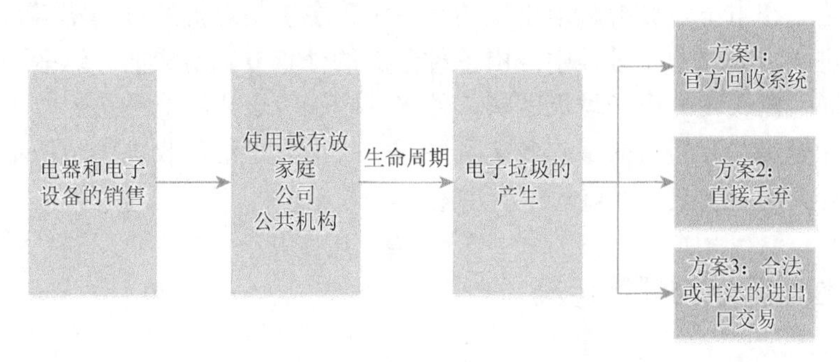

图 14-2　电子垃圾的物质流

14.3.2　电子垃圾的处置模式

电子垃圾的处置模式主要分为以下三种。

（1）由官方回收和处理电子垃圾。大多数发达国家对电器和电子废物的处理有严格的规定。欧洲、美国及其他国家和地区都有官方回收系统，以环保的方式回收和处理电子垃圾，2014 年处理了 40 亿人口产生的 650 万 t 电子垃圾，将有价值的材料回收到供应链中。欧盟有两项全面的指示：限制有害物质与废旧电器和电子设备。然而，欧盟和美国在国内处理的电子垃圾分别只占它们产生的电子垃圾的 40%和 12%。

（2）直接丢弃。由于国民缺乏环保意识和分类回收电子垃圾的责任意识，且国家没有明确的法律规定废旧电子电器的处理方式，部分电子垃圾就被人们随意丢弃。我们应该对此引起重视并采取相应的措施，如提供单独的电子垃圾桶，对不使用的人予以处罚。当人们购买电子产品时，可以使用押金机制，当他们把电子垃圾送到认证的收集处时，可以拿回押金。

（3）通过合法/非法方式运送到发展中国家。拥有严格立法的发达国家将大部分电子垃圾送往发展中国家。印度和中国对电子垃圾的立法效率低下，执行力不强；在许多贫穷国家，尤其是非洲国家，很少或根本没有关于电子垃圾的法律法规。

14.3.3　电子垃圾的回收方式

目前从事电子垃圾回收利用的工厂一般为家庭作坊，设备简陋，技术水平低，多为手工拆解，缺乏有效的政府规范化管理，导致回收的电子产品流向农村等经济不发达地区。虽然产品的重复使用是件好事，但是被翻新后进入市场的电子产品会严重影响正规的市场秩序，且这些产品因为寿命有限，存在安全隐患，在某些地区曾经出现过“新”电视机爆炸的事故，严重影响消费者的安全。国家规定一些大型企业和机构不能随意丢弃电子和电器设备，只能由单位暂时储存，但是储存也没有严格的管理。

电子垃圾的回收利用主要包括徒手拆解、破碎、明火燃烧、分离和强酸溶解重金属回收等环节。拆解后的电子垃圾可以将其分类为：①可直接利用产品，如各种金属和可再使用的处理器和芯片；②需进一步加工后再使用的原料产品，如塑料，以及需要进一步分离再生含有重金属的芯片和电路板。

一般来讲，电子垃圾的拆解是一个物理过程，并不会释放有毒化合物，因此对环境造成的污染可以忽略。在电子垃圾拆解地出现的环境污染主要是对拆解过的塑料、含重金属的芯片、电路板等进一步分离回收过程中，由各种粗放的处置方式造成的。这些不当的处置方式主要包括：①通过露天焚烧电子垃圾塑料零件来回收铜等金属；②酸洗回收电路板和芯片中的贵重金属，如金等；③塑料的破碎和熔融过程。采用化学法回收电子垃圾不但贵金属的回收效益低，而且会对环境造成严重的二次污染。

14.3.4　电子垃圾回收与环境污染

在利润驱动下，利用原始工艺回收电子垃圾在中国南方的一些地方甚为普及。电子垃圾已经成为这些地区新的环境污染源。各类电子产品中所含的材料组成见表 14-1。由电子垃圾产生的环境污染物主要包括含氯有机物、重金属和放射性物质（表 14-2）。在有机污染物中，多溴联苯醚是主要成分，其次是多环芳烃和二噁英。多溴联苯醚在电子产品中用作阻燃剂，由于其具有很强的疏水性，因此进入环境中会在生物体内放大和累积，产生持久性的影响。多环芳烃类物质主要是电子产品在焚烧过程中产生的污染物，据估算在露天场所燃烧电缆的绝缘塑料外壳产生的二噁英是燃烧生活垃圾产生的二噁英的 100 倍。

表 14-2　电子垃圾中的常见有毒有害物质

污染物种类	存在的电子垃圾	一般含量/($mg \cdot kg^{-1}$)
多氯联苯	冷凝器、变压器	14
四溴双酚 A、多溴联苯、多溴联苯醚	热塑性元件、电缆绝缘体等塑料	
氟利昂	冷却装置、保温泡沫	
聚氯乙烯	电缆绝缘体	
锑	阻燃剂、塑料	1700
砷	在发光二极管中以砷化镓形式存在	
钡	阴极射线管的接收器	

续表

污染物种类	存在的电子垃圾	一般含量/(mg·kg^{-1})
铍	包含硅控制整流器和X射线透镜的电源盒	
镉	镍镉电池、荧光层（阴极射线管屏幕）、打印机墨水及炭粉、影印机（打印机磁鼓）	180
铬	数据存储盘、软盘等	9900
铜	电缆线	41000
铅	阴极射线管屏幕、电池、印刷线路板	2900
锂	锂电池	
汞	液晶显示器、碱性电池和水银继电器开关	0.68
镍	镍镉电池或镍氢电池、阴极射线管电子枪	10300
稀土元素	阴极射线管的荧光层	
硒	复印机	
锡	焊接金属胶、液晶显示器	2400
硫化锌	阴极射线管屏幕内部，与稀土元素混合使用	5100
炭粉粉尘	激光打印机/复印机的炭粉盒	
放射性物质	医疗设备、烟雾探测器中的主动传感元件	

在电子垃圾的回收过程中，回收者只对铅、铬、汞等重金属感兴趣，对塑料毫不在意。大量的塑料部件被露天放置或者随意倾倒在路边。虽然重金属得到回收，但是付出了昂贵的环境代价。广东贵屿曾经是电子垃圾污染的重灾区，研究发现该地区的空气、水体、土壤、沉积物和各种生物样品中检测到的持久性有机污染物和重金属的含量都远远高于对照区，如贵屿土壤和空气中 PBDEs 和 PCDD/Fs 的含量显著高于其他区域（广州、香港等）（图 14-3）。

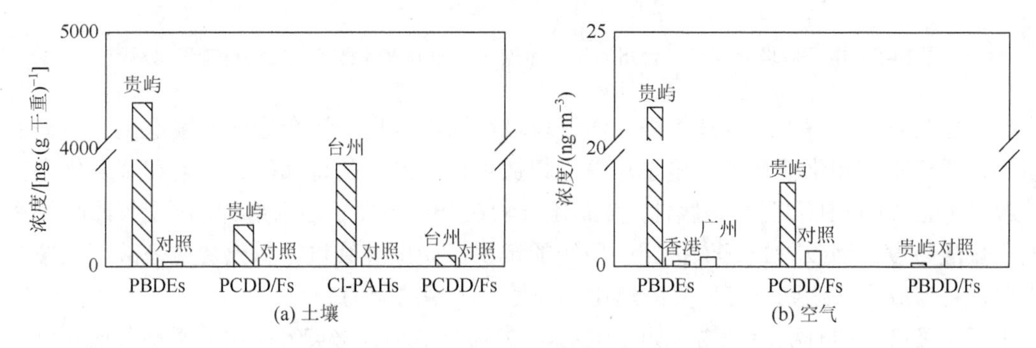

图 14-3　电子垃圾处理点（贵屿和台州）与对照点土壤和大气中 PBDEs、PCDD/Fs、PBDD/Fs 及氯代多环芳烃（Cl-PAHs）的含量比对[2]

目前，很多地方的电子垃圾拆解工作仍然采取粗放式的人工操作（图 14-4）。拆解废旧电子产品的劳动者和当地居民直接与电子垃圾接触，通过吸入和皮肤接触等方式暴露于各类污染物中。此外，电子废物处理地点通常位于农业用地附近的土地。焚烧电子垃圾过程中释放出的重金属可以通过污水灌溉和空气沉积渗入种植蔬菜和作物的土壤中，植物可以通过根从土壤中吸收这些金属。研究发现，当地食品样品中铅、镉、多溴联苯、多溴联苯醚、多氯联苯含量较高，而这些重金属和有机污染物最终通过饮食被人体摄入。

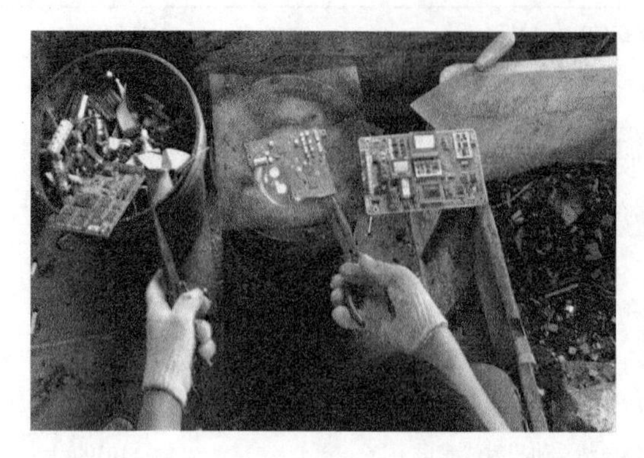

图 14-4* 粗放式的电子垃圾回收

研究发现，在电子垃圾污染物区域的人群体内检测到的多溴联苯醚、多氯联苯和 PCDD/Fs 等有机污染物浓度高于普通人群[2, 3]。例如，在台州一组孕妇乳汁样本中提取的 PCDD/Fs 浓度要高于对照点（杭州），台州地区居民的受污染水平约为对照组（雁荡镇）的 2～3 倍（图 14-5）。

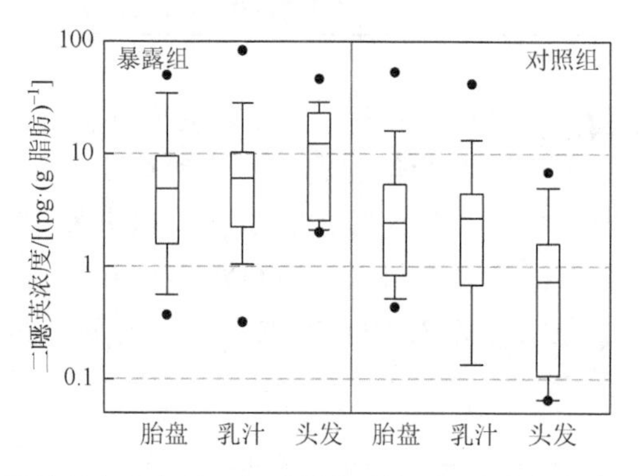

图 14-5 电子垃圾处理点（台州）与对照点（杭州）人体样品中二噁英含量比对[2]

除了直接对人体健康造成危害外，电子垃圾在回收过程中还会导致土壤退化、酸雾形成等后果，恶化工作和生活环境。电子垃圾经粗放处理后产生的金属等纯元素和金属化合物的排放改变了土壤的 pH 和肥性等属性，金属化合物在一定条件下遇水溶解，改变了影响植物生长的土壤酸碱度。回收者缺乏保护回收现场的意识，如果继续进行露天焚烧等破坏土壤的有害作业，将造成土壤达到不可恢复的退化，降低了土壤的肥力。

电子垃圾产生的有机污染物，如 PBDEs、多环芳烃和二噁英等，都属于持久性有机污染物，能够在环境中随着空气或径流进行迁移。例如，对我国台州和清远两处电子垃圾拆解地的调查研究表明，PBDEs 在环境中具有短距离迁移的性质[3]。庆幸的是，PBDEs 的短距离迁移主要集中在电子垃圾拆解地，然后随着扩散距离的增加，PBDEs 的浓度会快速降低。以位于台州的樟树叶为生物介质来表征 PBDEs 在电子废弃物回收地向周边的扩散过程表明，PBDEs 从电子垃圾拆解地向周围进行扩散且形成一个圆环，半径至少为 74km，樟树叶中 PBDEs 浓度的衰减符合对数线性回归。也有研究表明，采集到的清远地区（中国主要的电子垃圾拆解地之一）土壤中的 PBDEs 浓度随着与电子垃圾拆解地距离的增加而逐渐降低[3]。因此，基于持久性有机污染物的短距离迁移特性，即大量的污染物主要集中于电子垃圾拆解地，对于当地持久性有机物污染的治理从源头进行就可以解决大部分的污染问题。

目前，持久性有毒化学污染物已经成为21世纪影响人类生存与健康的重大环境问题之一。随着废弃电子产品数量的迅速增加，电子垃圾已成为一个紧迫的全球污染问题。全球电子垃圾产生率正在迅速增长，如果电子垃圾问题得不到解决，我国环境中电子垃圾产生的持久性有机污染物的年负荷量将仍保持上升趋势。

14.4　电子垃圾回收的社会意义

电子垃圾回收的社会意义主要体现在其创造的丰厚利润和就业机会。相关调查显示，1t 电子板卡中，可以分离出 145kg 铜、0.5g 金、40.8kg 铁、29.5kg 铅、2kg 锡、18.1kg 镍等，可见电子垃圾的回收价值非常高。在中国的部分农村地区，电子垃圾回收成为地方政府和居民的重要收入来源，因为它为缺乏技能的当地人和外来工人创造了大量额外的就业机会。例如，近十年来在浙江省台州市（全球最大的电子垃圾回收中心之一）路桥及周边三镇（总面积不足 $40km^2$），成立了 30 家大型电子垃圾回收企业。在整个浙江省，有超过 1500 家的家族企业在从事电子垃圾回收事业，为 13000 名当地和外来工人提供了就业岗位。无独有偶，广东省清远市是我国另一处重要的电子垃圾回收中心。当地农村居民人均纯收入不足以支撑一个家庭，相比之下，从事电子垃圾回收行业能够带来丰厚的报酬。此外，在广东省贵屿镇，截至 2013 年，从事电子垃圾拆解的村子有 21 个，企业有 300 多家，经营户有 3207 个，本地从业人员达 8 万余人。

尽管回收电子垃圾的过程会增加暴露于有毒物质的风险，但很多拆卸工人并没有意识到这种风险。随着近年来非法和粗放式电子垃圾回收活动被取缔，一大批没有其他技能的工人将失去收入来源。并且当地农田被严重污染，大多已不适合种植和饲养家禽。对于被污染的土壤而言，后续需要投入大量资金进行修复。2014 年，政府开始对电子垃圾拆解地进行整治，小作坊被集中式的产业园区取缔，污染得到很大控制，但是仍存在回收处理技术落后的问题。据报道，全球仅不到 20%的电子垃圾是采用高规格的回收处理技术，电子垃圾拆解经营户从 2009 年的 5000 多家减少到现在的 3000 多户。

14.5　电子垃圾的管理

电子垃圾是否被资源化和无害化处理关系到子孙后代的生存问题。电子垃圾处理工序复杂，需要专业的技术。认真研究发达国家电子垃圾的管理和处理经验，为我国建立一套适合我国国情的电子垃圾处理模式提供依据。面对如此严峻的环境问题，要想缓解电子垃圾的危害，需要采取以下措施。

（1）制定法律，明确责任。政府应该制定法律法规，规定商家和消费者的责任义务，加强执法力度，贯彻落实各种规范，形成内容完整的电子垃圾回收利用网络。《电子废物污染环境防治管理办法》的制定和执行规定了电子产品的正常使用周期；确定生产商、销售商和消费者都应承担相应责任；购买家电等产品时应同时缴纳其回收处理的费用。

（2）加强全球合作，借鉴国外先进的理念和方法。例如，在英国，电子产品生产商作为回收主力需要承担产品回收及循环再利用费用；美国也强制企业回收利用电子产品，如收取填埋和焚烧税、禁止私人弃置电子产品等；德国规定制造商负有主要责任，另外进口商、消费者也负有相应的责任；日本家电生产企业必须承担回收和利用废弃家电的责任。

（3）研发安全的电子垃圾处置技术，减少电子垃圾中有害物质的排放。20 世纪 70 年代之前，我国主要着重于重金属的回收，目前，也开始对铁磁体、有色金属/贵金属/有机物质/塑料等进行全面回收。回收方法主要包括化学法、机械处理方法、电化学方法和微生物法，相比以前酸解法和露天焚烧等粗放式的回收方法有很大进步。

（4）提高技术的发展，加大环境友好型塑料的投入使用。生产商应加大环保替代型材料的使用，如发达国家正在尝试研究便于废弃产品回收的“智能材料主动拆卸技术”。

（5）公众积极参与电子垃圾回收。由于我国公民的环境保护意识参差不齐，特别是一些生活在农村的公民环保意识薄弱，没有意识到回收电子垃圾的重要性及其危害性。因此，公众要提高自身的环保意识，积极参与电子垃圾的有效回收。

（6）促进电子垃圾的产业化发展。政府可以采取免息、免税、贷款优惠等优惠经济政策，使电子垃圾产业免受投资太大导致资金供应链断开的影响，帮助电子垃圾产业建立完善的回收处理系统，促进电子垃圾产业化发展的正常运行。

中国经济正处于快速发展之中，家用电器也进入了更新换代的高峰期，如何有效地回收和处理大量的废弃电子电器产品，尽量降低甚至不对环境和人类健康造成危害，是目前我们面临的一个重要而紧迫的重大课题。逐步规范完善中国的电子垃圾回收利用体系，加强执法力度，有利于保护中国环境和促进经济的可持续健康发展。

习题与思考题

（1）请列举几项电子垃圾的回收处理方法。

（2）请在查阅文献的基础上，估算一吨废旧手机（以某一品牌为例）所含贵重金属的价值。

参考文献

[1] 罗少刚，王静荣，李志杰，等. 电子废弃物中材料组成及塑料回收处理技术现状. 再生资源与循环经济，2016，9：34-37.

[2] Ni H，Zeng H，Tao S，et al. Environmental and human exposure to persistent halogenated compounds derived from e-waste in China. Environmental Toxicology and Chemistry，2010，29：1237-1247.

[3] Zhao Y，Qin X，Li Y，et al. Diffusion of polybrominated diphenyl ether（PBDE）from an e-waste recycling area to the surrounding regions in Southeast China. Chemosphere，2009，76：1470-1476.

第15章 抗性基因

15.1 抗生素污染问题

抗性基因问题首先要从抗生素污染说起。广义的抗生素是指天然的由微生物产生的及由人工合成或半合成的各种抗菌药物。按照药物的分子结构和作用机制，抗生素分为 β-内酰胺类、大环内酯类、氨基糖苷类、四环素类、氯霉素类、喹诺酮类、磺胺类和多肽类等类型。常见的抗生素类型和作用机制如图 15-1 和表 15-1 所示。

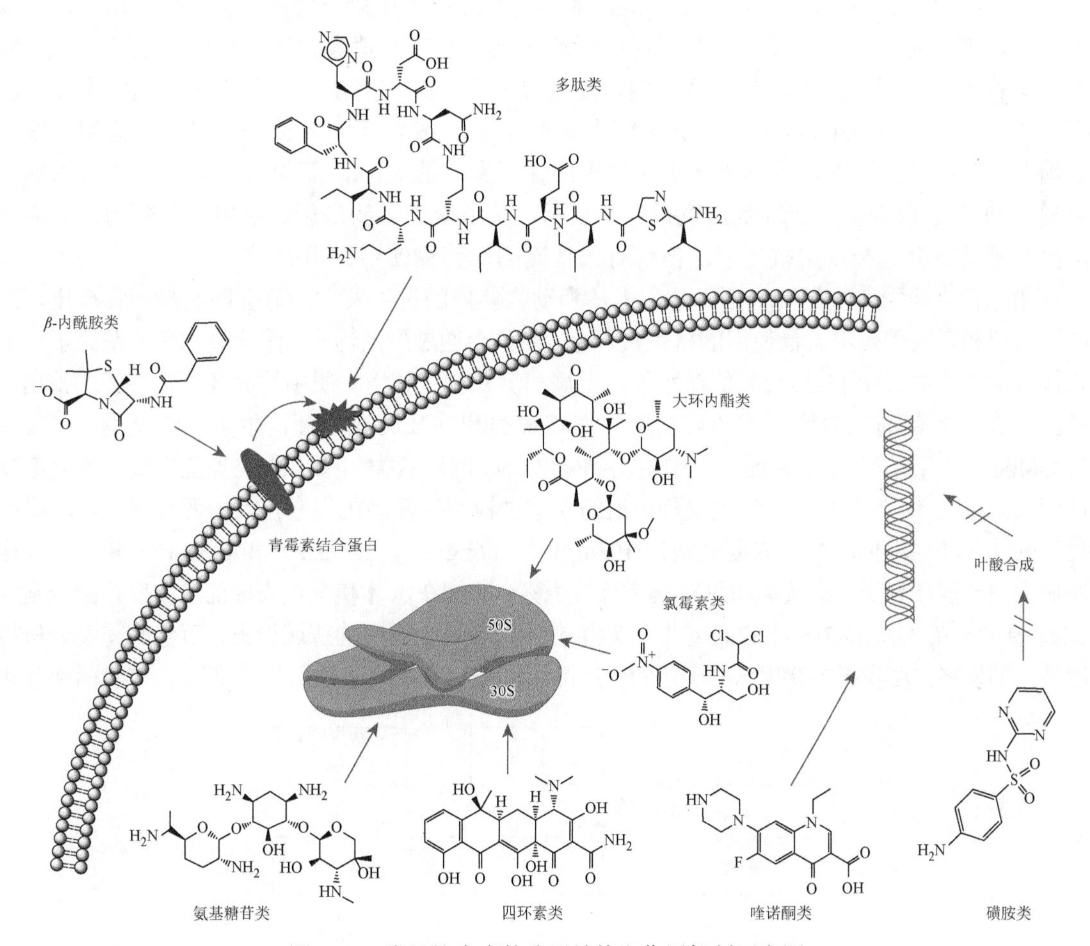

图 15-1 常见抗生素的分子结构和作用机制示意图

表 15-1 常见的抗生素药物类型和作用机制

类型	常见药物	作用机制
β-内酰胺类	氨苄青霉素、阿莫西林、苯唑西林、头孢曲松、头孢他啶等	与青霉素结合蛋白作用，阻碍细胞壁合成
大环内酯类	红霉素、克拉霉素、阿奇霉素等	与细菌核糖体 50S 亚基结合，抑制蛋白质合成
氨基糖苷类	链霉素、卡那霉素、庆大霉素等	与细菌核糖体 30S 亚基的 16S rRNA 结合，抑制蛋白质合成

续表

类型	常见药物	作用机制
四环素类	四环素、金霉素、土霉素、地美环素、多西环素等	与细菌核糖体 30S 亚基的 A 位点结合，抑制蛋白质合成
氯霉素类	氯霉素、甲砜霉素等	与细菌核糖体 50S 亚基结合，抑制蛋白质合成
喹诺酮类	诺氟沙星、环丙沙星、氧氟沙星、氟罗沙星等	作用于细菌的 DNA 回旋酶，造成 DNA 的不可逆损害
磺胺类	磺胺嘧啶、磺胺多辛、磺胺甲噁唑、磺胺异噁唑等	竞争性地与二氢叶酸合成酶结合，阻碍二氢叶酸的合成，抑制细菌生长
多肽类	万古霉素、多黏菌素、杆菌肽等	破坏细菌外膜完整性，引起细胞功能障碍，导致细菌死亡

自 20 世纪人类发现青霉素以来，抗生素的使用挽救了无数患者的生命。除了在医疗领域用于治疗细菌感染等疾病外，抗生素还广泛地应用于畜牧养殖等领域，被当作生长促进剂添加到饲料中。我国作为人口和经济大国，是世界上生产和使用抗生素药物最多的国家之一。据报道，我国仅在 2013 年使用的抗生素总量就达到了 16.2 万 t[1]。此外，抗生素滥用问题在我国尤为突出。据估算，我国临床上抗生素的使用率高达 80%，而国际平均水平仅为 30%。另据《2012 公众安全用药现状调查报告》显示，抗生素类药物是居民家中常备药物，大部分居民在感冒时会选择服用抗生素，但鲜有人认真阅读药物使用说明书。

由于抗生素很难被生物代谢，进入人体和动物体内的抗生素大部分会随着排泄物排出，因此在医疗和畜牧养殖中大量使用的抗生素，绝大部分会通过生活污水、医疗废水和养殖废水等形式排放到环境中（图 15-2），导致在水体、土壤和沉积物等环境介质中均有各类抗生素的检出。例如，在上海黄浦江中检测到四环素类、氯霉素类和磺胺类等多种抗生素，浓度为 36.71～313.44ng·L^{-1}[2]；在天津某处地下水中检测到磺胺类、四环素类和喹诺酮类等抗生素，浓度最高达到 72.3ng·L^{-1}[3]；在北京一处蔬菜种植地的土壤中检测出多种抗生素，其中四环素类、喹诺酮类、磺胺类和大环内酯类的浓度分别为 102ng·L^{-1}、86ng·L^{-1}、1.1ng·L^{-1} 和 0.62ng·g^{-1}[4]；在大连海域中发现四环素类、磺胺类和氯霉素类等抗生素，它们在水体和沉积物中的总浓度范围分别为 2.11～9.23ng·L^{-1} 和 1.42～71.32ng·g^{-1}[5]。除了在各种环境介质中的普遍检出，近年来随着分析检测技术的发展，在我国的饮用水、牛奶和水产品中都检出有抗生素残留[6, 7]。例如，在我国南京和

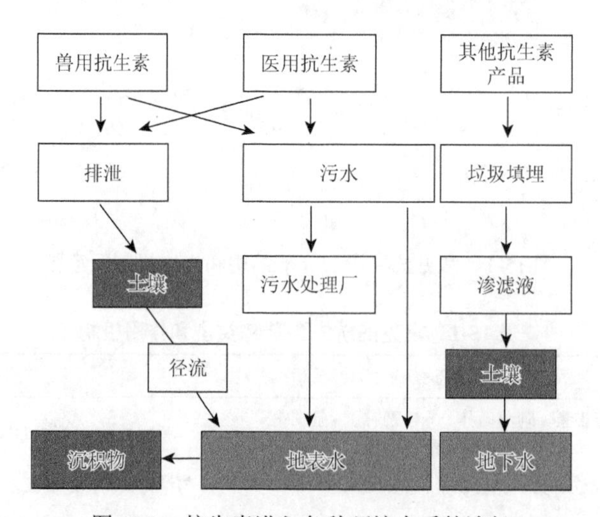

图 15-2　抗生素进入各种环境介质的途径

安徽等地自来水中检测出阿莫西林、四环素和磺胺类等抗生素，浓度水平在 3.86～19ng·L^{-1}[6]；又如，对北京农贸市场中水产品的检测发现，部分水产品中含有磺胺类和喹诺酮类抗生素，检出率最高达到 46.9%[8]。

抗生素污染一方面对环境中的植物、微生物和水生生物等造成毒性作用，危害整个生态系统。例如，阿莫西林、红霉素、左氧氟沙星、诺氟沙星和四环素等对水生生物蓝藻和绿藻呈现出不同程度的毒性效应，并且它们的二元混合物会产生协同作用[9]。另一方面，环境中的抗生素会给细菌造成选择压力，促进抗性基因的产生和传播[10]。很多研究表明，环境中的抗性基因的浓度和类型都与抗生素污染物的程度和类型显著相关。因此，环境中的抗生素污染所带来的生态和健康负效应需要引起足够的重视。

15.2　环境中的抗性基因

抗性基因在环境中的存在远早于人类使用抗生素的历史。科学家从远古时代的冻土中分离出多样性的抗性基因，这些抗性基因能够使细菌产生对多种抗生素药物的耐药性。这表明，抗性基因的出现并非人类使用抗生素的结果。但是在过去的 70 年间，抗生素长期大量的使用加剧了抗性基因的产生和传播。当细菌受到外源抗生素胁迫时，能够诱导内在基因的突变获取耐药性，或从外源获取抗性基因而产生耐药性[11]。细菌获得耐药性之后，有的甚至进化为“超级细菌”，使抗生素在治疗细菌感染疾病的过程中药效降低，乃至完全失效。因此，抗性基因关系到人类的生命安全，是比抗生素污染本身更具有威胁性的全球环境问题。

由于在环境中具有持久性残留和远距离迁移传播的特征，抗性基因被视为一种新型的环境污染物。与传统的化学污染物不同，抗性基因在细菌胞内能够通过细菌分裂增殖而不断增长，并且能够通过基因水平转移的方式在不同菌株之间传播[11]。同时，细菌胞内的抗性基因不会因为细菌的死亡而消失，细菌死亡之后，抗性基因能够进入环境中被其他微生物获取，开始新一轮的复制和传播。目前，在城市污水处理厂、土壤、沉积物、空气、地表水、地下水甚至是饮用水中，都检测出了抗性基因的存在[12-18]。

污水处理厂是抗性基因频繁检出的重要场所。由于污水处理厂的环境中往往富含微生物和微生物生长所需的养分，并且这些微生物受到低浓度抗生素和重金属等有毒物质的胁迫，因此非常适宜抗性基因的产生和传播。在我国各地污水处理厂的进水、出水和活性污泥中，均检测出各种抗性基因。其中，最频繁检出的是四环素类抗性基因 *tet* 和磺胺类抗性基因 *sul*。相对于进水和出水而言，活性污泥中的抗性基因的丰度和多样性都较高。例如，在我国华北地区某污水处理厂的出水和活性污泥中检测出四环素类抗性基因 *tet*、磺胺类抗性基因 *sul*、大环内酯类抗性基因 *erm* 和喹诺酮类抗性基因 *qnr*，其中磺胺类抗性基因 *sul* 丰度最高，在出水和活性污泥中的丰度分别高达 6.7×10^5copy/mL 和 2.2×10^{11}copy/g。在磺胺类抗性基因中，*sul Ⅰ*和 *sul Ⅱ*是最常检出的抗性基因。而对四环素类抗性基因而言，检出最频繁的包括三种外排泵基因 *tetA*、*tetC* 和 *tetG*，四种核糖体保护蛋白基因 *tetM*、*tetQ*、*tetO* 和 *tetW*，以及一种酶修饰基因 *tetX*。在浙江省某污水处理厂的进水中检测到的四环素类抗性基因丰度高达 $10^{11.17}$copy/mL。

水环境是抗性基因的重要的汇，抗性基因通过污水处理厂、抗生素生产工厂、畜牧养殖场和农业生产的排放，最终进入水环境中。由于大肠杆菌与环境标准和人体健康相关，因此水环境中大肠杆菌的抗性基因被重点关注。例如，北京某处的水体中发现大肠杆菌的耐药率接近 50%，其中磺胺类、四环素类和氨苄西林类的耐药率最高。此外，在闽江、东江、九龙江和太湖等水体中，也分离出多重耐药的大肠杆菌。在检测到的抗性基因中，四环素类抗性基因 *tet* 和磺胺类抗性基因 *sul* 的检出频率最高。例如，在华南三江流域的水体中，检测出 2 种磺胺类抗性基因 *sul Ⅰ*、*sul Ⅱ*和 7 种四环素类抗性基因 *tetA*、*tetC*、*tetG*、*tetX*、*tetO*、*tetQ* 和 *tetM*。在上海黄浦江中检测出 2 种磺胺类抗性基因 *sul Ⅰ*、*sul Ⅱ*，8 种四环素类抗性基因 *tetA*、*tetB*、*tetC*、*tetG*、*tetX*、*tetO*、*tetQ* 和 *tetM*，以及 1 种 β-内酰胺类抗性基因 *tem*。与地表水相比，沉积物中的抗性基因浓度更高。例如，在海河的沉积物中检测到的抗性基因 *sul Ⅰ*和 *sul Ⅱ*的浓度比水体中的浓度高出 120～2000 倍。同样地，在黄海的沉积物中检测到的抗性基因 *sul Ⅰ*和 *sul Ⅱ*的浓度比海水中的浓度高 1000 倍。沉积物中抗性基因的浓度高于水体中的浓度，主要原因是沉积物中具有更高的微生物多样性。另外，两种介质中 DNA 提取的差异性也可能导致沉积物中抗性基因的检测浓度更高。

抗生素在畜牧养殖业的大量使用，导致畜牧养殖场中畜禽的粪便是耐药细菌和抗性基因的重要载体，因此也是耐药细菌和抗性基因研究的重点对象。各种研究表明，从我国养殖场中的鸡、猪和牛等家禽家畜体内分离出的耐药性大肠杆菌表现出对多种抗生素的耐药性。例如，Zhu 等[19]通过分析北京、浙江和福建三个大型商业养猪场的环境，包括动物粪便、堆肥和土壤中重金属和抗生素的情况，发现了 149 种抗性基因，涵盖了目前已知的主要抗性类型，其中有 63 种抗性基因丰度显著高于没有施用抗生素的对照样品——出现频率比对照样品高出 192～28000 倍。此外，在北京和河北的养殖场中，分离出的大肠杆菌对四环素的耐药率达到 98%，对磺胺甲噁唑、氨苄西林、链霉素和复方新诺明的耐药率分别为 84%、79%、77%和 76%。对山东的某养殖场调查发现，从鸡、猪和牛体内分离的大肠杆菌分别对 12 种、10 种和 1 种抗菌剂产生耐药性，耐药率分别达到 52%、25%和 30%。在畜禽粪便中检测到的抗性基因中，四环素类和磺胺类同样作为检出率最高的两类抗性基因出现。例如，对杭州的 8 处养殖场调查发现，动物粪便中共检测到 10 种四环素类抗性基因（*tetA*、*tetB*、*tetC*、*tetG*、*tetL*、*tetM*、*tetO*、*tetQ*、*tetW* 和 *tetX*）、2 种磺胺类抗性基因（*sul Ⅰ*和 *sul Ⅱ*），以及Ⅰ类整合酶基因（*intI1*）。

土壤中具有丰富的微生物群体，因此是抗性基因产生和传播的重要介质。在中国，牲畜粪便被当作肥料使用，是抗性基因进入农业土壤的主要途径。同时，土壤中的抗生素残留也加剧了对细菌的选择性和抗性基因的传播。在我国各地的土壤环境中，都检出多种抗性基因的存在。与其他环境介质中类似，四环素类和磺胺类是最常检出的抗性基因类型。例如，在江苏某地的土壤中，检测到 9 种四环素类抗性基因（*tetA*、*tetC*、*tetE*、*tetG*、*tetM*、*tetO*、*tetQ*、*tetT* 和 *tetW*）、3 种磺胺类抗性基因（*sul Ⅰ*、*sul Ⅱ*和 *sul Ⅲ*）和其他多种类型抗性基因（*qnr*、*erm*、*acr* 等）。其中，四环素类抗性基因的浓度为 10^4～10^{10}copy/g，磺胺类抗性基因的浓度为 10^4～10^{11}copy/g。

环境中的抗性基因具有持久性存在的特征，并且能够通过遗传和水平基因转移两种方式进行传播[20]。遗传是指基因通过亲代之间的分裂生殖进行传递，这种方式也称为垂直基因转移。与垂直基因转移相对，水平基因转移是指抗性基因从一株细菌传递到另一株细菌的过程。传递的方式包括接合（conjugation）、转化（transformation）、转导（transduction）、转座及细菌溶源性基因转移等。环境中的抗性基因最终通过饮水、呼吸和摄取食物等方式进入人体，使人体内的细菌耐药性增强，危害公共健康。因此，环境中的抗性基因污染物问题已成为全球关注的重点环境问题。

15.3 耐药细菌

细菌通过内在基因的突变（抗性突变或耐药性突变）或从外源获取抗性基因而产生耐药性[14, 21]。细菌对抗生素具有三种主要的耐药机制（图15-3）：①减少药物的摄入；②修饰药物的作用靶标；③使药物失活。

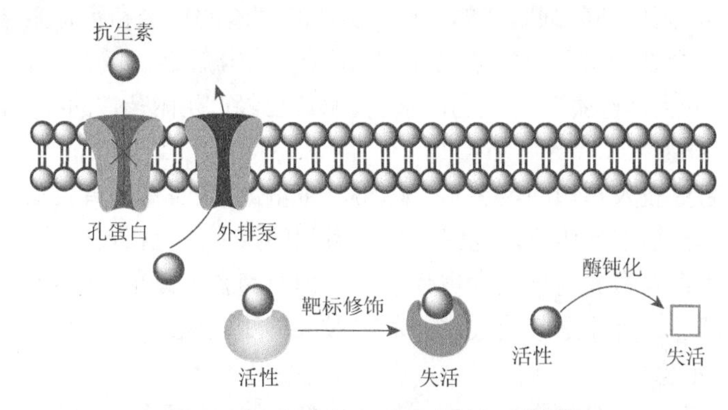

图15-3* 细菌的几种耐药性机制[14, 21]

1）减少药物的摄入

抗生素产生抗菌作用的先决条件是药物能够穿透外膜抵达作用位点。细菌通过减少药物的吸收或（和）增加药物的排放从而避免药物在靶蛋白周围的累积。革兰氏阴性菌的外膜是由磷脂双分子层和孔蛋白组成的。理论上，疏水性的抗生素如喹诺酮类和大环内酯类抗生素通过磷脂双分子层结构进行透膜，而亲水性的抗生素如 β-内酰胺类抗生素主要通过孔蛋白。但是细菌的外膜结构复杂，因此抗生素的透膜机制目前尚不清楚。在某些情况下，孔蛋白中一个或两个氨基酸的改变就能使外膜结构发生改变，使之成为抗生素的透膜屏障。

除了外膜屏障之外，细菌还能够通过外排泵的表达从而使药物排出胞外。20世纪70年代，首先在大肠杆菌中发现了四环素外排泵，此后各种药物外排泵被陆陆续续发现，其中包括很多具有广谱性的药物外排泵。由药物外排泵调控的抗生素耐药性是目前细菌（特别是革兰氏阴性菌）多重耐药性的主要机制。

2）修饰药物的作用靶标

细菌通过替换（replace）或修饰（modify）药物的靶标来避免抗生素的作用。20世纪60年代发现的耐甲氧西林金黄色葡萄球菌（methicillin-resistant *Staphylococcus aureus*，MRSA），即通过替换药物的作用靶标来实现耐药。β-内酰胺类抗生素使MRSA的青霉素结合蛋白2（PBP2）失活，从而阻断肽聚糖合成路径，最终导致细菌死亡。MRSA能够产生PBP2的同源蛋白——PBP2a，该蛋白质和 β-内酰胺类抗生素的亲和力很低，因此能够避免青霉素类药物的作用并保持PBP2的功能。

作用靶标的修饰有不同的方式。细菌对利奈唑胺的耐药性是通过改变rRNA的50S亚基实现的，而对大环内酯类抗生素的耐药性是通过核糖体基因的甲基化实现的。由质粒调控的喹诺酮耐药性是靶蛋白保护的一个典型例子。某些蛋白质能够保护促旋酶免受喹诺酮类抗生素的抑制。这些特异性的蛋白质是被等位基因“*qnr*”所编码的，该基因能够被多重耐药质粒携带传播。

3）使药物失活

细菌对氨基糖苷类抗生素的耐药性是由氨基糖苷修饰酶（aminoglycoside-modifying enzymes，AMEs）造成的。按照酶功能分类，AMEs 包括磷酸转移酶、乙酰转移酶和核苷转移酶。AMEs 能够模拟氨基糖苷类抗生素的靶标 rRNA，从而和氨基糖苷类药物配对结合并使其结构改变从而失活。

β-内酰胺酶是细菌对 β-内酰胺类抗生素产生耐药性的原因。β-内酰胺类抗生素作用于青霉素结合蛋白（PBPs），阻碍细菌细胞壁的合成。β-内酰胺酶的构象和青霉素结合蛋白相似，因此 β-内酰胺酶能够结合 β-内酰胺类抗生素并使后者的 β-内酰胺环裂解从而失活。

目前已经发现会对人体健康产生严重威胁并能够或已经产生耐药性的细菌包括以下几种。

1）金黄色葡萄球菌

金黄色葡萄球菌更被人熟知的名字是 MRSA，即耐甲氧西林金黄色葡萄球菌。这种超级细菌很容易通过人体接触进行传播，能够造成一系列的疾病，包括皮肤病、脑膜炎和肺炎等。该细菌感染通常使用青霉素类的抗生素进行治疗，但是目前发现的 MRSA 几乎对所有的青霉素类药物均具有耐药性，因此是最受关注、危害最大的耐药菌之一。

2）洋葱伯克霍尔德菌

洋葱伯克霍尔德菌（*Burkholderia cepacia*）是 1949 年被发现的，因其能够造成洋葱的腐败而得名。该细菌对人类的危害非常大，能够引发肺炎并造成严重的后果。尽管抗生素的联用对该细菌具有较好的治疗效果，但是近年来发现该细菌对几种抗生素具有很强的耐药性，并且能够在极端的条件下存活。对于已经患有肺部疾病（如囊胞性纤维症）的患者而言，该细菌尤其危险。由于洋葱伯克霍尔德菌对抗生素持续增长的耐药性，目前科学家正寻求对抗该细菌的新方法。

3）绿脓杆菌

绿脓杆菌（*Pseudomonas aeruginosa*）能够引起肺炎和各种细菌感染。在遭受不同抗生素作用时，绿脓杆菌能够很快地发生突变并产生适应性，因此很容易产生耐药性。绿脓杆菌也称为“机会主义者”，因为该细菌主要影响已经身患疾病的人体，在艾滋病、癌症和囊胞性纤维症的治疗过程中，能够引起严重的并发症。尽管该细菌目前不是人类主要的威胁，但是在未来的几十年内，该细菌的危害会越来越严重。

4）艰难梭菌

艰难梭菌（*Clostridium difficile*）是著名的“超级细菌”的一种，在全球很多医院中都存在。艰难梭菌很容易传播，能够引起腹泻并导致结肠并发症。尽管医院做了很大的努力去改善卫生条件，但是该细菌依然在全球范围内导致大批患者的死亡。艰难梭菌感染的概率会随着抗生素暴露的增加而增大。当人体的内部平衡被扰动时，艰难梭菌很容易乘虚而入，造成感染。

5）肺炎杆菌

肺炎杆菌（*Klebsiella pneumoniae*）能够引起一系列的感染，并且已经发现其对一些抗生素能够产生耐药性。该细菌主要影响免疫系统较弱的中老年人，而对健康的成人影响较小，因此又称为“机会主义者”。由于具有很强的耐药性，在美国通常会通过检验确定患者体内究竟是哪一种菌株，以此来选择治疗方法。虽然这在一定程度上缓解了耐药性的形成，但是该细菌依然是需要重点关注的耐药细菌之一。

6）大肠埃希菌

大部分大肠埃希菌（*Escherichia coli*）是完全无害的，能够相安无事地栖息于人体消化系统中。但是某些大肠埃希菌的菌株能够引起严重的疾病，最常见的是引起食物中毒、脑膜炎和感染。目前已经发现几株大肠埃希菌对抗生素具有极强的耐药性，因此这也成为需要重点关注的问题。

7）鲍曼不动杆菌

鲍曼不动杆菌（*Acinetobacter baumanii*）能够在极端环境下存活很长时间，在体质较弱的患者体内很难被治疗。再加之其耐药性，鲍曼不动杆菌感染成为让医生非常棘手的问题之一。在伊拉克战争期间，鲍曼不动杆菌感染在受伤的士兵中非常常见，因此又称其为“伊拉克细菌”。

8）结核杆菌

肺结核病是由结核杆菌（*Mycobacterium tuberculosis*）感染造成的，在历史上造成了很多人类的死亡，最早的病例能够追溯到9000年前。据传埃及王后奈费尔提蒂与其丈夫奥克亨那坦法老都是在公元前1330年左右死于结核病。到1987年，英国每年肺结核病例减少到5000例。但是到了20世纪90年代初期，结核杆菌产生耐药性的案例开始逐渐增多。

9）淋球菌

淋球菌（*Neisseria gonorrhoeae*）通过性接触传播并引起疾病。淋球菌表面有细小的菌毛，能够像钩子一样使细菌移动并附着在健康的细胞上。通过表面菌毛的作用，淋球菌能够产生十万倍于自身重量的作用力。目前发现该细菌的多种菌株对抗生素产生耐药性，并且在过去的50年间，随着临床采用不同的抗生素来治疗淋球菌感染，该细菌不断发生突变，从而获取对不同抗生素的耐药性。

10）化脓链球菌

化脓链球菌（*Streptococcus pyogenes*）占人体内细菌的比例为5%～15%，主要分布在肺部和喉部。该细菌每年在全球范围内造成的感染达到7亿人次，在严重的情况下，能够造成25%的致死率。化脓链球菌的感染能够引发一系列疾病，包括咽喉痛、脓包疮和猩红热。化脓链球菌感染能够被青霉素治疗，因此在大多数情况下不会造成严重的后果。但是，目前已经发现一些菌株出现了耐药性。

细菌耐药性问题在我国尤为突出。根据全国细菌耐药检测网2018年发布的报告显示，我国在2005～2017年监测到的总耐药菌株数量呈持续增长的趋势，其中2017年的监测结果是19万株耐药菌（来自34家医院）。2018年上半年临床分离的耐药菌株主要包括大肠埃希菌、肺炎杆菌、金黄色葡萄球菌、鲍曼不动杆菌、铜绿假单胞菌、流感嗜血杆菌、屎肠球菌、肺炎链球菌、嗜麦芽窄食单胞菌、阴沟肠杆菌、化脓链球菌、表皮葡萄球菌、无乳链球菌、奇异变形杆菌、人葡萄球菌、卡他莫拉菌、黏质沙雷菌、洋葱伯克霍尔德菌和产气克雷伯氏菌。耐药细菌分布的主要组织和体液包括呼吸道（43.5%）、尿液（19.8%）、血液（16.3%）和伤口脓液（6.2%）。耐药菌中最常检出的大肠埃希菌对青霉素、头孢、喹诺酮类常见抗生素药物表现出普遍的耐药性，耐药率较高的抗生素包括：氨苄西林（86.5%）、哌拉西林（74.1%）、头孢噻肟（60.2%）、头孢呋辛（59.3%）、环丙沙星（57.8%）和复方磺胺甲噁唑（54.5%）等。克雷伯氏菌耐药率较高的抗生素包括：哌拉西林（51.6%）、头孢噻肟（49.4%）、氨苄西林（49.0%）、头孢呋辛（47.2%）、头孢他啶（36.8%）和环丙沙星（35.4%）等。变形杆菌耐药率较高的抗生素包括：多黏菌素B（87.6%）、氨苄西林（66.3%）、复方磺胺甲噁唑（59.2%）、头孢呋辛（47.2%）和环丙沙星（46.4%）。其中，很多耐药菌株呈现出多重耐药性，即对多种抗生素同时具有耐药性。

细菌的耐药性是人类目前面临的最为严峻的问题之一，它直接威胁人类的生存。随着耐药细菌的逐渐增加，人类将逐渐面临细菌感染无药可医的局面。因此在当前情形下，一方面要努力寻求治疗细菌感染的新方法，如研发新型抗生素或抗生素的替代药物；另一方面，要设法从源头上阻止耐药细菌的产生，由于抗生素的滥用加剧了细菌的耐药性问题，因此要减少抗生素在临床和畜牧养殖中的滥用。

习题与思考题

（1）举例说明常见的抗生素类型和作用机制，并阐述细菌耐药性的几种可能机制。

（2）结合抗性基因产生和传播的原因，谈一谈如何应对抗性基因污染。

参 考 文 献

[1] Zhang Q Q，Ying G G，Pan C G，et al. Comprehensive evaluation of antibiotics emission and fate in the river basins of China：Source analysis，multimedia modeling，and linkage to bacterial resistance. Environmental Science and Technology，2015，49：6772-6782.

[2] Jiang L，Hu X，Yin D，et al. Occurrence，distribution and seasonal variation of antibiotics in the Huangpu River，Shanghai，China. Chemosphere，2011，82：822-828.

[3] Hu X，Zhou Q，Luo Y. Occurrence and source analysis of typical veterinary antibiotics in manure，soil，vegetables and groundwater from organic vegetable bases，northern China. Environmental Pollution，2010，158：2992-2998.

[4] Li C，Chen J，Wang J，et al. Occurrence of antibiotics in soils and manures from greenhouse vegetable production bases of Beijing，China and an associated risk assessment. Science of the Total Environment，2015，521-522：101-107.

[5] Na G，Fang X，Cai Y，et al. Occurrence，distribution，and bioaccumulation of antibiotics in coastal environment of Dalian，China. Marine Pollution Bulletin，2013，69：233-237.

[6] 叶必雄，张岚. 环境水体及饮用水中抗生素污染现状及健康影响分析. 环境与健康杂志，2015，32：173-178.

[7] Jiang W，Wang Z，Beier R C，et al. Simultaneous determination of 13 fluoroquinolone and 22 sulfonamide residues in milk by a dual-colorimetric enzyme-linked immunosorbent assay. Analytical Chemistry，2013，85：1995-1999.

[8] 原盛广，崔艳芳，张文婧. 北京农贸市场常见淡水鱼体内抗生素残留调查研究. 生态毒理学报，2015，10：311-317.

[9] González-Pleiter M，Gonzalo S，Rodea-Palomares I，et al. Toxicity of five antibiotics and their mixtures towards photosynthetic aquatic organisms：Implications for environmental risk assessment. Water Research，2013，47：2050-2064.

[10] 苏建强，黄福义，朱永官. 环境抗生素抗性基因研究进展. 生物多样性，2013，21：481-487.

[11] 杨凤霞，毛大庆，罗义，等. 环境中抗生素抗性基因的水平传播扩散. 应用生态学报，2013，24：2993-3002.

[12] Xiong W，Sun Y，Zhang T，et al. Antibiotics，antibiotic resistance genes，and bacterial community composition in fresh water aquaculture environment in China. Microbial Ecology，2015，70：425-432.

[13] Xu J，Xu Y，Wang H，et al. Occurrence of antibiotics and antibiotic resistance genes in a sewage treatment plant and its effluent-receiving river. Chemosphere，2015，119：1379-1385.

[14] van Hoek A H A M，Mevius D，Mullany P，et al. Acquired antibiotic resistance genes：An overview. Frontiers in Microbiology，2011，2：1-27.

[15] Yang Y，Song W，Xing W，et al. Antibiotics and antibiotic resistance genes in global lakes：A review and meta-analysis. Environment International，2018，116：60-73.

[16] Hartmann E M，Hickey R，Hsu T，et al. Antimicrobial chemicals are associated with elevated antibiotic resistance genes in the indoor dust microbiome. Environmental Science and Technology，2016，50：9807-9815.

[17] Qiao M，Ying G，Singer A C，et al. Review of antibiotic resistance in China and its environment. Environment International，2018，110：160-172.

[18] Huerta B，Marti E，Gros M，et al. Exploring the links between antibiotic occurrence，antibiotic resistance，and bacterial communities in water supply reservoirs. Science of the Total Environment，2013，456-457：161-170.

[19] Zhu Y G，Johnson T A，Su J Q，et al. Diverse and abundant antibiotic resistance genes in Chinese swine farms. Proceedings of the National Academy of Sciences of the United States of America，2013，110：3435-3440.

[20] Frieri M，Kumar K，Boutin A. Antibiotic resistance. Journal of Infection and Public Health，2017，10：369-378.

[21] Dever L A，Dermody T S. Mechanisms of bacterial resistance to antibiotics. Archives of Internal Medicine，1991，151：886-895.

第 16 章　物理性污染

16.1　噪 声 污 染

16.1.1　噪声污染的定义

噪声的传统定义是“不必要的或令人不安的声音”。从物理学角度而言，声音可以分为乐声与噪声。乐声是指有规律的振动所形成的和谐的声音，而噪声是指杂乱无章的、多频率与强度的混杂的振动所形成的声音。噪声不仅是一种物理现象，同时也与接受体的主观判断相关，能负面影响心情和工作学习效率的声音都可以归类为噪声。不同接受体对同一种声音的判断不同，同一接受体在不同时间、地点和状态下的判断也不相同。因此，无论是乐声还是噪声，接受体对于声音都存在忍受强度，超过这个强度，就对接受体的身体健康造成危害。当人类活动产生的环境噪声超过国家规定的排放环境噪声标准时，即形成了环境噪声污染。环境噪声污染与传统意义上的化学物质污染不同，它属于能量污染，同样能够给人类的生存环境造成损害。表 16-1 列举了人类对不同声音等级的体验。

表 16-1　音量与人体感觉

声级	音量/dB	人的感觉
1	0	绝对的、令人心悸的安静
2	0～20	很静，如乡间田野
3	20～40	比较安静，如一般的家居环境
4	40～60	日常城市中的工作环境，已存在噪声污染
5	60～80	吵闹的环境，如城市道路交通环境，明显噪声污染
6	80～100	让人心烦的环境，如建筑和装修工地
7	100～120	令人难以忍受的噪声，如一般喷气式飞机起降声音
8	120～140	使人痛苦的噪声，如协和式飞机起降声音
9	140～160	造成鼓膜破裂流血，严重时导致失聪
10	＞160	致死噪声

16.1.2　噪声的分类和来源

环境噪声按照产生的原因可分为自然界噪声和人为活动产生的噪声，前者是人工管理活动无法改变的，而后者是可以通过合理的管理规划避免的。人为活动产生的噪声按照其来源分为交通噪声、工业噪声、施工噪声和社会噪声等。

交通噪声是指各类交通工具行驶时所产生的引擎声和喇叭声等噪声，占所有城市噪声污染的 40%左右。交通工具包括高噪声车辆（如大中型载重汽车、摩托车）、中噪声车辆（如吉普车、轻型卡车等）和低噪声车辆（如小轿车）。车辆的噪声级同车型与车况相关，发动机转速、排量、车辆负荷、车辆结构、装配质量等都影响车辆产生的噪声。机动车的排气产生的噪声最为严重，其次为发动机、传动机械噪声等。车辆的喇叭产生的噪声峰值往往高于车辆噪声本身。随着城市发展，交通拥挤，交通导致的噪声剧增，且在传统汽车和火车噪声的基础上，航空业的发展又带动了航空噪声的日渐严重。

工业噪声来源于厂矿、企业等单位在生产过程中制造的噪声，特别是缺少防护措施的居民区附近工厂产生的噪声，对居民日常生活造成极大影响，是室内噪声的主要来源和贡献者。一些城区内需要使用大型机器的工厂，如机械制造厂、发电厂等，所产生的噪声会持续较长时间，对周边生活人员会造成持续性影响。工厂排气口附近的噪声级可达 110～150dB，可以造成职业性耳聋。工厂噪声约占城市噪声污染的五分之一，已经成为部分地区的主要噪声污染。

施工噪声和社会噪声在环境噪声污染中占据的比例相对较小。施工噪声指建筑工地在施工过程中产生的噪声。城市施工建设项目在不断增加的同时，也加剧了施工噪声的影响。建设项目在施工过程中需要使用相应的作业设备，包括空压机、打桩机等，这些设备所产生的噪声有时距离居民生活区较近，成为室内噪声的来源之一。

人们在日常生活中产生的噪声为社会噪声。聚集人群的喧闹声、沿街叫卖吆喝声、家用电器（如洗衣机等）发出的声音都属于社会噪声。这些噪声虽然很少达到危害人体健康的等级，但也会干扰居民正常的学习和工作。

噪声污染已经成为世界性的环境问题，与传统污染相同，它是一种广泛存在的、危害人类环境的污染问题。相对于水污染、大气污染等，噪声污染具有独特的属性特征，即时间和空间的局限性、分散性和暂时性。噪声污染作为物理污染，在社会生活中很难达到致命程度，它与人类感官直接相连，一旦产生即受到噪声污染，而一旦声源停止，则污染消失。相对而言，水、土壤、大气污染等多具备持续性污染特征。此外，噪声污染的空间分布广泛而分散，以北京城区交通及社会经济活动所产生的噪声分布为例，位于高速公路附近的区域噪声污染最严重，通常达到 75dB 以上，而住宅小区内部噪声值相对较小，仅 40～45dB，噪声分布呈现非常明显的空间分布特征。

16.1.3　噪声污染对人群的危害

随着城市发展和人们对噪声认知的深入，噪声扰民诉讼事件不断增加。噪声污染主要造成对人类健康的危害，从轻度的感觉不舒适、精神压力增加到重度的代谢疾病和死亡，如图 16-1 所示。此外，噪声污染也会危害社会经济乃至生态环境。

噪声污染对人体的最直接影响为听力损伤。人类正常的听力为 40～80dB，持续暴露在较强的噪声环境中，会感到耳鸣，同时引起听觉暂时性的听阈上调，听力变迟钝，产生听觉疲劳。如果持续时间不长，听觉的损伤是可逆的，当回到安静环境中后会恢复原状。但如果在 140～160dB 高噪声环境中长期暴露，会对听觉造成不可逆的损伤，如引起鼓膜破裂流血、螺旋体从基底急性剥离，严重者可致噪声性耳聋。表 16-2 统计了在不同噪声环境下持续工作导致听力损伤的概率。噪声级小于 80dB 时，可以保证长期工作不致耳聋；噪声达到 85dB，危害率增加，导致职业性耳聋的概率为 10%。依此类推，90dB 的条件下，导致职业性耳聋的概率为 20%。

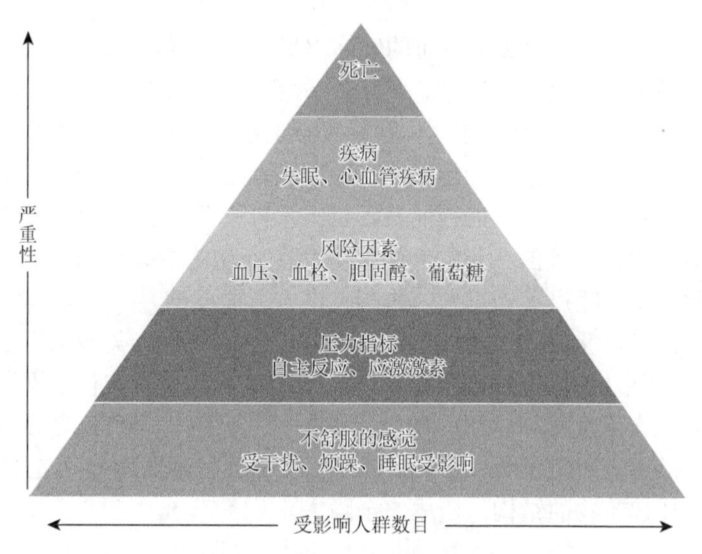

图 16-1　噪声污染对人群的危害

表 16-2　0～45 年的等效连续 A 声级与听力损害危险率的关系

等效连续 A 声级/dB（A）		年数（即年龄减去 18 岁）									
		0	5	10	15	20	25	30	35	40	45
≤80	危害率/%	0	0	0	0	0	0	0	0	0	0
	听力损害者/%	1	2	3	5	7	10	14	21	33	50
85	危害率/%	0	1	3	5	6	7	8	9	10	7
	听力损害者/%	1	3	6	10	13	17	22	30	43	57
90	危害率/%	0	4	10	14	16	16	18	20	21	15
	听力损害者/%	1	6	13	19	23	26	32	41	54	65
95	危害率/%	0	7	17	24	28	29	31	32	29	23
	听力损害者/%	1	9	20	29	35	39	45	53	62	73
100	危害率/%	0	12	29	37	42	43	44	44	41	32
	听力损害者/%	1	14	32	42	49	53	58	65	74	83
105	危害率/%	0	18	42	53	58	60	62	61	54	41
	听力损害者/%	1	20	45	58	65	70	76	82	87	91
110	危害率/%	0	26	55	71	78	78	77	72	62	45
	听力损害者/%	1	28	58	76	85	88	91	93	95	95
115	危害率/%	0	36	71	83	87	84	97	75	64	47
	听力损害者/%	1	38	74	88	94	94	95	96	97	97

噪声对神经系统的影响也十分显著。一方面噪声能够导致大脑皮层的功能紊乱，引起条件反射异常；另一方面，持续性的噪声干扰会使人产生头晕、疲劳、失眠、记忆力衰退等神经衰弱症状，甚至产生神经错乱。此外，噪声还会导致代谢或微循环失调，引起心血管疾病，如心室组织缺氧、心肌损害、心律不齐、血管痉挛、血压变化及血液中胆固醇含量升高等。

噪声污染还会导致人体其他损伤。噪声的长期暴露容易使人患消化系统功能紊乱症和胃肠器官慢性变形等疾病。强烈的噪声环境导致胃肠和肠黏膜的毛细血管发生急剧收缩，破坏正常供血，影响消化腺和肠胃蠕动，导致胃液分泌不足，人体表现为消化不良、食欲不振、恶心呕吐的症状。噪声还可以引起冠心病、动脉硬化和高血压。调查数据显示，高噪声的长期暴露能够使动脉硬化、冠心病和高血压的发病率增加 2～3 倍。此外，噪声还会对胎儿造成危害，使孕妇紧张并引起子宫血管收缩，导致胎儿发育所必需的氧气和养料供给不足。日本针对 1000 多个初生婴儿的研究结果表明，吵闹区域的婴儿体重较轻，平均值仅相当于世界卫生组织规定的早产儿体重，可能的原因是噪声使某些促使胎儿发育的激素水平偏低。还有研究表明噪声污染对于儿童智力发育也有很大影响。著名医学杂志《柳叶刀》2005 年报告显示，大型机场的噪声会对附近学校的儿童的智力发育和免疫功能造成负面影响，特别是影响儿童的阅读能力。由此可见，噪声污染对人体的影响是方方面面的。

城市环境噪声污染严重影响人类的生理及心理健康，导致人类的工作效率严重降低，生活品质下降，并导致创造的社会经济效益下降。同时噪声还会影响仪器设备和建筑物。当噪声达到一定分贝时，会重度损坏电阻、电容、晶体管等元件，导致仪器设备的精度受损，从而影响仪器的正常运行。研究表明，150dB 以上的噪声会使金属疲劳，造成飞机及导弹失事。此外，噪声还会破坏建筑物的结构，造成安全隐患。

16.1.4　噪声污染公共事件

国内外由于噪声污染损害人体健康的事件屡见不鲜。1981 年，美国现代派露天音乐会上震耳欲聋的音乐声导致 300 多名听众突然失去知觉，昏迷不醒。音乐会噪声污染事件引起了全世界的关注。1961 年，日本东京一位青年由于忍受不了居住场所附近日夜不断的机器轰鸣、火车振动带来的强烈噪声，导致狂躁，跳楼身亡；同年日本吕川区的母子三人受到建筑器材厂机器轰鸣的影响，意欲全家一同自杀，但有幸被救回。2006 年，韩国首尔金浦机场附近的 3 万多居民向国土海洋部提出集体诉讼，要求其赔偿飞机噪声干扰日常生活所带来的 356 亿韩元的健康损失，2009 年法院认为飞机噪声超过正常人难以忍受的水平，导致附近居民受到了物质和精神伤害，但同时考虑政府部门采取了设置隔声窗等减噪措施，因此判定国土海洋部承担 70%的赔偿责任，并支付 235 亿韩元的赔偿金。

近年来，随着城市化进程增加，我国城市噪声污染日益严重。2016 年，全国各级环保部门共收到的环境噪声投诉案件共 52.2 万件，占环境投诉总量的 43.9%，各类噪声占比如图 16-2 所示。噪声污染对人体造成损害的事件不断发生。2002 年，村民周某因无法忍受居所前的广

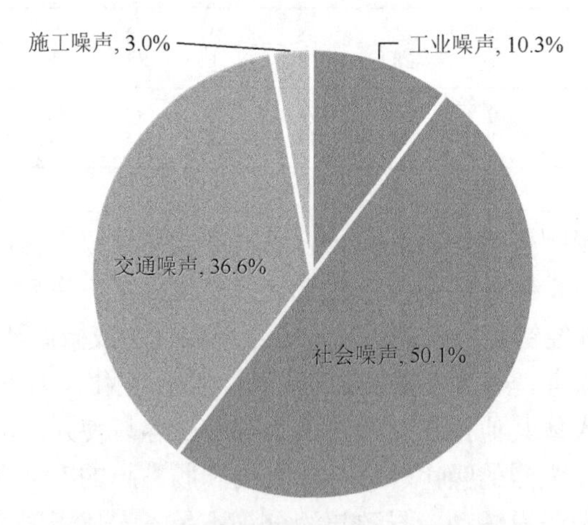

图 16-2　2016 年环境噪声投诉案件中各类噪声的占比

播喇叭制造的噪声，通过委托环保监测站测得昼间噪声平均为 73.5dB，超出国家规定标准，以此为依据，周某要求拆除广播喇叭并赔偿医疗费、精神损失费等。另一个典型的案例是南通市黄女士的遭遇，2012 年某日黄女士早晨起床跌倒导致头部严重受伤，鉴定为八级伤残。究其原因，是由于长期受居住小区变压器低频噪声的困扰。因此，黄女士将房地产开发商诉诸法庭，一审判决开发区经济技术开发总公司依法赔偿黄女士 26 万余元。

噪声污染公共事件维权的焦点问题主要体现在被告所从事的行为带来的噪声是否为噪声污染，以及噪声是否给原告带来损害。长期以来，由于环保意识不足，人们只关注化学污染对环境和人体健康的影响，而忽略了声音的强烈不规则振动对人体的伤害。在周某的案件中，由于尚无法律依据，原告周某拆除喇叭，索要赔偿的请求被驳回。但是该案件表明农村广播的音量超过噪声排放标准，已经可以成为社会生活污染，符合噪声特性。噪声的判定应当在于其音量，以及是否影响了正常的生产生活，而与播放内容无关。至于 2012 年黄女士的案件，原告黄女士提供了明确的证据证明自身所受损害与环境噪声污染有关，而开发商则无法反驳。《中华人民共和国侵权责任法》规定污染者应当对污染造成的损害承担侵权责任；并有责任排除污染危害、赔偿受损的单位或个人。因此，该案开发商承担侵权赔偿责任。

除了对人体健康的影响之外，噪声污染还会对动物产生负面影响，给社会经济活动带来极大损失，并影响区域生态平衡。20 世纪 60 年代初，美国空军的超音速飞行实验导致当地某农场所饲养的 1 万只鸡在飞机的轰鸣声中死亡了 6000 只，余下的 4000 只部分羽毛全部脱落，部分失去下蛋能力。1997 年，沈阳市新民市开展病虫害飞防作业，B3875 型飞机三次超低空飞临鸡舍，使鸡群受到噪声的惊吓而发生挤踩，当日死亡 67 只，至肉鸡出栏，累积死亡 1021 只，同时未死亡肉鸡受到惊吓，出栏平均体重减少 1kg，给饲养者带来极大的经济损失。经诉讼后，法院判决农航站和推广中心负主要责任，各赔偿饲养者损失的 35%，实施病虫害飞防作业的两个村子负次要责任，各赔偿饲养者损失的 10%，共约 9 万元。美国、英国、荷兰等发达国家早在 20 世纪 70 年代起就有研究表明噪声对鸟类和哺乳动物的影响。以鸟类为例，荷兰学者10年内通过对43种鸟类的观察认为交通噪声可能影响鸟类繁殖率，当噪声大于50dB时，鸟类的繁殖密度会降低 20%～98%。

随着人们环保意识的提高，公众对于环境污染事件越来越关注。因此，环境污染事件对社会的稳定发展具有重要的意义。“十一五”期间山西的一项民意调查工作显示，超过 90%的群众认为环境问题已经影响了社会的和谐发展。而在种种污染事件中，噪声污染无疑是一项亟待解决的问题。在北京、上海、广州和天津等十几个城市进行调查统计后，数据表明噪声污染事件的投诉占全部污染事件总数的百分比不断上升。由此可见，噪声污染对社会稳定发展的影响是深远的。

16.1.5　噪声污染主要防控措施

1）噪声的源头控制

最根本和有效的方式是从声源上降低噪声。噪声源往往通过不同的机制同时产生噪声，如机械工作时通常会产生机械性、气流性和电磁性三个方面的噪声。机械性噪声是指机械部件本身的振动或者相互撞击而产生的噪声，因此避免该类型噪声的常用做法是减少或避免部件的振动和撞击。具体包括提高机械部件的精度和光洁度、安装减振器、改变质量和刚度以防止共振等。气流性噪声，顾名思义是指机械运行过程中产生的气流流动或气流和机械部件之间的作用而产生的噪声。避免此类噪声的关键在于选择合适的空气动力机械设计参数、降低气流速度及减小高压气体的排放压力。电磁性噪声产生的原因是金属部件在交替变化的电磁场中与空气发生周期性振动。电磁性噪声的防治在于合理选择沟槽数和级数，增加定子的刚性，提高电源稳定度，提高制造和装配精度等。

2）噪声的传播过程控制

声音的传播需要介质，根据噪声的传播介质可分为空气传声和固体传声。相对而言，金属和固体是有利于声音传播的介质，空气作为介质对声音的传播较差。在一般情况下，无论哪种传播方式，声音都需要经过空气的传播到达人耳，因此两种传播方式之间既存在联系又存在区别。在噪声传播途径中，降低声源噪声的辐射，使噪声在传播过程中降低或消失。吸声、消声、隔声、阻尼、隔振等方法都是从传播过程上控制噪声污染的有效方式。

采用可吸收声能的复合材料是减少振动噪声的有效方法。吸声材料的作用原理是使声波振动的动能转化为热能，在材料内部含有多孔结构，其内部空气和材料的细小纤维遇到声波后产生振动，空气分子间的黏滞阻力和空气与吸声材料的经络纤维间的摩擦作用可以使振动的动能转变为热能，从而减小噪声。消声水泥就是多孔隙材料应用于吸声降低交通噪声的有效应用。通常而言，沥青路面相对于水泥路面更有利于噪声的降低，而多孔性沥青路面材料能有效地将噪声降低 3～11dB，因此从 1979 年，智利、美国等国家就开始采用多孔性沥青铺设路面。在奥地利，由于天气寒冷多雪，多孔隙路面的积雪容易造成很大的交通隐患，因此采用双层铺路方法，即先铺设普通的水泥路，然后在上层增加防滑材料和化学阻滞剂，并用机械刷去除水泥灰浆，这样铺设的路面既能够防滑，又降低了轮胎接触点的噪声，可以减噪 3～5dB。

消声是通过消声器这一特殊设备达到降低噪声的目的。消声器可以使气流通过，但通过自身材质或者结构来降低噪声。根据降噪原理，消声器分为阻性、抗性、损耗型、扩散型和复合型消声器等。消声器主要应用于能够产生气流性噪声或沿管道传递的噪声的设备，如内燃机、燃气轮机、鼓风机等。消声器的作用效果明显，能够显著降低气流性噪声 20～40dB，相应响度的降低幅度能够达到 75%～93%。图 16-3 为汽车消声器的内部结构，两个管道的长度差值刚好等于汽车所发出的声波的波长的一半，声音在两个管道中先分开后交汇，两列声波在叠加时发生干涉相互抵消而减弱声强，使声音减小，从而起到消声的效果。

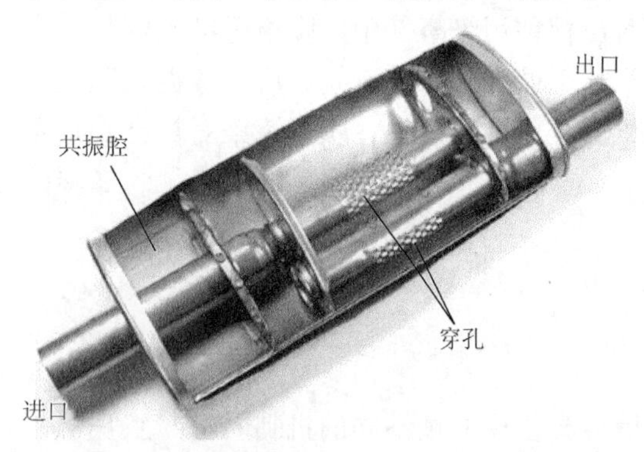

图 16-3　汽车消声器

资料来源：http://info.makepolo.com/htmls/8/80/30980.html

隔振也可以在噪声传播过程中达到衰减噪声的目的。对于空气传声，在噪声由声源到达受体的过程中，利用墙体、板材或各种构件将声源和受体进行隔离，使声音的传播受阻而衰减。而固体传声，则可以采用弹簧、隔声器及隔振阻尼材料等进行处理。隔振可以直接减弱振动作用对人体或者精密仪器的危害。常用的隔声构件包括隔声墙、隔声罩及隔声屏障等。在德国，隔声墙广泛应用于减少交通噪声。隔声墙的原材料是木材、水泥、透明硬塑料等。在城市的交通干道和居住区之间设置绿化隔离带，在城市主要区域设置公园，不仅可以增加景观欣赏价值和空气净化，还可以吸收隔离噪声。例如，在铁道和汽车干道两侧设置大型障板和 3～4m 高的隔声墙及种植绿化带，声波传播遇到屏障，可以在边缘进行绕射，可降低交通噪声 15～20dB，如图 16-4 所示。

图 16-4　交通绿化隔离带

资料来源：http://discover.news.163.com/special/noisepollution/

3）受体防护

当声源和传播途径控制难以达到降噪标准时，就需要采用个人或者居室防护措施。在一般场合中，个人防护措施是相对有效、经济的方法，如佩戴合适的护耳器，采用耳塞、耳罩、耳棉球或者头盔等非人防护措施，通常护耳器可以使耳内噪声降低 10～40dB。

4）噪声污染的综合整治

我国从 1997 年开始实行的《中华人民共和国环境噪声污染防治法》从四个方面强化了环境噪声的法制化管理：城市规划和建设布局，设备和产品的噪声控制管理，交通噪声的控制管理及社会噪声的控制管理。该法的实施对解决日益严重的噪声污染问题发挥了重要作用。在法律的推动和保护下，噪声的综合防治主要从两方面进行，其一是对噪声传播进行分区控制，强化城市规划和布局的环境管理，合理布局土地利用与覆被，即注重噪声传播过程防控。其二是对各种噪声源机电设备本身采取限制措施。

科学的城市规划布局是避免城市噪声污染的最有效的措施，虽然改变布局规划的成本较高，但可以从根本上解决问题。中国的声环境功能区划分见表 16-3。合理的城市规划与管理需要因地制宜，按照城市的实际情况，制订出适合发展的城市规划。尤其需要注意的是，应该将噪声源分散布局，并且将居民区建在远离噪声源的地方。此外对居民区附近的噪声污染进行降噪处理，如设置绿化带和隔音设备、禁止道路鸣笛、严禁夜间施工等。

表 16-3　中国声环境功能区分类标准[1]

声环境功能区	特点和噪声限值
0 类	指康复疗养区等特别需要安静的区域（昼间 50dB；夜间 40dB）
1 类	指以居民住宅、医疗卫生、文化教育、科研设计、行政办公为主要功能，需要保持安静的区域（昼间 55dB；夜间 45dB）

续表

声环境功能区	特点和噪声限值
2 类	指以商业金融、集市贸易为主要功能，或者居住、商业、工业混杂，需要维护住宅安静的区域（昼间 60dB；夜间 50dB）
3 类	指以工业生产、仓储物流为主要功能，需要防止工业噪声对周围环境产生严重影响的区域（昼间 65dB；夜间 55dB）
4 类	指交通干线两侧一定距离之内，需要防止交通噪声对周围环境产生严重影响的区域，包括 4a 类和 4b 类两种类型。4a 类为高速公路、一级公路、二级公路、城市快速路、城市主干路、城市次干路、城市轨道交通（地面段）、内河航道两侧区域（昼间 70dB；夜间 55dB）；4b 类为铁路干线两侧区域（昼间 70dB；夜间 60dB）

城市噪声影响人民的生活、学习和工作，对不同噪声污染采用复合手段进行综合防治，贯彻“预防为主、防治结合”的方针，改善城市声环境。对于交通噪声的防治，首先，应当完善交通法规，加强交通秩序管理，针对敏感区和会产生较大噪声污染的大型车辆施行限速、限行、禁鸣等制度；其次，积极推进城市公共交通发展，科学规划公共交通，避开敏感建筑，缓解通行压力；再次，结合技术方法，采用先进技术对汽车喇叭、刹车进行处理，鼓励低噪声车辆，淘汰老旧车辆；最后，强化监督管理工作，特别是敏感建筑附近的站点、码头监管，将噪声检测纳入机动车年检项目。

施工噪声的防治更应当结合源头和过程控制，并强化噪声管理工作。具体包括：应严格实施建筑施工工程备案审批及许可证制度，对施工可能产生的污染进行公示；征收施工环境保证金及超标排污费，接受公众监督；限制作业时间及高噪声机械，合理安排施工工序及布局，高噪声施工宜在对居民影响较小的时段，并远离噪声敏感区；积极引进先进技术，改进现用作业技术，采用低噪声技术及设备降低施工噪声；加强监督巡查，有计划地对施工工地进行抽查监测。

工业噪声的防治需要严格遵循城市噪声排放标准，把控生产过程，相关部门需要加强监督和指导，定期整改；同时将一些噪声污染较为严重的企业转移至远离居民区的郊区，降低噪声污染对受体的影响。

对于社会噪声而言，噪声管理是关键，强化文化娱乐场所和商业活动噪声管理，对制造噪声污染的商家进行适当的整顿和处理，对社区文娱活动产生的噪声污染进行治理，在市民活动集中、人流量较大的区域，安装实时监测设备，防止营业性和娱乐性噪声污染；对于居民生活的小区内部而言，规定不使用高噪声设备，特别是发电机、风机、空调等，严防生活设施噪声扰民；加强噪声污染宣传教育，提高市民素质，自觉实行噪声防治。

16.2　放射性污染

16.2.1　放射性污染的定义及来源

人类的生存环境本身就存在天然辐射，如来自宇宙的射线及地球上的放射性元素的辐射，这些构成了地球的天然放射性本底。通常而言，天然放射性本底不会给生物带来危害，随着人类活动的频繁，由人类活动造成的辐射和人工生产的放射性物质快速增加，这导致环境中射线强度增强，并对环境和人体健康造成危害，放射性污染由此产生。

放射性物质按照来源进行划分可分为自然源和人为源放射性物质。自然源放射性物质包括宇宙中的射线、地壳中的放射性元素、空气中的放射性元素和地表水体中的放射性元素，对人类的健康不构成危害。因此，通常所说的放射性污染主要指人类的不适当活动产生的放射性物质，这些活动包括原子弹和氢弹爆炸，核电站泄漏事故，核潜艇动力装置爆炸，其他核装置的泄漏事故，放射性同位素应用过程中可能发生的放射性物质的泄漏事故等。

核弹爆炸产生的蘑菇云携带大量的放射性物质，这些物质进入大气中与颗粒物结合，并最终在重力的作用下通过雨雪的方式重回地面。由核试验产生的放射性污染的波及范围大，甚至可以影响整个地球表面。这些放射性物质主要是铀和钚的裂变产物，包括 ^{90}锶、^{137}铯、^{131}碘等。核试验是目前全球放射性污染的主要来源，1945～1963 年，美苏共进行了 354 次大气层核试验，92 次地下核试验，6 次水下核试验。1963 年，美苏等国签署《禁止在大气层、宇宙空间和水下进行核武器试验条约》，核试验转至地下。至 1989 年，各国核试验达 2000 余次，其中美苏两国约占 80%。

除核试验外，核电站、民用核技术中的核设备或放射性物质因事故产生的泄漏也会造成放射性污染。核技术的民用和工业使用包括：杀死细菌和癌细胞、对食物或医用器具进行消毒、石油勘探或制造敏感的烟雾检波器、监测油井和含水层的各种设备等。核设施从建设、运营、退役到核废料处理的全过程都具有潜在放射性污染。意外事故造成的核泄漏会造成严重的放射性污染。例如，2011 年日本发生的特大地震造成核电站爆炸，对环境造成的负面影响一直延续至今。核废料的囤积是放射性污染的另一潜在威胁，国际原子能机构统计，全球目前有 438 座动力反应堆、651 座研究堆、250 个核燃料工厂，这些工厂包括铀矿山、转化厂、浓缩厂及后处理厂。100 万 kW 的反应堆在运行 3 年后能产生约 3t 核废料，其中绝大部分具有放射性。

放射性物质的粗陋管理是可能造成放射性污染的另一个隐患。国际原子能机构的统计数据表明，全球 100 多个国家在放射性物质管理过程中都存在漏洞。美国核管理委员会的报告中指出，1996 年以来，美国 1500 多件放射源曾下落不明，超过 50%仍不知所踪。欧盟的报告显示，欧盟国家每年都有 70 多件放射源丢失。此外废弃的核军工业遗留的放射性物质的管理也屡受诟病，苏联在土库曼斯坦、乌兹别克斯坦、塔吉克斯坦和吉尔吉斯斯坦四个中亚国家遗留下来的核设施都具备相当规模，一些军事和工业基地储存着不少放射性材料和核废料。

16.2.2　放射性污染对人群的危害

放射线能够直接作用于机体的蛋白质并改变其结构，从而破坏生物的正常机能，改变人体生命过程。除直接作用外，放射线还能够通过作用于机体内的水分子，产生强氧化剂和强还原剂，从而破坏有机体的正常物质代谢。人体质量的 70%左右都是水，因此放射性污染的间接生物效应更为显著。放射性污染对有机体的伤害通常是直接和间接效应复合的综合性伤害。放射性物质不仅可以直接进入人体，如经过呼吸道、消化道、皮肤、直接照射、遗传等途径进入人体，还可以通过生物循环经由食物链进入人体。对于有机体而言，同等条件下，体内辐射的危害比体外辐射更大。

放射性疾病源于大剂量的放射线照射，或者大气与环境中放射性物质的吸入。人体在短期内受到大剂量放射线照射（核武器爆炸、核电站泄漏等）会引起急性放射性疾病，出现头痛、头晕、呕吐、食欲减退、骨髓造血障碍、血细胞下降、广泛性出血和感染等症状，严重者可致死。慢性放射性疾病的症状多为急性症状的累积，严重者可致癌和致畸。放射性污染对血液循环系统、消化系统、神经系统和生殖系统都会造成不同程度的损害。血液中的白细胞、淋巴球、血小板在放射性污染作用下会下降，引起凝血能力降低。消化系统在不当放射线照射影响下，会表现出恶心和食欲下降等病症，大剂量照射会导致肠痉挛，消化液分泌减少，肠壁吸收能力减退。放射性污染对生殖系统的影响巨大，体内、体外照射，高剂量、低剂量照射都会导致卵细胞和精细胞的可逆或者不可逆变化。青年妇女在孕前接受诊断性照射后，婴儿产生唐氏综合征的概率增加 9 倍。胚胎或胎儿对 X 射线及各种射线更为敏感，不同剂量的照射会造成其智力低下、致死、致畸和致癌效应。

16.2.3　放射性污染公共事件

1）核武器

原子弹和氢弹爆炸是人类活动制造的最严重的放射性污染。第二次世界大战结束前夕，美国在日本广岛和长崎分别投放了代号为“小男孩”和“胖子”的两颗原子弹。这是人类历史上首次在战争中使用核武器（图 16-5），原子弹爆炸当场造成的死亡人数及后续由放射性污染造成的死亡人数不计其数。1954 年 3 月，美国在太平洋进行核爆试验，日本渔船“福龙丸五号”恰在试验场东 110km 水域作业，大量强放射性物质沉降至船上，导致 23 名船员出现辐射病症状，其中一名船员因肝脏严重损坏而死亡。同时在该海域作业的 300 多艘日本渔船也遭遇了严重的放射性污染，几十万斤的金枪鱼被焚烧或深埋处理。

图 16-5 “小男孩”原子弹

资料来源：https://baike.baidu.com/item/%E5%B0%8F%E7%94%B7%E5%AD%A9/1843658

2）核电站

1979 年 3 月，美国三里岛核电站发生核泄漏，造成超过 10 亿美元的经济损失。1986 年 4 月，乌克兰发生了历史上著名的切尔诺贝利核电站爆炸事件，造成乌克兰一半以上的土地遭受核污染，经济损失高达 150 亿美元，时至今日，放射性污染仍未完全消除。最近一次严重的核事故是 2011 年发生在日本福岛的由地震引发的核泄漏事件，该事件是近年来最为严重的核事故，造成 6 名员工受到超过“终身摄入限度”的剂量辐射，约 300 名员工受到较大剂量照射，因累积辐射而在未来患癌症死亡的人数约为 100 人。

3）其他核事故

除了核试验和核电站造成的放射性污染之外，其他涉及放射性物质的研究机构或医疗中心也会发生核泄漏事故，造成放射性污染。例如，2017 年 6 月，日本茨城县大洗町的日本原子能研究开发机构发生了钚元素泄漏事件，5 名操作人员暴露在放射性物质中约 3h，导致放射性物质被吸入体内造成体内辐射污染。2017 年 9 月，俄罗斯气象部门在俄罗斯部分地区空气中检测到高浓度的放射性物质 ^{106}钌，位于南乌拉尔地区的车里雅宾斯克州的阿尔加亚什为放射浓度最高的区域，监测数据显示该区域最高放射浓度大约是自然环境下放射量的 1000 倍。2018 年 1 月美国《新闻周刊》网站报道了一项非营利环保组织的调查，数据显示超过 50%的美国人饮用水中含有放射性元素，包括镭、氡、铀等。根据美国环境保护署 1976 年制定的饮用水标准，27 个州饮用水中镭含量超标，按照 2006 年加州州立大学发布的“公共卫生目标”，约 38%的美国人（1.22 亿人）饮用水中放射性物质浓度超标。饮用水中的放射性元素主要源于自然环境，在能源开采的地区可能更高。

16.2.4　放射性污染主要防控措施

原子弹和氢弹的爆炸是最危险的放射性污染事故，目前全球超级大国储存核弹头的数量可以把地球毁灭十次以上，因此核武器对人类生存安全的潜在威胁始终存在。除核武器试验这种极端情况外，放射性污染对人体的伤害主要源于封闭性放射源的工作场所和放射性“三废”物质的处理、处置等过程。放射性污染的危害程度与人体吸收的辐射能量相关，因此放射性污染防控的主要措施在于控制接触时间和距离，以及防护屏蔽。在特定辐射剂量区域，人体所受到的辐射累积剂量与人体在辐射区域所处时间成正比；点状放射性污染源的辐射剂量与污染源和人体间的距离的平方成反比，接受照射的人体距离辐射源越近，所承受的辐射剂量越大。因此，辐射区域工作人员或其他受体应保证快速而准确的工作，采取轮流操作方式，来保证人体与放射性物质的接触时间，同时操作应尽可能远离放射源。此外，更好的屏蔽设施也是进行放射性污染防护的重要手段。根据不同放射性射线的穿透特性，选取合适的屏蔽材料来降低外照射强度。α 射线穿透力弱，射程短，一般不考虑屏蔽问题或用薄铝膜、手套等即可避免其进入人体；β 射线穿透力较强，但采用原子序数低、质量轻的材料即可较容易被屏蔽，如铝板、有机玻璃、烯基塑料等；γ 射线和 X 射线穿透力强、危害大，常用高密度物质来屏蔽，如铅、铁、钢或混凝土构件。

生活中放射性污染的防护也十分重要。居民在室内、医疗场所都可能接触到放射性物质。住宅的装修材料容易产生放射性物质，已经装修好的居室，每天通风 3h 以上，即可使室内氡气浓度保持在安全水平，一楼或者面积较小的房间更需谨慎。而地面或者墙体放射性物质严重超标的居室，应更换建筑材料，或在墙体及地面覆盖屏蔽材料。不同装修材料的放射性不同，如红色和绿色花岗岩的放射性超标率为 20%～40%，而白色和黑色花岗岩放射性水平很低，通常不用经过检测可直接使用。医疗场所也是放射性设施较集中的区域，医生应严格控制相关设施的使用，避免不必要的照射，尤其是儿童和孕妇。

法律和行政手段是放射性污染防控的重要保证，2003 年《中华人民共和国放射性污染防治法》开始实施，极大地保障了中国核能、核技术的开发与和平利用以及放射性污染防治。《中华人民共和国放射性污染防治法》规定了中国领域和管辖的其他海域内全部核设施的过程规范。在法律和政府强制手段的保障下，放射性污染防护的基本措施可以从以下几方面展开。

（1）建立放射性污染监测制度，定期针对辐射区域和环境本底进行监测，形成环境监测网络。

（2）有关部门和个人都应遵守核设施运营标准，采取必要的防护和屏蔽措施。

（3）放射源及退役核设施必须设专人妥善保管，退役设施和放射性废物处置应列入投资预算或生产成本。

（4）相关工作人员必须经过严格技术培训，实行资格管理制度。

（5）建立健全的安全保卫制度，制订核事故场内应急计划，建立放射性工作人员卫生保健制度。

（6）开展宣传教育工作，向公众普及放射性污染防治的有关情况和科学知识。

16.3 电 磁 污 染

16.3.1 电磁污染的定义及来源

随着现代科技的进步，人们每天被充满电磁辐射的环境所包围，受到来自手机、卫星、广播天线、航空雷达、电视、计算机、无线互联网、无线局域网等各种辐射。目前，环境中各种人为和天然的电磁干扰能够对生物圈造成不利的影响，因此又称为电磁污染。电磁污染主要是 3～300MHz 的高频电磁波和 300MHz～300GHz 的微波。电磁污染是人类科技进步所带来的又一新型环境污染。

电磁辐射无处不在，并且可以任意穿透多种障碍物，包括人体。电磁污染超过人体安全辐射剂量又形成了频谱污染或电噪声污染，从安全系统工程学角度出发，电磁污染实质上是电磁辐射的一种事故。随着广播、电视、微波技术的产生和发展，手机的普及和各种新型家用电器的出现使生活环境中电磁能量密度显著增加。在居住环境中，微波炉、电视机、电冰箱等家用电器成为主要的电磁辐射源。与此同时公共生活空间中的电磁辐射也不断增强，不断扩张的城市中分布着广播电视发射台与移动通信发射基站，汽车、地铁、轻轨等城市交通运输工具也充斥于城市空间中。

按照来源划分，电磁污染分为天然的和人为的电磁污染。天然电磁污染源于雷电、火山喷发、地震及太阳黑子等自然现象，其中雷电最为常见，它可能直接危害电器设备、飞机及建筑物，还会在相对较广泛的区域内形成强烈电磁干扰，频率范围可能从几千赫兹到几百兆赫兹，这些天然的电磁干扰严重影响了区域短波通信。人为电磁污染包括脉冲放电、工频交变电磁场和射频电磁辐射。脉冲放电本质与雷电相同，但是影响范围较小；工频交变电磁场主要出现在大型变压器或输电线附近，会产生严重的电磁干扰；射频电磁辐射包括各种射频设备产生的辐射，频率宽、影响大，是当前电磁污染的主要来源。

16.3.2 电磁污染对人群的危害

电磁辐射对人体健康的危害与频率有关，通常频率越高影响越大。人体长时间暴露在较大强度的不同频段的电磁辐射中会导致病理危害。在高频电磁场的作用下，人体会产生不适，重度可引起神经衰弱症。通常这种损害是可逆的，一旦人体脱离辐射，症状就会消失。超高频电磁场的危害更加严重，能使机体内分子与电解质偶极子产生强烈射频振荡，振荡的摩擦作用会转化为热能，导致机体温度升高。这种伤害的特点是具有积累性，累积次数增加，则造成不可逆的损伤。

电磁污染不易引起注意，但是体现在生活的方方面面。例如，电磁辐射下电视图像会剧烈跳动，并产生刺耳的轰鸣；高压电、发射台密布区域的居民容易产生头痛、疲乏、无力、嗜睡等症状。近年来，电磁波对人体造成损伤的报道屡见不鲜，部分研究认为电磁辐射危害心理和行为健康。过量的电磁辐射作用于人体会导致头晕、失眠多梦、记忆力衰退等一系列病症。电磁辐射导致的睡眠异常影响了人体的心理、行为和识别能力，并易造成精神紊乱。还有研究表明电磁辐射会对眼睛造成伤害。在微波辐射的短时间作用下，人类的眼睛会出现视疲劳、眼干症状，导致视力显著降低，夜晚更为严重。人眼晶状体蛋白质在高强度电磁辐射下会发生凝固，情况较轻者视力模糊，情况严重者会产生白内障。此外，高强度电磁辐射对角膜、虹膜和前房的影响也很大，会造成人体视力减退，甚至丧失。电磁污染还能够导致白血病和癌症等恶性疾病的发病率增加。例如，调查发现美国受到电磁污染较为严重的丹佛地区的儿童死于白血病的概率是其他地区的两倍以上；另一项研究结果表明瑞典受到电磁污染严重的地区的儿童患神经系统肿瘤的人数大量增加。

目前针对电磁辐射对人体健康的危害尚存在争议，问题主要集中在长期的低强度暴露是否会引起生物效应①。尽管已有相当多的研究表明电磁辐射与人体病变之间存在因果关系，然而还有部分研究认为两者之间的联系并不显著。2011 年，隶属于世界卫生组织的国际癌症研究机构发布的电磁场健康风险评估报告表明，关于手机的广泛使用可导致神经胶质瘤与听神经瘤的证据十分有限，同时电磁场引起其他健康风险这一结论也没有充分的证据得以证明。目前的全部调查结论仅为“可能致癌”，即现有数据资料无法彻底地排除这种可能性[2]。除致癌等严重病症外，低强度电磁辐射对心理和行为，包括头痛、焦虑、自杀和抑郁、恶心、疲劳等症状的影响也受到质疑，目前并没有足够的证据表明这些症状与电磁辐射直接关联，人体产生这些健康问题至少还受到环境噪声、心理对新技术的焦虑的影响。

16.3.3　电磁污染公共事件

城市的发展和人类文明的进步高度依赖电力系统，因此电磁污染已经成为人们日常生活中不可避免的环境问题。2005 年，北京某村的 15 位村民因村中新架设的高压线出现头疼、头晕、失眠等症状，根据《电力设施保护条例》第十条，人口密集区域的 20m 范围内不得架设 500kV 的高压线路，相关电网公司所架设的高压线塔位于居民住宅 20m 范围内，违反了国家强制性规定。另一个案例同样发生在北京，某小区的开发商为了便于销售，隐瞒小区附近的电磁辐射源，面对业主的质疑，将住宅附近的广播电台发射塔解释为废弃的航空指挥塔。北京市环境保护监测中心对小区住房的室外监测结果表明，超过三分之二的监测点的电磁辐射超过国家标准。《电磁环境控制限值》（GB 8702—2014）规定人类宜居安全环境中电磁辐射值必须小于 $10V\cdot m^{-1}$，小区监测点的电磁辐射值超出该标准的几倍甚至几十倍，最高可达 $333V\cdot m^{-1}$。小区居民的共同症状显示为健忘、脱发和失眠。

实际上，大多居民谈电磁污染而色变，因之产生疾病的心理因素大于病理因素。某居住在变电站附近的 64 岁老人因忧心电磁辐射而抑郁成疾，搬离变电站附近后逐步恢复健康，但听闻或者看见该变电站相关信息时便会产生胸闷、头痛等不良反应②。2004 年北京某公园附近一居民小区西侧搭建高压线铁塔，小区业主以高压电线产生电磁辐射污染为由提出异议。北京环境保护局和北京电力公司在与拟建线路相同区域的高压输电线检测电磁场，结果表明高压输电线造成的工频电厂和磁场低于国家标准，不会对人体产生伤害，多方协调后，线路完成架设。以令人信服的方式解决电磁辐射引发的公共事件，寻求经济发展与人民身体和心理健康之间的平衡，是解决电磁污染公共事件的重点。

---

① https://www.guokr.com/article/437267/。

② http://www.people.com.cn/GB/huanbao/8220/30473/31026/31029/2253264.html。

16.3.4　电磁污染主要防控措施

从源头和传播过程上控制和消除人工电磁污染源是电磁污染防护的重要途径。实际上，在未来社会中消除人工电磁辐射源并不现实，只能通过各种管理控制手段和技术手段来削减源头和传输辐射，如采用新的技术方法降低家用、民用电器的电磁发射功率。与噪声不同，电磁波的传递不需要借助介质，但电磁辐射会因为不同介质的吸收而衰减，可以针对变配电站变压器、鼓风机、大型水泵等设备采取屏蔽或者接地设施，并结合实际的电磁波频率采用适宜的屏蔽材料。屏蔽指将电磁能量限制在一定空间内，接地则是指高频接地，使感应电流迅速流入地层，从而降低辐射场强。此外，个体防护是防止电磁污染对人体造成损伤的最可行的方法，如员工在紫外消毒间作业时需穿着防护服。

此外，开展电磁辐射防护科研工作，普及正确的电磁防护知识。电磁辐射充斥于城市空间中，其能量密度容量是否存在阈值有待进一步的确定，而当今环境管理和污染控制的目标是维系电磁辐射和社会经济生活的和谐共存。未来防护工作的重点在于向群众普及正确的电磁防护理念，政府宣传部门应当广泛宣传与贯彻国家电磁防护相关规定，不断完善电磁辐射的安全标准。例如，2015 年《电磁环境控制限值》正式实施，规定了电磁环境中控制公众暴露的电场、磁场、电磁场的场景限值，包括相关评级方法和设施等（表 16-4）。此外，相关管理部门应当确保电磁辐射相关建设项目遵循《建设项目环境保护管理条例》，并达到国家环境保护标准。同时应当充分发挥网络多媒体的力量，向公众普及正确的电磁辐射知识，宣传防护手段，使人们了解电磁污染的危害，有意识地、自觉地远离电磁辐射源，一方面教育群众远离电磁辐射较强的电磁波发射设施，另一方面也防止公众产生较大的心理负担。

表 16-4　公众暴露控制限值[3]

频率	电场强度 $E/(V \cdot m^{-1})$	磁场强度 $H/(A \cdot m^{-1})$	磁感应强度 $B/(\mu T)$	等效平面波功率密度 $S_{eq}/(W \cdot m^{-2})$
1～8Hz	8000	$32000/f^2$	$40000/f^2$	—
8～25Hz	8000	$4000/f$	$5000/f$	—
0.025～1.2kHz	$200/f$	$4/f$	$5/f$	—
1.2～2.9kHz	$200/f$	3.3	4.1	—
2.9～57kHz	70	$10/f$	$12/f$	—
57～100kHz	$4000/f$	$10/f$	$12/f$	—
0.1～3MHz	40	0.1	0.12	4
3～30MHz	$67/f^{1/2}$	$0.17/f^{1/2}$	$0.21/f^{1/2}$	$12/f$
30～3000MHz	12	0.032	0.04	0.4
3000～15000 MHz	$0.22 f^{1/2}$	$0.00059 f^{1/2}$	$0.00074 f^{1/2}$	$f/7500$
15～300GHz	27	0.073	0.092	2

注：频率 f 的单位为所在行中第一栏的单位；0.1～300GHz 频率，场量参数是任意连续 6min 内的方均根值；100kHz 以下频率，需同时限制电场强度和磁感应强度；100kHz 以上频率，在远场区，可以只限制电场强度或磁场强度，或等效平面波功率密度，在近场区，需同时限制电场强度和磁场强度；架空输电线路线下的耕地、园地、牧草地、畜禽饲养地、养殖水面、道路等场所，其频率为 50Hz 的电场强度控制限值为 $10kV \cdot m^{-1}$，且应给出警示和防护指示标志。

电磁污染防护的新材料和新技术的开发与利用是降低电磁辐射的有效措施。中国以聚氨酯为胶黏剂，以羰基铁为吸收剂研制了可以吸收电磁波的涂料，通过添加缓蚀剂、有机膨润土、润湿分散剂、偶联剂等各种助剂，该涂料吸收电磁波的能力显著增强，并具备层间附着力好、耐腐蚀、不流挂的特性。这种新型涂料可以应用于陆地设备的电磁兼容处理及舰船、航空航天吸收雷达波等工作中。俄罗斯混凝土和钢筋混凝土科学研究所发明了一种防电磁辐射的导电水泥，可以吸收电磁辐射，且反射系数相对较低，该种水泥建造的楼房本身可以作为屏障，比目前广泛使用的金属屏障更加安全，并使电磁防护费用削减到原来的百分之一。日本某玻璃公司研制的新型玻璃可以阻挡电磁波，使由建筑物外进入的电磁波衰减至原来的千分之一甚至十万分之一。

16.4 光 污 染

16.4.1 光污染的定义及来源

光是生命存在必不可少的一大要素。但是现代社会由人类活动产生的各种光线无处不在，包括紫外辐射、可见光和红外辐射等，给人类正常生活、工作、休息和娱乐带来不利影响，严重者甚至造成对人体健康的伤害，这就是所谓的光污染。光污染是由外溢光和杂散光导致的不良照明环境，引起人们烦躁、不舒适、注意力不集中、对重要信息（如交通信号）感知能力降低。光污染的损害对象不仅是人体，还包括自然环境中的动物和植物。光污染不以光线量进行界定，而是考量光是否造成负面影响。

光污染包括人工白昼、白亮污染和彩光污染（图 16-6）。人工白昼是指在夜间各种人工光源如白炽灯、霓虹灯、广告灯和装饰灯等把夜晚照亮，仿佛白昼一般。白亮污染指城市的建筑物，如玻璃墙面、磨光大理石、釉面砖墙和各种涂料等对阳光的反射而形成的强亮光。彩光污染与白亮污染相对，是指在娱乐场所使用的黑光灯、旋转灯、荧光灯及各种闪烁的彩色光源造成的光污染，常见于歌舞厅和夜总会等场所。此外，光污染还可以根据视觉环境划分为室外视觉环境污染、室内视觉环境污染和局部视觉环境污染。

(a)

(b)

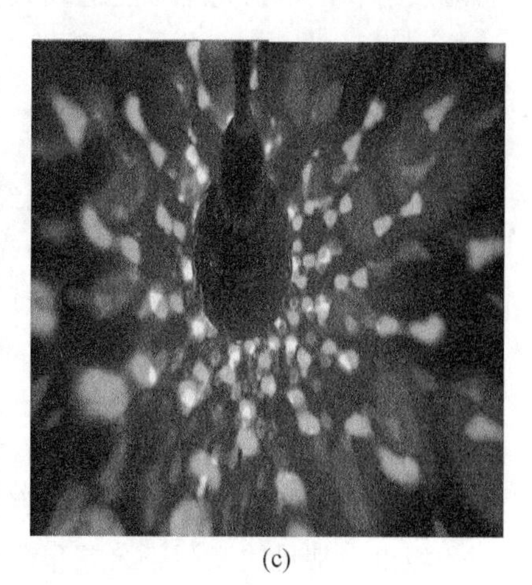
(c)

图 16-6* 人工白昼（a）、白亮污染（b）和彩光污染（c）

16.4.2　光污染对人群的危害

光污染对人体最直接的影响体现在视觉方面。光污染会加大眼睛的角膜和虹膜的负担，导致视疲劳和视力下降，对儿童和青少年的影响尤甚。夜间开灯睡觉，对儿童视力有非常严重的负面影响，使儿童患近视眼的风险大幅增加。青少年近视的主要原因在于视觉环境受到眩光、闪烁光的污染。长期接触彩光污染会导致视觉不清晰，长时间接触白亮污染的人，白内障的发病率高达 45%。

日常生活中光污染对视觉的影响体现在方方面面。道路照明或广告照明设备的不合理置放会使行人产生眩光，降低其正常的视觉功能。灯具的高亮与周围环境出现强烈对比，使行人对环境的感知能力下降，造成交通事故和意外危险等。强烈的灯光对车辆驾驶者的影响更大，眩光会影响视觉，使驾驶者对突发事件的应变能力降低，对交通信号的感知能力降低。烈日下驾车的司机突然遭到玻璃幕墙反射光的刺激，会导致突发性暂时失明和视力错觉，瞬间遮蔽视野，或产生头晕目眩的症状。规律闪烁的灯光会造成额外的视觉疲劳甚至催眠效应，容易产生交通事故。

除此之外，光污染对轮船和航空这类强烈依赖灯光信号的活动，以及对天文活动这类强烈依赖视觉的活动都会造成较大影响。光污染使目前地球上大部分地区的居民无法在夜晚看到星光灿烂的夜空。特别是在发达地区，夜晚几乎与白昼无异，根本看不到星空。调查报告指出，如果城市上空夜间的亮度每年以 30%的速度递增，天文台会丧失正常的观测能力。

光污染还会对人体代谢系统产生影响。不适当的或者过量的光线照射会影响人类的睡眠，商业用途的强烈或闪烁的光线都会使居民感到烦躁，难以入睡，儿童受到的这种影响更为深刻。强烈的灯光照射，长时间开着的电视机、计算机显示屏发出的光，会导致大脑松果体褪黑激素分泌减少，儿童性早熟。彩光污染和白亮污染给人体带来的伤害尤甚。彩光中高强度的紫外线可能会诱发流鼻血、脱牙、白内障等，严重者可能导致脑神经损伤，甚至诱发癌变。白亮污染会导致室温升高，温度变化可达 4～6℃，从而影响居民的正常生活。半圆形的玻璃幕墙反射和汇聚的光还可能造成火灾。

16.4.3　光污染公共事件举例

光污染给生活带来的不便已经逐渐被人们获知，城市高楼大厦的玻璃幕墙虽然给城市增加了现代化气息，但其带来的光污染是不可忽视的。1995 年 11 月，北京某商厦前的一辆小轿车，在幕墙玻璃的太阳光反射下，车门橡胶密封条被烤化流淌。无独有偶，类似的情况在其他国家也有发生。2013 年，英国《每日邮报》报道伦敦金融区的名为“芬乔奇街 20 号”的办公楼将停靠在附近的车辆的外后视镜烤化，车身出现不同程度的扭曲，并散发出焦味。该车辆的后视镜外壳为树脂材料，其熔点在 217～237℃，当温度高于 250℃时就会发生热分解（图 16-7）。在同样区域，另外一辆车的塑料和仪表板被烤化。

城市中常见的光污染公共事件还有到处闪烁的电子屏、霓虹灯。太原的司机董先生在驾车经过某大街时，被街道前方的电子显示屏晃了眼，导致视线模糊，因闯红灯而接到罚单。出租车司机赵先生也在接受记者采访时表示，每当路过街口，硕大的显示屏上滚动的广告

(a)

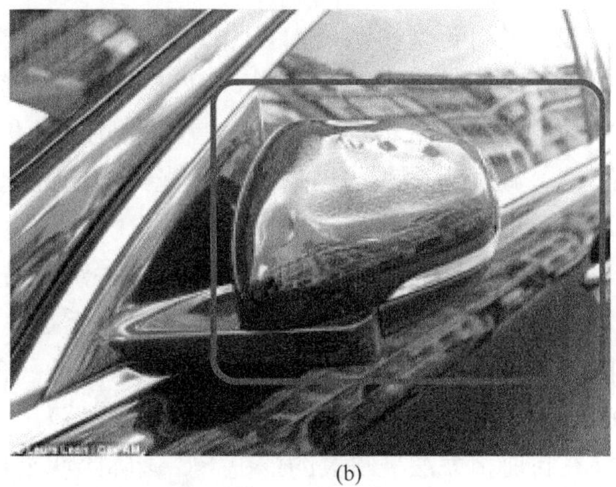
(b)

图 16-7* 聚焦的大厦（a）和烤化的车（b）

资料来源：http://hangzhou.auto.sohu.com/20130904/n385838340.shtml

都会吸引路人视线，造成频繁的“车躲人”现象。而到了夜晚，24h 滚动的广告亮度大于路灯，不断变换的广告画面也给司机造成“闪光灯”的错觉，不但影响了驾驶效率，还曾多次险些造成追尾。这些五光十色的灯已经成为街头新的交通隐患，但是并没有相关部门介入调查整改。

16.4.4　光污染主要防控措施

光污染的形成一方面是由于亮度超过正常工作、生活所需量，另一方面是光源的不合理布局。光污染的防治也同样应当以防为主，防治结合。防治目标是在满足照明和城市发展需求的前提下，将光照量减少到不对周围环境和人群健康产生危害的水平。

光污染防治工作的根本在于进行合理的城市规划布局。在开始规划和建设城市夜景照明时就应将光污染防治纳入考量范围，从源头避免光污染的产生，按照城市的性质和特征，从宏观上按点、线、面相结合的原则，做好整个城市的夜景照明总体规划，做到照明设施的有效利用，不随意增加照明设备和提高照明亮度，从而满足建设城市照明和保护夜空的双重要求。城市照明灯光和其他光源的布设应符合以下需求。

（1）限定夜景照明时间，改造已有照明装置，对于居民区应当控制照明灯具光线的发射方向，避免灯光直射到居民住宅的窗户（图 16-8），或尽量避免将灯具安装在居民住宅的附近。

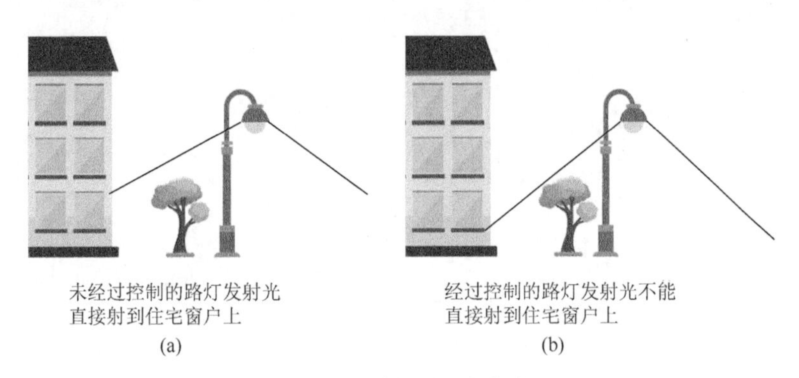

图 16-8　路灯照明与住宅

（2）采用新型照明技术和照明器材，灯光照明设施应选择适宜的光源、灯具和布灯方案，尽量采用光速发散角小的灯具，可以在灯具上增加遮光罩或隔片来防治光污染；在满足照明需求的同时尽量减小灯具功率；增加照明控制设施，在不需要照明时关闭设备。

（3）减少大面积的玻璃幕墙采光，实施绿化工程，扩大绿地面积，改平面绿化为立体绿化，将反射光改为漫反射。

目前我国还没有针对光污染出台相关法律法规，导致类似公共污染事件的权责属性不清晰。世界其他国家已经开始针对光污染进行立法，如日本于 1989 年实施的《防止光害，保护美丽的星空条例》，2000 年美国新墨西哥州的《夜空保护法》等。中国首部相关规定是上海于 2004 年实施的《城市环境（装饰）照明规范》。我国在光污染立法过程中还有很长一段路需要走。在目前相关法规缺失的情况下，国际照明委员会和一些国家标准可以为光污染公共事件的解决提供依据。我国于 2016 年实施的国家标准《玻璃幕墙光热性能》（GB/T 18091—2015），对玻璃幕墙的建设制定了一些规范，也取得了一定的光污染防治效果。

光污染防治过程中还需要提高居民光污染防治的意识。国家和地方政府应积极宣传夜景照明产生光污染的危害，使人们深刻认识到光污染对生活和工作的危害，提高人们的防治意识，从根源上消除光污染。同时还应当注重对已存在的光污染进行管理和监控，对现有夜景照明设施进行调查和测量，并建立相应的管理制度，做好夜景照明工作的光污染审查和鉴定，总结光污染防治的措施和方法，为立法提供保证。

习题与思考题

（1）选取某种类型的物理性污染，介绍我国当前对该污染的相关法律法规，并结合自身经历讨论如何防控该类型污染。

（2）从来源、特征和危害等角度阐述物理性污染与化学性污染的区别。

参考文献

[1] 环境保护部，国家质量监督检验检疫总局. 声环境质量标准：GB 3096—2008. 北京：中国环境科学出版社，2008.

[2] Söderqvist F, Carlberg M, Hansson M K, et al. Childhood brain tumour risk and its association with wireless phones: A commentary. Environ Health-Glob，2011，10：106.

[3] 环境保护部，国家质量监督检验检疫总局. 电磁环境控制限值：GB 8702—2014. 北京：中国环境科学出版社，2014.